"十二五"高职高专电力技术类专业系列教材

中国电力教育协会审定

电力电子技术

全国电力职业教育教材编审委员会　　组　编

任万强　袁　燕　主　编

张海云　皮微微　张　钢　副主编

李云松　郭雷岗　编　写

李建兴　主　审

U0260537

中国电力出版社

CHINA ELECTRIC POWER PRESS

内 容 提 要

本教材以 6 个电力电子技术应用最广泛的项目案例为载体，由浅入深地介绍了电力电子技术中常用电力电子器件（晶闸管、双向晶闸管、可关断晶闸管、大功率晶体管、功率场效应晶体管、绝缘门极晶体管）的工作原理及特性，电力电子电路（单相和三相可控整流电路、交流调压电路、逆变电路、直流斩波电路）的工作原理，触发电路（单结晶体管触发电路、锯齿波触发电路、集成触发器及数字触发器）及自关断器件的驱动与保护电路等内容。

本教材可作为高等职业技术学院、高等专科学校、职工大学的电气工程类专业、应用电子类专业、机电一体化专业教材，也可供工程技术人员学习参考。

图书在版编目（CIP）数据

电力电子技术/任万强，袁燕主编；全国电力职业教育教材编审委员会组编. —北京：中国电力出版社，2014.8（2021.8重印）
全国电力高职高专"十二五"规划教材. 工科专业基础课系列教材
ISBN 978 - 7 - 5123 - 6108 - 9

Ⅰ. ①电… Ⅱ. ①任… ②袁… ③全… Ⅲ. ①电力电子技术-高等职业教育-教材 Ⅳ. ①TM1

中国版本图书馆 CIP 数据核字（2014）第 158252 号

中国电力出版社出版、发行
（北京市东城区北京站西街 19 号 100005 http://www.cepp.sgcc.com.cn）
北京雁林吉兆印刷有限公司印刷
各地新华书店经售

*

2014 年 8 月第一版 2021 年 8 月北京第五次印刷
787 毫米×1092 毫米 16 开本 13 印张 310 千字
定价 **26.00** 元

全国电力职业教育教材编审委员会

参 编 院 校

山东电力高等专科学校	西安电力高等专科学校
山西电力职业技术学院	保定电力职业技术学院
四川电力职业技术学院	哈尔滨电力职业技术学院
三峡电力职业学院	安徽电气工程职业技术学院
武汉电力职业技术学院	福建电力职业技术学院
江西电力职业技术学院	郑州电力高等专科学校
重庆电力高等专科学校	长沙电力职业技术学院

电力工程专家组

组　　长　解建宝

副 组 长　李启煌　陶　明　王宏伟　杨金桃　周一平

成　　员　（按姓氏笔画排序）

王玉彬　王　宇　王俊伟　刘晓春　余建华　吴斌兵

张惠忠　李建兴　李道霖　陈延枫　罗建华　胡　斌

章志刚　黄红荔　黄益华　谭绍琼

出 版 说 明

为深入贯彻《国家中长期教育改革和发展规划纲要（2010—2020）》精神，落实鼓励企业参与职业教育的要求，总结、推广电力类高职高专院校人才培养模式的创新成果，进一步深化"工学结合"的专业建设，推进"行动导向"教学模式改革，不断提高人才培养质量，满足电力发展对高素质技能型人才的需求，促进电力发展方式的转变，在中国电力企业联合会和国家电网公司的倡导下，由中国电力教育协会和中国电力出版社组织全国 14 所电力高职高专院校，通过统筹规划、分类指导、专题研讨、合作开发的方式，经过两年时间的艰苦工作，编写完成全国电力高职高专"十二五"规划教材。

本套教材分为电力工程、动力工程、实习实训、公共基础课、工科专业基础课、学生素质教育六大系列。其中，电力工程和工科专业基础课系列教材 40 余种，主要针对发电厂及电力系统、供用电技术、继电保护及自动化、输配电线路施工与维护等专业，涵盖了电力系统建设、运行、检修、营销以及智能电网等方面内容。教材采用行动导向方式编写，以电力职业教育工学结合和理实一体化教学模式为基础，既体现了高等职业教育的教学规律，又融入电力行业特色，是难得的行动导向式精品教材。

本套教材的设计思路及特点主要体现在以下几方面：

（1）按照"行动导向、任务驱动、理实一体、突出特色"的原则，以岗位分析为基础，以课程标准为依据，充分体现高等职业教育教学规律，在内容设计上突出能力培养为核心的教学理念，引入国家标准、行业标准和职业规范，科学合理设计任务或项目。

（2）在内容编排上充分考虑学生认知规律，充分体现"理实一体"的特征，有利于调动学生学习积极性。是实现"教、学、做"一体化教学的适应性教材。

（3）在编写方式上主要采用任务驱动、行动导向等方式，包括学习情境描述、教学目标、学习任务描述、任务准备、相关知识等环节，目标任务明确，有利于提高学生学习的专业针对性和实用性。

（4）在编写人员组成上，融合了各电力高职高专院校骨干教师和企业技术人员，充分体现院校合作优势互补，校企合作共同育人的特征，为打造中国电力职业教育精品教材奠定了基础。

本套教材的出版是贯彻落实国家人才队伍建设总体战略，实现高端技能型人才培养的重要举措，是加快高职高专教育教学改革、全面提高高等职业教育教学质量的具体实践，必将对课程教学模式的改革与创新起到积极的推动作用。

本套教材的编写是一项创新性、探索性的工作，由于编者的时间和经验有限，书中难免有疏漏和不当之处，恳切希望专家、学者和广大读者不吝赐教。

全国电力职业教育教材编审委员会

前　言

本教材根据从事电力电子技术岗位（群）工作任务所需知识与技能，以真实设备为载体，采用模块化结构，基于任务驱动、理论与实际相结合的教学理念编写而成。全书以 6 个电力电子技术应用最广泛的项目案例为载体，设计了包括电力电子技术中的常用电力电子器件、电力电子电路、触发电路和自关断器件驱动保护等完整知识体系的 11 个教学任务。教材内容符合学生的认知规律，易于激发学生的学习兴趣。其特点表现在：

（1）采用项目化结构，每个项目的内容既是独立的又有其明确的教学目标，并针对各任务教学目标的要求展开相关知识的介绍和任务实施，使教材内容的组织方式更加符合学生的认知规律，易于激发学生的学习兴趣，同时有利于学生掌握与生产技术有关的必要的基本技能，提高学生的动手能力。在内容的承载方式上，增加了直观的图形、波形，力求图文并茂，从而提高了教材的可读性。

（2）面向工程现场，增加了电力电子装置的安装、调试、维护及故障处理等内容。

（3）根据科学技术发展，合理更新教材内容，尽可能多地在教材中充实新知识、新技术、新设备和新材料等方面的内容，力求使教材具有较鲜明的时代特征。

（4）在编写过程中贯彻国家关于职业资格证书与学生证书并重、职业资格证书制度与国家就业制度相衔接的政策精神，参考了有关行业的职业技能鉴定规范及中、高级维修电工等级考核标准，内容上注重基本知识和基本技能，理论分析以定性为主，突出概念，理论联系实际以求实用。

（5）以现有教学设备和实验仪器为依托，在不增加大投资的前提下，实现教、学、做一体化教学。

本书由郑州电力高等专科学校任万强、武汉电力职业技术学院的袁燕任主编，并负责全书的总体设计；由安徽电气工程职业技术学院的张海云和郑州电力高等专科学校皮微微、张钢任副主编；郑州电力高等专科学校郭雷岗、李云松也参加了编写工作。本书绪论及项目一由任万强编写，项目二由袁燕编写，项目三由张海云编写，项目四由张钢编写，项目五由皮微微编写，项目六由郭雷岗（任务十）、李云松（任务十一）编写。同时李云松、郭雷岗还试做了本教材的 11 个任务，为全书提供了第一手信息。

根据编写组对高等职业教育理念的理解，在编写模式和内容安排上做了一些初步的尝试和探索，限于学识及水平的限制，书中不足之处在所难免，敬请广大读者批评指正。

本教材参考学时为 48～64 学时，建议采用理论实践一体化教学，各项目的参考学时分配如下：

序号	项目	任务	学时
1	绪论	—	2
2	项目一　单相可控整流与调光电路	任务一　认识晶闸管和单结晶体管（4学时） 任务二　晶闸管调光电路（6学时）	10～12
3	项目二　三相可控整流电路与大功率直流电源	任务三　触发电路（6学时） 任务四　三相可控整流电路（6学时）	12～16
4	项目三　直流斩波与开关电源	任务五　认识大功率晶体管和功率场效应晶体管（2学时） 任务六　开关电源（6学时）	8～10
5	项目四　交流调压与无级调速器	任务七　电风扇无级调速器（4学时）	4～6
6	项目五　谐振变频与感应加热电源	任务八　认识绝缘栅双极型晶体管（2学时） 任务九　中频感应加热电源（4学时）	8～10
7	项目六　脉冲宽度调制与变频器	任务十　认识变频器（4学时） 任务十一　变频器逆变电路（4学时）	8～12

编　者

2014 年 7 月

目 录

绪　　论

一、什么是电力电子技术

电力电子技术是建立在电子学、电工学和控制学三各学科基础上的一门边缘学科。它横跨电子、电力和控制 3 个领域，主要研究各种电力电子器件，以及由电力电子器件所构成的各种电路或变流装置，以完成对电能的变换和控制。它运用弱电（电子技术）控制强电（电力技术），是强弱电相结合的新学科。电力电子技术是目前最活跃、发展最快的一门学科，随着科学技术的发展，电力电子技术又与现代控制理论、材料科学、电机工程、微电子技术等许多领域密切相关，已逐步发展成为一门多学科互相渗透的综合性技术学科。

二、电力电子技术的发展

电力电子技术的发展是以电力电子器件为核心发展起来的。

从 1957 年第一只晶闸管诞生至 20 世纪 80 年代为传统电力电子技术阶段。此期间主要器件是以晶闸管为核心的半控型器件，由最初的普通晶闸管逐渐派生出快速晶闸管、双向晶闸管等许多品种，形成一个晶闸管大家族。器件的功率越来越大，性能越来越好，电压、电流、$\mathrm{d}i/\mathrm{d}t$、$\mathrm{d}u/\mathrm{d}t$ 等各项技术参数均有很大提高。目前，单只晶闸管的容量已达 8000V、6000A。

三、电力电子技术的主要功能

电力电子技术的功能是以电力电子器件为核心，通过对不同电路的控制来实现对电能的转换和控制。其基本功能如下：

（1）可控整流。把交流电变换为固定或可调的直流电，也称为 AC/DC 变换。

（2）逆变。把直流电变换为频率固定或频率可调的交流电，也称为 DC/AC 变换。其中，把直流电能变换为 50Hz 的交流电反送交流电网称为有源逆变，把直流电能变换为频率固定或频率可调的交流电供给用电器则称为无源逆变。

（3）交流调压与频率变换。把交流电压变换为大小固定或可调的交流电压称为交流调压。把固定或变化频率的交流电变换为频率可调的交流电称为变频（频率变换）。交流调压与变频也称为 AC/AC 变换。

（4）直流斩波。把固定的直流电变换为固定或可调的直流电，也称为 DC/DC 变换。

（5）无触电功率静态开关。接通或断开交直流电流电路，用于取代接触器、继电器。

上述变换功能通称为变流，故电力电子技术通常也称为变流技术。实际应用中，可将上述各种功能进行组合。

四、电力电子技术的应用

电力电子技术的应用领域相当广泛，遍及庞大的发电厂设备到小巧的家用电器等几乎所有电气工程领域，涉及容量可达几瓦至 1GW 不等，工作频率也可由几赫至 100MHz。

1. 一般工业

工业中大量应用各种交直流电动机。直流电动机有良好的调速性能。为其供电的可控整流电源或直流斩波电源都是电力电子装置。近年来，由于电力电子变频技术的迅速发展，使得交流电动机的调速性能可与直流电动机相媲美，交流调速技术大量应用并占据主导地位。大至数千千瓦的各种轧钢机，下到几百瓦的数控机床的伺服电动机，都广泛采用电力电子交直流调速技术。一些对调速性能要求不高的大型送风机等，近年来也采用了变频装置，以达到节能的目的。还有一些不调速的电动机为了避免启动时的电路冲击而采用了软启动装置，这种软启动装置也是电力电子装置。

电化学工业大量使用直流电源，电解铝、电解食盐水等都需要大容量整流电源，电镀也需要整流电源。

电力电子技术还大量用于冶金工业中的高频或中频感应加热电源、淬火电源等场合。

2. 交通运输

电气化铁道中广泛采用电力电子技术。电力机车中，直流机车中采用整流装置，交流机车采用变频装置。直流斩波器也广泛用于铁道车辆。在磁悬浮列车中，电力电子技术更时一项关键技术，除牵引电动机传动外，车辆中的各种辅助电源也都离不开电力电子技术。

电动汽车的电动机靠电力电子装置进行电力变换和驱动控制，其蓄电池的充电也离不开电力电子装置。一台高级汽车中需要许多控制电动机，它们也要靠变频器和斩波器驱动并控制。

飞机、船舶需要很多不同要求的电源，因此航空和航海都离不开电力电子技术。

如果把电梯也算做交通运输工具，那么它也需要电力电子技术。以前的电梯大都采用直流调速系统，而近年来交流调速已成为主流。

3. 电力系统

电力电子技术在电力系统中有着非常广泛的应用。据估计，发达国家在用户最终使用的电能中，有 60% 以上的电能至少经过一次以上的电力电子变流装置的处理。电力系统在通向现代化的进程中，电力电子技术是关键技术之一。可以毫不夸张地说，如果离开电力电子技术，电力系统的现代化是不可想象的。

直流输电在长距离、大容量输电时有很大的优势，其送电端的整流、受电端的逆变都采用晶闸管变流装置。近年发展起来的柔性交流输电也是依靠电力电子装置才得以实现的。

无功补偿和谐波抑制对电力系统有重要的意义。晶闸管控制电抗器（TCR）、晶闸管投切电容器（TSC）都是重要的无功补偿装置。近年来出现的静止无功发生器（SVG）、有源电力滤波器（APF）等新型电力电子装置具有更为优越的无功功率和谐波补偿的性能。在配电网，电力电子装置还可用于防止配电网瞬时停电、瞬时电压跌落、闪变等，以进行电能质量控制，改善供电质量。

在变电站中，给操作系统提供可靠的交直流操作电源，给蓄电池充电等都需要电力电子装置。

4. 电子装置用电源

各种电子装置一般都需要不同电压等级的直流电源供电。通信设备中的程控交换机所用的直流电源采用全控型器件的高频开关电源。大型计算机所需的工作电源、微型计算机内部的电源也都采用高频开关电源。在各种电子装置中，以前大量采用线性稳压电源供电，由于电子装置用开关电源体积小、质量轻、效率高，现在已逐步取代了线性电源。因为各种信息技术装置都需要电力电子装置提供电源，所以可以说信息电子技术离不开电力电子技术。

5. 家用电器

种类繁多的家用电器，小至一台调光灯具、高频荧光灯具，大至通风取暖设备、微波炉以及众多电动机驱动设备都离不开电力电子技术。

电力电子技术广泛用于家用电器使得电力电子技术与人们的生活变得十分贴近。

6. 其他

不间断电源（UPS）在现代社会中的作用越来越重要，用量也越来越大。目前，UPS在电力电子产品中已占有相当大的份额。

以前电力电子技术的应用偏重于中、大功率，现在，在 1kW 以下，甚至几十瓦以下的功率范围内，电力电子技术的应用也越来越广，其地位也越来越重要，这已成为一个重要的发展趋势，值得引起人们的注意。

总之，电力电子技术的应用范围十分广泛，从人类对宇宙和大自然的探索，到国民经济的各个领域，再到人们的衣食住行，到处都能感受到电力电子技术的存在。

五、本教材的内容介绍和使用说明

本书内容分六个项目：

项目一为单相可控整流与调光电路，主要讲述晶闸管元件的工作原理、特性及由其组成的单相半波可控整流电路工作原理、单结晶体管触发电路工作原理。

项目二为三相可控整流电路与大功率直流电源，主要讲述可关断晶闸管的工作原理及驱动电路、单相桥式整流电路、单相有源逆变电路。

项目三为直流斩波与开关电源，主要讲述电力晶体管、电力场效应晶体管的工作原理及驱动电路、DC/DC 变换电路和工作原理、保护电路以及开关电源典型故障分析。

项目四为交流调压与无级调速器，主要讲述双向晶闸管的工作原理及特性、触发电路、交流调压电路的工作原理。

项目五为谐振变频与感应加热电源，主要讲述三相半波和三相桥式可控整流电路、单相并联谐振逆变电路、锯齿波触发电路和集成触发器、触发电路与主电路电压的同步以及中频感应加热装置的安装、调试，简单的故障维修方法。

项目六为脉冲宽度调制与变频器，主要讲述绝缘栅双极型晶体管元件，PWM 调制型逆变电路，变频器的组成、工作原理，变频器的应用。

不同院校可根据不同专业、就业方向和课时来选择其中一个或几个项目作为教学内容。如弱电类专业（如电子技术等）可选择项目一、三、四中的部分内容，强电专业（如电气化铁道技术等）可选择项目一、二、三、六中的部分内容，强电专业（如工业电气自动化技术等）可选择项目一、二、三、四、五、六中的部分内容。

项目一

单相可控整流与调光电路

调光灯在日常生活中的应用非常广泛，其种类也很多，旋动调光旋钮可以方便地调节灯泡的亮度，如图1-1所示。

调光灯［如图1-1（a）所示］是通过改变加在灯泡两端电压的大小来实现调光的。常用的调光方法有可变电阻调光法、调压器调光法、脉冲占空比调光法、晶闸管相控调光法等，目前使用最为广泛的调光方法是晶闸管相控调光法［如图1-1（b）所示］。该调光法是通过控制晶闸管的导通角，改变输出电压的大小，从而实现调光的。晶闸管相控调光电路也是中级维修电工职业资格考核内容。

该项目分解成认识晶闸管和单结晶体管及晶闸管调光电路两个任务。

(a)

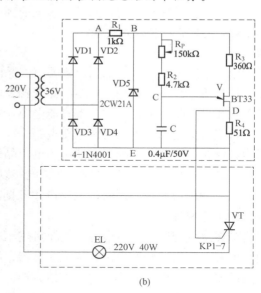

(b)

图1-1　调光灯

（a）外形；（b）调光晶闸管相控电路

【学习目标】

（1）认识普通晶闸管、可关断晶闸管和单结晶体管器件。

（2）学会选用和检测普通晶闸管、双向晶闸管和单结晶体管的方法。

（3）能分析普通晶闸管、双向晶闸管和单结晶体管的工作原理。

（4）能分析单相半波整流电路和单结晶体管触发电路的工作原理。

（5）了解触发电路与主电路电压同步的基本概念。

（6）学会调光灯电路的安装与调试技能。

（7）在小组合作实施项目过程中培养与人合作的精神。

【教学导航】

教	知识重点	（1）单相可控整流电路的工作原理 （2）选择主电路晶闸管的方法 （3）单结晶体管触发电路的工作原理
	知识难点	选择主电路晶闸管的方法
	推荐教学方式	由工作任务入手，通过对单结晶体管触发电路、单相半波整流电路实验，让学生从外到内、从直观到抽象逐渐理解电力电子技术元件、电路及控制
	建议学时	12 学时
学	推荐学习方法	任务驱动、理论与实践相结合
	必须掌握的理论知识	（1）单相桥式全控整流电路的工作原理，数值计算 （2）单相桥式半控整流电路的工作原理，数值计算 （3）单结晶体管触发电路的工作原理，电路元件选择
	必须掌握的技能	（1）万用表测试晶闸管和单结晶体管的好坏 （2）学会选择主电路晶闸管的方法

任务一　认识晶闸管和单结晶体管

💬 【任务目标】

1. 观察普通晶闸管和单结晶体管的外形，认识这两种器件的外形结构、端子及型号。

2. 通过测试会判别器件的端子、判断器件的好坏，并能通过原理说明原因。

3. 通过选择器件，掌握器件的基本参数，初步具备成本核算意识。

👐 【任务描述】

调光灯是一种最简单的电力电子装置。在学习该电路前，先认识调光灯电路中常用的器件，主要有普通晶闸管、单结晶体管、二极管、电阻、电容等。本任务主要认识普通晶闸管、双向晶闸管、单结晶体管器件，为分析调光灯电路和其他电力电子电路打下基础。

📖 【相关知识】

一、认识功率二极管

功率二极管又称为电力二极管，属于不可控器件，由电源主回路控制其通、断状态。由于其结构和工作原理简单，工作可靠，因而在将交流电转换为直流电，且不需要调压的场合获得广泛应用，如交—直—交变频的整流、大功率的直流电源等。

1. 功率二极管的工作原理

功率二极管是以 PN 结为基础的，实际上是由一个面积较大的 PN 结和两端引线封装组成的。功率二极管的结构和图形符号如图 1-2 所示。

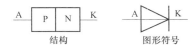

图 1-2　功率二极管的结构和图形符号

功率二极管主要有螺栓型和平板型两种，如图 1-3 所示。

功率二极管和电子电路中的二极管工作原理一样，即若二极管处于正向电压作用下，则 PN 结导通，正向管压降很小；反之，若二极管处于反向电压作用下，则 PN 结截止，仅有极小的可忽略的漏电流流过二极管。由实验，可得功率二极管的伏安特性曲线，如图 1-4 所示。

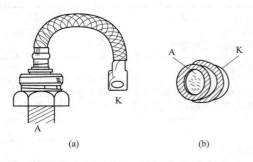
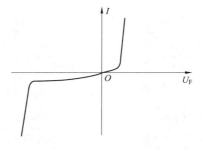

图 1-3　功率二极管的外形　　　　　　　　　图 1-4　功率二极管的伏安特性曲线

（a）螺栓型；（b）平板型

2. 功率二极管的主要参数

（1）正向平均电流 $I_{F(av)}$。功率二极管的正向平均电流 $I_{F(av)}$ 是指在规定的管壳温度和散热条件下允许通过的最大工频半波电流的平均值，元件标称的额定电流就是这个电流。实际应用中，如功率二极管所流过的最大有效电流为 I，则其正向平均电流一般选择为

$$I_{F(av)} \geqslant (1.5 \sim 2)\frac{I}{1.57} \tag{1-1}$$

式中　1.5～2——安全系数；

　　　1.57——波形系数。

（2）正向压降 U_F。正向压降 U_F 是指在规定温度下，流过某一稳定正向电流时所对应的正向压降。

（3）反向重复峰值电压 U_{RRM}。反向重复峰值电压是功率二极管能重复施加的反向最高电压，通常是其雪崩击穿电压 U_B 的 2/3。一般在选用功率二极管时，以其在电路中可能承受的反向峰值电压的 2 倍来选择反向重复峰值电压。

（4）反向恢复时间 t_{rr}。反向恢复时间是指功率二极管从所施加的反向偏置电流降至零起到恢复反向阻断能力为止的时间。

3. 功率二极管的主要类型

（1）整流二极管。整流二极管多用于开关频率不高的场合，一般开关频率在 1kHz 以下。整流二极管的特点是电流额定值和电压额定值可以达到很高，一般为几千安和几千伏，但反向恢复时间较长。

（2）快速恢复二极管。快速恢复二极管的特点是恢复时间短，尤其是反向恢复时间短，一般在 5μs 以内，可用于要求很小反向恢复时间的电路中，如用于与可控开关配合的高频电路中。

（3）肖特基二极管。肖特基二极管是以金属和半导体接触形成的势垒为基础的二极管，其反向恢复时间更短，一般为 10～40ns。肖特基二极管在正向恢复过程中不会有明显的电

压过冲，在反向耐压较低的情况下正向压降也很小，明显低于快速恢复二极管，因此，其开关损耗和正向导通损耗都很小。肖特基二极管的不足是，当所承受的反向耐压提高时，其正向电压有较大幅度提高。它适用于较低输出电压和要求较低正向管压降的换流器电路中。

二、认识晶闸管

由于功率二极管是不可控器件，因而使用功率二极管整流电路时有很大的局限性。当输入的交流电压一定时，其输出的直流电压也是一个固定值，不能调节。而在实际使用中，有很多情况要求直流电压能够调节，即具有可控性。晶闸管正是为满足这一要求应运而生的。晶闸管是一种半控型电力电子器件，即其导通可控，关断由流过晶闸管的电流小于其维持电流 I_H 时自动关断。

1. 晶闸管的结构及类型

晶闸管是一种大功率半导体变流器件，具有 3 个 PN 结，共分 4 层结构。其外形、结构和图形符号如图 1-5 所示。由最外的 P1 层和 N2 层引出两个电极，分别为阳极 A 和阴极 K，由中间 P2 层引出的电极是门极 G（也称控制极）。

常用的晶闸管有螺栓式和平板式两种，如图 1-5（a）所示。晶闸管在工作过程中会因损耗而发热，因此一般安装散热器。螺栓型晶闸管靠阳极（螺栓）拧紧在铝制散热器上，可自然冷却；平板型晶闸管由两个相互绝缘的散热器夹紧，靠冷风冷却。此外，晶闸管的冷却方式还有水冷、油冷等。额定电流大于 200A 的晶闸管都采用平板型结构。

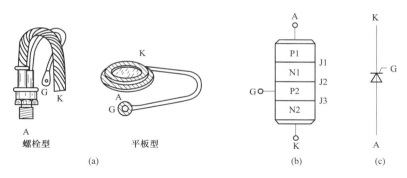

图 1-5　晶闸管的外形、结构和图形符号
（a）外形；（b）结构；（c）图形符号

2. 晶闸管的工作原理

现通过如图 1-6 所示的电路来说明晶闸管的工作原理。在该电路中，由电源 E_a、白炽灯、晶闸管的阳极和阴极组成晶闸管主电路（能源消耗的主要通路）；由电源 E_g、开关 S、晶闸管的门极和阴极组成控制电路（能源消耗的次要通路，但对主电路的工作起控制作用），

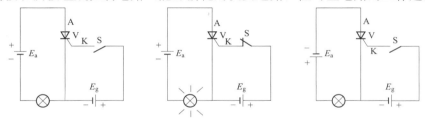

图 1-6　晶闸管导通试验电路图

简单的控制电路也称为触发电路。

当晶闸管的阳极 A 接电源 E_a 的正端，阴极 K 经白炽灯接电源的负端时，晶闸管承受正向电压。当控制电路中的开关 S 断开时，白炽灯不亮，说明晶闸管不导通。

当晶闸管的阳极和阴极承受正向电压，控制电路中开关 S 闭合，使控制极也加正向电压（控制极相对阴极）时，白炽灯亮，说明晶闸管导通。

当晶闸管导通后，将控制极上的电压去掉（即将开关 S 断开），白炽灯依然亮，说明晶闸管导通后，控制极就失去了控制作用。

当晶闸管的阳极和阴极间加反向电压时，不管控制极加不加电压，灯都不亮，晶闸管截止。如果控制极加反向电压，无论晶闸管主电路加正向电压还是反向电压，晶闸管都不导通。

通过上述实验可知，晶闸管导通必须同时具备两个条件：①晶闸管主电路加正向电压；②晶闸管控制电路加合适的正向电压。

为了进一步说明晶闸管的工作原理，可把晶闸管看成是由一个 PNP 型和一个 NPN 型晶体管连接而成的，连接形式如图 1-7 所示。阳极 A 相当于 PNP 型晶体管 VT1 的发射极，阴极 K 相当于 NPN 型晶体管 VT2 的发射极。

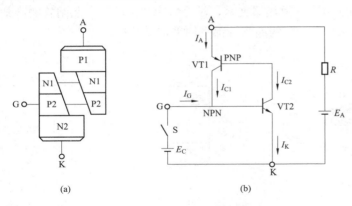

图 1-7　晶闸管工作原理等效电路
(a) 结构；(b) 等效电路

当晶闸管阳极承受正向电压、控制极也加正向电压时，晶体管 VT2 处于正向偏置，E_C 产生的控制极电流 I_G 就是 VT2 的基极电流 I_{B2}，VT2 的集电极电流 $I_{C2} = \beta_2 I_G$。而 I_{C2} 又是晶体管 V1 的基极电流，V1 的集电极电流 $I_{C1} = \beta_1 I_{C2} = \beta_1 \beta_2 I_G$（$\beta_1$ 和 β_2 分别是 VT1 和 VT2 的电流放大系数）。电流 I_{C1} 又流入 V2 的基极，再一次放大。这样循环下去，形成了强烈的正反馈，使两个晶体管很快达到饱和导通。这就是晶闸管的导通过程。导通后，晶闸管上的压降很小，电源电压几乎全部加在负载上，晶闸管中流过的电流即负载电流。

在晶闸管导通后，它的导通状态完全依靠管子本身的正反馈作用来维持，即使控制极电流消失，晶闸管仍将处于导通状态。因此，控制极的作用仅是触发晶闸管使其导通，导通后，控制极就失去了控制作用。要想关断晶闸管，最根本的方法就是将阳极电流减小到使之不能维持正反馈的程度，也就是将晶闸管的阳极电流减小至小于维持电流。减小阳极电流可采用的方法有：①将阳极电源断开；②改变晶闸管的阳极电压的方向，即在阳极和阴极间加反向电压。

3. 晶闸管的伏安特性

晶闸管阳极与阴极间的电压 U_A 和阳极电流 I_A 的关系称为晶闸管伏安特性。正确使用晶闸管必须要了解其伏安特性。图 1-8 所示即为晶闸管阳极伏安特性曲线，包括正向特性

（第一象限）和反向特性（第三象限）两部分。

晶闸管的正向特性又有阻断状态和导通状态之分。在正向阻断状态时，晶闸管的伏安特性是一组随门极电流 I_G 的增加而不同的曲线簇。当 $I_G = 0$ 时，逐渐增大阳极电压 U_A，只有很小的正向漏电流，晶闸管正向阻断；随着阳极电压的增加，当达到正向转折电压 U_{BO} 时，漏电流突然剧增，晶闸管由正向阻断突变为正向导通状态。这种在 $I_G = 0$ 时，依靠增大阳极电压而强迫晶闸管导通的方式称为"硬开通"。多次"硬开通"会使晶闸管损坏，因此通常不允许这样做。

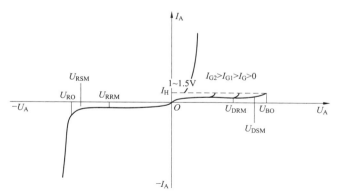

图 1-8 晶闸管阳极伏安特性曲线

U_{DRM}、U_{RRM}—正、反向重复峰值电压；
U_{DSM}、U_{RSM}—正、反向不重复峰值电压；
U_{BO}—正向转折电压；I_H—维持电流；U_{RO}—反向击穿电压

随着门极电流 I_G 的增大，晶闸管的正向转折电压 U_{BO} 迅速下降，当 I_G 足够大时，晶闸管的正向转折电压很小，可以看成与一般二极管一样，只要加上正向阳极电压，管子就导通了。晶闸管正向导通的伏安特性与二极管的正向特性相似，即当流过较大的阳极电流时，晶闸管的压降很小。

晶闸管正向导通后，要使晶闸管恢复阻断，只有逐步减小阳极电流 I_A，使 I_A 下降到小于维持电流 I_H（维持晶闸管导通的最小电流），则晶闸管又由正向导通状态变为正向阻断状态。

晶闸管的反向特性与一般二极管的反向特性相似。在正常情况下，当承受反向阳极电压时，晶闸管总是处于阻断状态，只有很小的反向漏电流流过。当反向电压增加到一定值时，反向漏电流增加较快，再继续增大反向阳极电压会导致晶闸管反向击穿，造成晶闸管永久性损坏，这时对应的电压为反向击穿电压 U_{RO}。

4. 晶闸管的主要参数

（1）正向重复峰值电压 U_{DRM}。在控制极断路和晶闸管正向阻断的条件下，可重复加在晶闸管两端的正向峰值电压称为正向重复峰值电压 U_{DRM}。一般规定此电压为正向转折电压 U_{BO} 的 80%。

（2）反向重复峰值电压 U_{RRM}。在控制极开路时，可以重复加在晶闸管两端的反向峰值电压称为反向重复峰值电压 U_{RRM}。此电压取反向击穿电压 U_{RO} 的 80%。

（3）通态平均电流 $I_{V(AV)}$。在环境温度小于 40℃和标准散热及全导通的条件下，晶闸管可以连续导通的工频正弦半波电流平均值称为通态平均电流 $I_{V(AV)}$ 或正向平均电流。通常所说的晶闸管的额定电流，就是指这个电流。如果正弦半波电流的最大值为 I_M，则

$$I_{V(AV)} = \frac{1}{2\pi}\int_0^\pi I_M \sin\omega t \, \mathrm{d}(\omega t) = \frac{I_M}{\pi} \tag{1-2}$$

额定电流有效值为

$$I_V = \sqrt{\frac{1}{2\pi}\int_0^\pi I_M^2 (\sin\omega t)^2 \mathrm{d}(\omega t)} = \frac{I_M}{2} \tag{1-3}$$

　　然而在实际使用中，流过晶闸管的电流波形形状、波形导通角并不是一定的，各种含有直流分量的电流波形都有一个电流平均值（一个周期内波形面积的平均值），也有一个电流有效值（均方根值）。定义某电流波形的有效值与平均值之比为这个电流的波形系数，用 K_f 表示，即

$$K_f = \frac{电流有效值}{电流平均值} \qquad\qquad (1-4)$$

　　根据式（1-4）可求出正弦半波电流的波形系数

$$K_f = \frac{I_V}{I_{V(AV)}} = \frac{\pi}{2} = 1.57$$

　　这说明额定电流 $I_{V(AV)} = 100A$ 的晶闸管，其额定电流有效值 $I_V = K_f I_{V(AV)} = 157A$。不同的电流波形有不同的平均值与有效值，波形系数 K_f 也不同。在选用晶闸管的时候，首先要根据管子的额定电流（通态平均电流）求出元件允许流过的最大有效电流。不论流过晶闸管的电流波形如何，只要流过元件的实际电流最大有效值小于或等于管子的额定电流有效值，且散热冷却在规定的条件下，管芯的发热就能限制在允许范围内。由于晶闸管的电流过载能力比一般电动机、电器要小得多，因此在选用晶闸管额定电流时，根据实际最大的电流计算后至少要乘以 1.5～2 的安全系数，使其有一定的电流裕量。

　　（4）维持电流 I_H 和擎住电流 I_L。

　　1）在室温且控制极开路时，维持晶闸管继续导通的最小电流称为维持电流 I_H。维持电流大的晶闸管容易关断。维持电流与元件容量、结温等因素有关。同一型号的元件，其维持电流也不相同。通常在晶闸管的铭牌上标明了常温下 I_H 的实测值。

　　2）给晶闸管门极加上触发电压，当元件刚从阻断状态转为导通状态时就撤除触发电压，此时元件维持导通所需要的最小阳极电流称为擎住电流 I_L。对同一晶闸管来说，擎住电流 I_L 要比维持电流 I_H 大 2～4 倍。

　　（5）晶闸管的开通时间与关断时间。

　　1）开通时间 t_{gt}。一般规定，从门极触发电压前沿的 10% 到元件阳极电压下降至 10% 所需的时间称为开通时间 t_{gt}，普通晶闸管的 t_{gt} 约为 $6\mu s$。开通时间与触发脉冲的陡度大小、结温以及主回路中的电感量等有关。为了缩短开通时间，常采用实际触发电流比规定触发电流大 3～5 倍、前沿陡的窄脉冲来触发，称为强触发。另外，如果触发脉冲不够宽，晶闸管就不可能触发导通。一般说来，要求触发脉冲的宽度稍大于 t_{gt}，以保证晶闸管可靠触发。

　　2）关断时间 t_q。晶闸管导通时，内部存在大量的载流子。晶闸管的关断过程是：当阳极电流刚好下降到零时，晶闸管内部各 PN 结附近仍然有大量的载流子未消失，此时若马上重新加上正向电压，晶闸管仍会不经触发而立即导通，只有再经过一定时间，待元件内的载流子通过复合而基本消失之后，晶闸管才能完全恢复正向阻断能力。晶闸管从正向阳极电流下降为零到它恢复正向阻断能力所需要的这段时间称为关断时间 t_q。

　　晶闸管的关断时间与元件结温、关断前阳极电流的大小以及所加反压的大小有关。普通晶闸管的 t_q 约为几十微秒到几百微秒。

　　（6）通态电流临界上升率 di/dt。门极流入触发电流后，晶闸管开始只在靠近门极附近的小区域内导通，随着时间的推移，导通区才逐渐扩大到 PN 结的全部面积。如果阳极电流

上升得太快，则会导致门极附近的 PN 结因电流密度过大而烧毁，使晶闸管损坏。因此，对晶闸管必须规定允许的最大通态电流上升率，称通态电流临界上升率 di/dt。

（7）断态电压临界上升率 du/dt。晶闸管的结面积在阻断状态下相当于一个电容，若突然加一正向阳极电压，便会有一个充电电流流过结面，该充电电流流经靠近阴极的 PN 结时，产生相当于触发电流的作用，如果这个电流过大，将会使元件误触发导通，因此对晶闸管还必须规定允许的最大断态电压上升率。在规定条件下，晶闸管直接从断态转换到通态的最大阳极电压上升率称为断态电压临界上升率 du/dt。

5. 晶闸管的派生系列

（1）快速晶闸管（Fast Switching Thyristor，FST）。快速晶闸管的外形、图形符号、基本结构和伏安特性与普通晶闸管相同。但它专为快速应用而设计。快速晶闸管的开通与关断时间短，允许的电流上升率高，开关损耗小，在规定的频率范围内可获得较平直的电流波形。普通晶闸管的关断时间为数百微秒，快速晶闸管则为数十微秒。

（2）双向晶闸管〔Triode AC Switch（TRIAC）或 Bidirectional Triode Thyristor〕。双向晶闸管可被认为是一对反并联连接的普通晶闸管的集成，其实物、基本结构、等效电路、伏安特性如图 1-9 所示。双向晶闸管有两个主电极 T1 和 T2，一个门极 G，门极使器件在主电极的正、反两个方向均可触发导通，因此双向晶闸管在第一和第三象限有对称的伏安特性。

双向晶闸管门极加正、负触发脉冲都能使管子触发导通，因此有四种触发方式：Ⅰ＋、Ⅰ－表示 T1、T2 间加正向电压时，正、负脉冲能触发晶闸管导通；Ⅲ＋、Ⅲ－表示 T1、T2 间加反向电压时，正、负脉冲能触发晶闸管导通。图 1-9（d）中注明了两个主电极 T1 和 T2 相对的电压极性，并注明门极 G 相对主电极 T2 的电压极性。四种触发方式的灵敏度各不相同，其中Ⅲ＋方式的灵敏度最低，因此在实际应用中只采用（Ⅰ＋、Ⅲ－）与（Ⅰ－、Ⅲ－）两组触发方式。

双向晶闸管与一对反并联晶闸管相比是经济的，并且控制电路比较简单，但有以下局限性：

1）双向晶闸管重新施加 du/dt 的能力差，这使它难以用于感性负载。双向晶闸管在交流电路中使用时，必须承受正、反两个半波电流和电压。它在一个方向导电虽已结束，但当管芯硅片各层中的载流子还没有回复到阻断状态的位置时就立即承受反向电压，这些载流子电流有可能成为晶闸管反向工作时的触发电流而使之误导通，造成换相失败。另外，其换相能力随结温升高而有所下降。

2）电路灵敏度比较低。

3）管子的关断时间 t_q 比较长。

双向晶闸管常在电阻性负载电路中用于相位控制，也用作固态继电器，有时还用于电动机控制，其供电频率通常被限制在工频附近。就目前的工艺水平而言，双向晶闸管的电压和电流定额比普通晶闸管低些。

由于双向晶闸管通常用在交流电路中，因此不用平均值而用有效值来表示它的额定电流值。以 200A（有效值）双向晶闸管为例，其峰值电流即为 $220×1.412＝283$（A）。而由式（1-2）可知，一个峰值为 283A 的普通晶闸管的平均电流值为 $283/\pi＝90$（A），所以一个 200A（有效值）的双向晶闸管可代替两个 90A（平均值）的普通晶闸管。

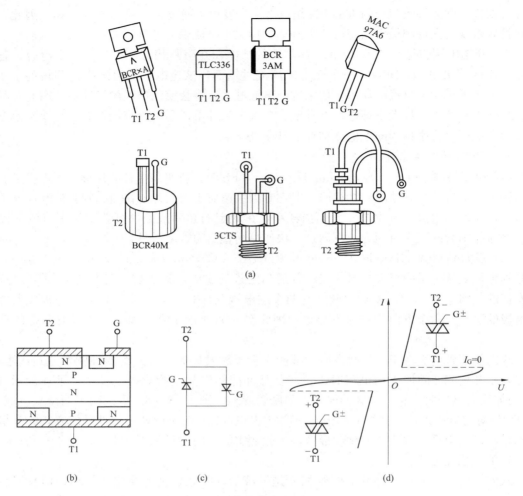

图 1-9　双向晶闸管的结构及伏安特性
（a）外形；（b）基本结构；（c）等效电路；（d）伏安特性

三、认识单结晶体管

在晶闸管的阳极加上正向电压后，还必须在门极和阴极间加上触发电压，晶闸管才能由阻断变为导通。提供触发电压的电路称为触发电路，它决定每个晶闸管的触发导通时刻，是晶闸管装置中不可缺少的重要组成部分。正确设计和使用触发电路可以充分发挥晶闸管及其装置的潜力，保证装置安全可靠地运行。

1. 对触发电路的要求

晶闸管的型号很多，其应用电路种类也很多，不同的晶闸管型号、不同的晶闸管应用电路对触发信号都会有不同的具体要求。归纳起来，晶闸管触发主要有移相触发、过零触发和脉冲列调制触发等。不管是哪种触发电路，对它产生的触发脉冲都有如下要求：

（1）触发信号可为直流、交流或脉冲信号。由于晶闸管触发导通后，门极触发信号即失去控制作用，为了减小门极的损耗，一般不采用直流或交流信号触发晶闸管，而广泛采用脉冲触发信号。

（2）触发脉冲应有足够的功率。触发脉冲的电压和电流应大于晶闸管要求的数值，并留有一定的裕量。触发功率的大小是决定晶闸管元件能否可靠触发的一个关键指标。由于晶闸管元件门极参数的分散性很大，随温度的变化也大，为使所有合格的元件均能可靠触发，可参考元件出厂的试验数据或产品目录来设计触发电路的输出电压和电流值。

（3）触发脉冲应有一定的宽度，脉冲的前沿尽可能陡，以使元件在触发导通后，阳极电流能迅速上升超过擎住电流而维持导通。普通晶闸管的导通时间约为 $6\mu s$，故触发脉冲的宽度至少应有 $6\mu s$ 以上。对于电感性负载，由于电感会抵制电流上升，因而触发脉冲的宽度应更大一些，通常为 $0.5\sim1ms$。此外，某些具体的电路对触发脉冲的宽度会有一定的要求，如后续将要讨论的三相全控桥等电路的触发脉冲宽度要求大于 $60°$ 或采用双窄脉冲。

为了快速可靠地触发大功率晶闸管，常在触发脉冲的前沿叠加上一个强触发脉冲，其波形如图 1-10 所示。强触发电流的幅值 i_{gm} 可达最大触发电流的 5 倍，前沿 t_1 约几微秒。

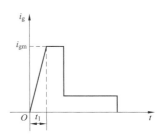

图 1-10　强触发电流波形

（4）触发脉冲必须与晶闸管的阳极电压同步，脉冲移相范围必须满足电路要求。为保证控制的规律性，要求晶闸管在每个阳极电压周期都必须在相同的控制角触发导通，这就要求触发脉冲的频率与阳极电压的频率一致，且触发脉冲的前沿与阳极电压应保持固定的相位关系，这叫做触发脉冲与阳极电压同步。不同的电路或者相同的电路在不同负载、不同用途时，要求移相变化范围（即触发脉冲前沿与阳极电压的相位变化范围）不同，所用触发电路的脉冲移相范围必须能满足实际的需要。

2. 单结晶体管的结构和特性

单结晶体管也称为双基极二极管，它有一个发射极和两个基极，外形和普通三极管相似。单结晶体管的结构是在一块高电阻率的 N 型半导体基片上引出两个欧姆接触的电极：第一基极 B1 和第二基极 B2；在两个基极间靠近 B2 处，用合金法或扩散法渗入 P 型杂质，引出发射极 E。单结晶体管共有的 3 个电极，其外形、结构示意图和图形符号如图 1-11 所示。

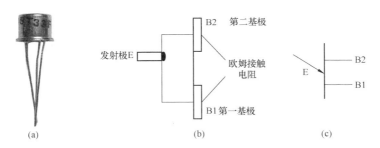

图 1-11　单结晶体管外形、结构示意图和图形符号
（a）外形；（b）结构示意图；（c）图形符号

在单结晶体管 B2、B1 间加入正向电压后，发射极 E、基极 B1 间呈高阻特性。但是当 E 的电位达到 B2、B1 间电压的某一比值（例如 59%）时，E、B1 间立刻变成低电阻，这是单结晶体管最基本的特点。

图 1-12 所示为单结晶体管特性实验电路及其等效电路。将单结晶体管等效成一个二极

管和两个电阻 R_{B1}、R_{B2} 组成的等效电路，那么当基极上加电压 U_{BB} 时，R_{B1} 上分得的电压（即 A 点电压）为

$$U_A = \frac{R_{B1}}{R_{B1} + R_{B2}} U_{BB} = \frac{R_{B1}}{R_{BB}} U_{BB} = \eta U_{BB}$$

式中　η——分压比，是单结晶体管的主要参数，一般为 0.5～0.9。

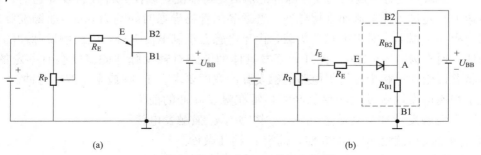

图 1-12　单结晶体管特性试验电路及其等效电路
（a）特性实验电路；（b）等效电路

单结晶体管的工作情况如下：调节 R_P，使 E 点电压 U_E 从零逐渐增加。当 $U_E < \eta U_{BB}$ 时，单结晶体管 PN 结处于反向偏置状态，只有很小的反向漏电流。当发射极电位 U_E 比 ηU_{BB} 高出一个二极管的管压降 U_{VD} 时，单结晶体管开始导通，这个电压称为峰点电压 U_p，故 $U_p = \eta U_{BB} + U_{VD}$，此时的发射极电流称为峰点电流 I_p，I_p 是单结晶体管导通所需的最小电流。图 1-13 所示为单结晶体管发射极伏安特性曲线。

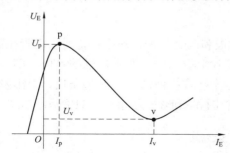

图 1-13　单结晶体管发射极伏安特性曲线

当 I_E 增大至一定程度时，载流子的浓度使注入空穴遇到阻力，即电压下降到最低点，这一现象称为饱和。欲使 I_E 继续增大，必须增大电压 U_E。由负阻区转化到饱和区的转折点 v 称为谷点。与谷点对应的电压和电流分别称为谷点电压 U_v 和谷点电流 I_v。谷点电压是维持单结晶体管导通的最小电压，一旦 U_E 小于 U_v，则单结晶体管将由导通转化为截止。

综上所述，单结晶体管具有以下特点：

（1）当发射极电压等于峰点电压 U_p 时，单结晶体管导通。导通之后，当发射极电压小于谷点电压 U_v 时，单结晶体管就恢复截止。

（2）单结晶体管的峰点电压 U_p 与外加固定电压及其分压比 η 有关。

（3）不同单结晶体管的谷点电压 U_v 和谷点电流 I_v 都不一样。谷点电压大约为 2～5V。在触发电路中，常选用 η 稍大一些、U_v 低一些和 I_v 大一些的单结晶体管，以增大输出脉冲幅度和移相范围。

3. 单结晶体管的自激振荡电路

利用单结晶体管的负阻特性和 RC 电路的充、放电特性可以组成自激振荡电路，产生频率可变的脉冲，如图 1-14 所示。

设电源未接通时，电容 C 上的电压为零。电源接通后，C 经电阻 R_E 充电，电容两端的

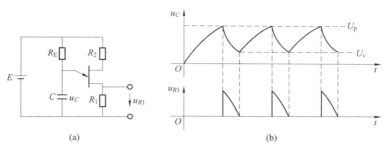

图 1-14 单结晶体管自激振荡电路及其波形
(a) 电路;(b) 波形

电压 u_C 逐渐升高,当 u_C 达到单结晶体管的峰点电压 U_P 时,单结晶体管导通,电容经单结晶体管的发射极、电阻 R_{B1} 向电阻 R_1 放电,在 R_1 上输出一个脉冲电压。当电容放电至 $u_C = U_v$ 并趋向更低时,单结晶体管截止,R_1 上的脉冲电压结束。之后电容从 U_v 值又开始充电,充电到 U_P 时,单结晶体管又导通。此过程一直重复下去,在 R_1 上就得到一系列的脉冲电压。由于 C 的放电时间常数 $\tau_1 = (R_1 + R_{B1})C$,远小于充电时间常数 $\tau_2 = R_E C$,故脉冲电压为锯齿波。u_C 和 u_{R_1} 的波形如图 1-14 (b) 所示。改变 R_E 的大小,可改变 C 的充电速度,从而改变电路的自振荡频率。

应该注意,当 R_E 的值太大或太小时,不能使电路振荡。当 R_E 太大时,较小的发射极电流 I_E 能在 R_E 上产生大的压降,使电容两端的电压 u_C 升不到峰点电压 U_P,单结晶体管就不能工作到负阻区。当 R_E 太小时,单结晶体管导通后的 I_E 将一直大于 I_v,单结晶体管不能关断。欲使电路振荡,R_E 的值应满足下列条件

$$\frac{E - U_P}{I_P} \geqslant R_E \geqslant \frac{E - U_V}{I_V}$$

如忽略电容的放电时间,上述电路的自振荡频率近似为

$$f = \frac{1}{T} = \frac{1}{R_E C \ln\left(\dfrac{1}{1-\eta}\right)}$$

电阻 R_2 的作用是温度补偿。无电阻 R_2 时,若温度升高,则二极管的正向电压降 U_D 降低,单结晶体管的峰点电压 U_P 也就随之下降,导致振荡频率 f 不稳定。有电阻 R_2 时,若温度升高,则电阻 R_{BB} 增加,导致基极电流 I_{BB} 下降,R_2 下降,进而使 U_{BB} 增加。这样,虽然二极管的正向压降 U_{VD} 随温度升高而下降,但管子的峰点电压 $U_P = \eta U_{BB} + U_{VD}$ 仍基本维持不变,保证振荡频率 f 基本稳定。通常 R_2 取 $200 \sim 600\Omega$;电容 C 的大小由脉冲宽度和 R_E 的大小决定,通常取 $0.1 \sim 1\mu F$。

【任务实施】

一、认识晶闸管和单结晶体管外形

1. 普通晶闸管

普通晶闸管的外形如图 1-5 (a) 所示。从外观上判断,3 个电极形状各不相同,无需作任何测量就可以识别。识别小电流 TO-220AB 型塑封式和贴片式晶闸管时,面对印字面、引脚朝下,则从左向右的排列顺序依次为阴极 K、阳极 A 和门极 G。对于小电流 TO-92 型塑封式晶闸管,则面对印字面、引脚朝下,则从左向右的排列顺序依次为阴极 K、门

极 G 和阳极 A。小功率螺栓式晶闸管的螺栓为阳极 A，门极 G 比阴极 K 细；对于大功率螺栓式晶闸管，螺栓是晶闸管的阳极 A（它与散热器紧密连接），门极和阴极则用金属编织套引出，像一根辫子，粗辫子线是阴极 K，细辫子线是门极 G。对于平板式晶闸管，中间金属环是门极 G，用一根导线引出，靠近门极的平面是阴极，另一面则为阳极。

2. 单结晶体管

单结晶体管又称为双基极二极管，外形如图 1 - 11（b）所示。在管壳边凸起处顺时针依次是发射极 E，第一基极 B1，第二基极 B2。

二、解释普通晶闸管和单结晶体管型号的含义

1. 普通晶闸管

（1）国产晶闸管的型号。国产晶闸管（可控硅）的型号有 KP 系列和 3CT 系列。

KP 系列的型号及含义如下：

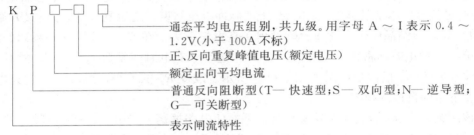

（2）国外晶闸管的型号。SCR（Semiconductor Controlled Rectifier）是单向晶闸管（可控硅）的统称。在这个命名前提下，各生产商有其自己产品命名方式。

最早的 MOTOROLA（摩托罗拉半导体）公司取第一个字母"M"代表摩托罗拉，"CR"代表单向，因而组合成单向可控硅"MCR"的第一代命名，如 MCR100 - 6。

PHILIPS（飞利浦）公司则沿袭了 BT 字母来对单向晶闸管的命名，如 BT145 - 500R。日本三菱公司（现瑞萨科技）的单向晶闸管器件命名时，则去掉了"SCR"的第一个字母"S"，以"CR"直接命名，如 CR02AM。

ST - 意法半导体公司的单向晶闸管，型号前缀字母为 X、P、TN、TYN、TS、BTW，如 X0405MF。

美国泰科（TECCOR）公司以型号前缀字母"S"对单向晶闸管命名，如 S8065K。

2. 单结晶体管

单结晶体管的型号用"BT"表示。如 BT33 含义：B—半导体、T—特种管、3—三个电极、3—耗散功率 100mW。

三、晶闸管和单结晶体管简单测试

1. 普通晶闸管

对于晶闸管的三个电极，可以用万用表粗测其好坏。依据 PN 结单向导电原理，用万用表欧姆挡测试元件的三个电极之间的阻值，可初步判断管子是否完好。如用万用表 R×1k 挡测量阳极 A 和阴极 K 之间的正、反向电阻都很大，在几百千欧以上，且正、反向电阻相差很小；用 R×10 挡或 R×100 挡测量控制极 G 和阴极 K 之间的阻值，其正向电阻应小于或接近于反向电阻。这样的晶闸管是好的。如果阳极与阴极或阳极与控制极间有短路，阴极与控制极间为短路或断路，则晶闸管是坏的。

2. 单结晶体管

（1）单结晶体管的电极判定。

（2）单结晶体管的测试。

1）测量 PN 结正、反向电阻大小。将万用表置于 R×100 挡或 R×1k 挡，黑表笔接发射极 E，红表笔接基极 B1、B2 时，测得管子 PN 结的正向电阻一般应为几千欧至几十千欧，要比普通二极管的正向电阻稍大一些；再将红表笔接发射极 e，黑表笔分别接基极 B1 或 B2，测得 PN 结的反向电阻，正常时指针偏向∞（无穷大）。一般讲，反向电阻与正向电阻的比值应大于 100。

2）测量基极电阻 R_{BB}。将万用表的红、黑表笔分别接任意极 B1 和 B2，测量 B1、B2 间的电阻，应在 $2\sim12k\Omega$ 范围内，阻值过大或过小都不好。

3）测量负阻特性。单结晶体管负阻特性测试电路如图 1-14 所示。在管子的基极 B1、B2 之间外接 10V 直流电源，将万用表置 R×100 挡或 R×1k 挡，红表笔接 B1 极，黑表笔接 E 极，因这时接通了仪表内部电池，相当于在 E、B1 极之间加上 1.5V 正向电压。由于此时管子的输入电压（1.5V）远低于峰点电压 U_p，管子处于截止状态且远离负阻区，所以发射极电流 I_E 很小（微安级），仪表指针应偏向左侧，表明管子具有负阻特性；如果指针偏向右侧，即 I_E 相当大（毫安级），与普通二极管伏安特性类似，则表明被测管无负阻特性，不宜使用。

四、任务实施标准

认识晶闸管和单结晶体管实施标准见表 1-1。

表 1-1　　　　　　　　　　认识晶闸管和单结晶体管实施标准

项目名称：认识晶闸管　　　姓名：＿＿＿＿＿＿　　考核时限：90 分钟

序号	内容	配分	等级	评分细则	得分
1	认识器件及型号含义说明	10	5	认识晶闸管并能说明型号含义	
			5	认识单结晶体管并能说明型号含义	
2	晶闸管测试	20	15	测试方法	
			5	万用表使用	
3	晶闸管好坏判断	20	20	判断错误 1 个扣 5 分	
4	单结晶体管测试	10	5	测试方法	
			5	万用表使用	
5	单结晶体管好坏判断	10	10	判断错误 1 个扣 5 分	
6	安全生产	10	10	安全文明生产，符合操作规程	
			5	经提示后能规范操作	
			0	不能文明生产，不符合操作规程	
7	拆线整理现场	10	10	现场整理干净，设施及桌椅摆放整齐	
			5	经提示后能将现场整理干净	
			0	不合格	
8				合计	

任务二　晶闸管调光灯电路

💬【任务目标】

(1) 掌握单相半波整流电路、单相交流调压电路和单结晶体管触发电路的工作原理。

(2) 建立电力电子电路的基本概念。

(3) 学会调光灯电路的安装与调试技能。

(4) 了解触发电路与主电路电压同步的基本概念。

(5) 在小组合作实施任务过程中培养与人合作的精神。

🖐【任务描述】

调光灯在日常生活中的应用非常广泛，调光灯调节方法有多种，目前使用最为广泛的调光方法是晶闸管相控调光法（即通过控制晶闸管的导通角，改变输出电压的大小，从而实现调光）。图 1-15 所示为由单向晶闸管构成的单相整流电路。

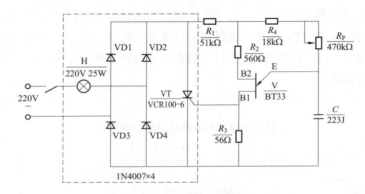

图 1-15　单向晶闸管构成的单相整流电路

📖【相关知识】

一、单相全控桥式整流电路

单相晶闸管整流电路分为单相半波晶闸管整流电路、单相全波晶闸管整流电路和单相全控桥式晶闸管整流电路。但由于单相半波晶闸管整流电路存在变压器铁芯磁化和变压器二次侧电压利用率低的缺点，单相全波晶闸管整流电路存在晶闸管承受的反向电压高、整流装置体积大等缺点，因此这两种电路在实际应用中很少采用。在中、小功率场合更多的采用单相全控桥式晶闸管整流电路。

单相全控桥式晶闸管整流电路具有输出整流电压高，输出电压、电流脉动小，变压器利用率高，无铁芯磁化的优点，因而在中、小功率场合获得了广泛的应用。

1. 电阻性负载

(1) 电路的工作原理。电炉、白炽灯等均属于电阻性负载。电阻性负载的特点是负载两端的电压和流过的电流波形相同，相位相同。单相桥式全控整流电路如图 1-16（a）所示。电路由 4 个晶闸管和负载电阻 R_d 组成。晶闸管 V1 和 V3 组成一对桥臂，V2 和 V4 组成另一对桥臂。

在电源电压 u_2 的正半周，V1、V4 承受正向电压，当没有触发脉冲时，V1、V4 截止，

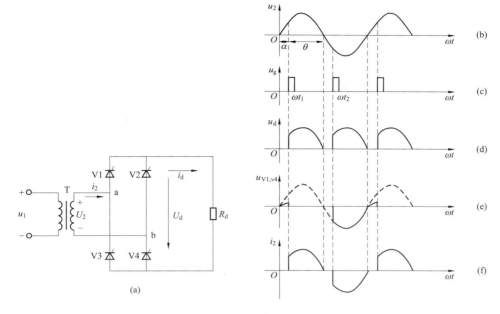

图 1-16　带电阻性负载的单相全控桥式整流电路及其波形

(a) 电路；(b) 电源电压；(c) 触发脉冲；(d) 输出电压；

(e) 晶闸管上的电压；(f) 变压器二次侧电流

电路输出电压为零。在 ωt_1 时刻，V1、V4 加上触发脉冲，则 V1、V4 导通，电流从电源 a 端经 V1、R_d、V4 流回电源 b 端，这时电路输出电压为电源电压。到半周期结束时电压过零，电流也降至零，V1、V4 关断。在负半周期间，V2、V3 因承受反向电压而截止。

电源电压 u_2 波形如图 1-16（b）所示。在 u_2 的负半周，V2、V3 承受正向电压，当没有触发脉冲时，V2、V3 截止，电路输出电压为零。在 ωt_2 时刻，V2、V3 加上触发脉冲，则 V2、V3 导通，电流从电源 b 端经 V2、R_d、V3 流回电源 a 端，这时电路输出电压为电源电压。到一周期结束时电压过零，电流也降至零，V2、V3 关断。在负半周期间，V1、V4 因承受反向电压而截止。很显然，上述两组触发脉冲相位上应差 180°。以后又是 V1、V4 导通，如此循环工作下去。

图 1-16（d）是可控整流电路输出电压波形，即负载电阻 R_d 上的电压波形。由于是电阻性负载，因此负载电阻 R_d 上的电流波形与电压波形同相。

图 1-16（e）是可控整流电路晶闸管上承受的电压波形。晶闸管导通时，其两端的电压为零。晶闸管正向阻断时，相当于两个晶闸管串联于电源两端，共同承受电源电压，所以每个晶闸管承受电源电压的 1/2。当晶闸管反向阻断时，相当于两个晶闸管并联于电源两端，每个晶闸管承受电源电压，因此晶闸管的最大反相电压为 $1.412U_2$。至于承受的正向电压，在晶闸管均不导通时，假设每个晶闸管的漏电抗都相等，则其最大值为 $1.412U_2$ 的 1/2。

图 1-16（f）是可控整流电路变压器二次侧电流的波形。由图可以看出，在电源的正、负半周均有电流通过，所以变压器的利用率增加，且由于波形正、负半周对称，因此没有直流磁化的问题。

（2）数值关系。由图 1-16（d）所示的负载上电压波形可知，在晶闸管承受正向电压的时间内，改变控制极触发脉冲的输入时刻（即移相），负载上得到的电压波形就随之改变，这样就控制了负载上输出电压的大小。晶闸管在正向电压下不导通的电角范围称为控制角，有时也称其为移相角，用 α 表示；而导电范围称为导通角，用 θ 表示，见图 1-16（a）。

由图 1-16 可知整流输出电压的平均值为

$$U_{\mathrm{d}} = \frac{1}{\pi}\int_{\alpha}^{\pi}\sqrt{2}U_0\sin\omega t\,\mathrm{d}(\omega t) = \frac{\sqrt{2}U_2}{\pi}(1+\cos\alpha) = 0.9U_2\frac{1+\cos\alpha}{2} \qquad (1-5)$$

当 $\alpha=0°$ 时，相当于不可控桥式整流，此时输出电压最大，即 $U_{\mathrm{d}}=0.9U_2$。当 $\alpha=180°$ 时，输出电压为零，故晶闸管的可控移相范围为 $0\sim180°$。

整流输出电压的有效值为

$$U = \sqrt{\frac{1}{\pi}\int_0^{\pi}(\sqrt{2}U_2\sin\omega t)^2\,\mathrm{d}(\omega t)} = U_2\sqrt{\frac{\sin2\alpha}{2\pi} + \frac{\pi-\alpha}{\pi}} \qquad (1-6)$$

在负载上，输出电流的平均值 I_{d} 和有效值 I 分别为

$$I_{\mathrm{d}} = \frac{U_{\mathrm{d}}}{R_{\mathrm{d}}} = 0.9\frac{U_2}{R_{\mathrm{d}}}\left(\frac{1+\cos\alpha}{2}\right) \qquad (1-7)$$

$$I = \frac{U}{R_{\mathrm{d}}} = \frac{U_2}{R_{\mathrm{d}}}\sqrt{\frac{1}{2\pi}\sin2\alpha + \frac{\pi-\alpha}{\pi}} \qquad (1-8)$$

负载电流的波形系数为

$$K_{\mathrm{f}} = \frac{I}{I_{\mathrm{d}}}\sqrt{\frac{\pi\sin2\alpha + 2\pi(\pi-\alpha)}{1(1+\cos\alpha)}} \qquad (1-9)$$

由于晶闸管 V1、V4 和 V2、V3 在电路中是轮流导通的，因此流过每个晶闸管的平均电流只有负载上平均电流的一半，即

$$I_{\mathrm{dV}} = \frac{1}{2}I_{\mathrm{d}} = 0.45\frac{U_2}{R_{\mathrm{d}}}\left(\frac{1+\cos\alpha}{2}\right) \qquad (1-10)$$

流过晶闸管的电流有效值为

$$I_{\mathrm{V}} = \sqrt{\frac{1}{2\pi}\int_{\alpha}^{\pi}\left[\frac{\sqrt{2}U_2\sin\omega t}{R_{\mathrm{d}}}\right]^2\,\mathrm{d}(\omega t)} = \frac{U_2}{\sqrt{2}R_{\mathrm{d}}}\sqrt{\frac{1}{2\pi}\sin2\alpha + \frac{\pi-\alpha}{\pi}} = \frac{1}{\sqrt{2}}I \qquad (1-11)$$

在选择晶闸管以及导线截面积时，要考虑发热问题，应根据电流的有效值进行计算。在一个周期内电源通过变压器 T 两次向负载提供能量，因此负载电流有效值 I 与变压器二次侧电流有效值 I_2 相同，则电路的功率因数可以按下式计算

$$\cos\varphi = \frac{P}{S} = \frac{UI}{U_2I_2} = \frac{U}{U_2} = \sqrt{\frac{\sin2\alpha}{2\pi} + \frac{\pi-\alpha}{\pi}} \qquad (1-12)$$

【例 1-1】　如图 1-16（a）所示单相全控桥式整流电路，$R_{\mathrm{d}}=4\Omega$，要求 I_{d} 在 $0\sim25\mathrm{A}$ 之间变化，求：

（1）整流变压器 T 的变比（不考虑裕量）。

（2）连接导线的截面积（取允许电流密度 $J=6\mathrm{A/mm^2}$）。

（3）选择晶闸管的型号（考虑 2 倍的裕量）。

（4）在不考虑损耗的情况下，选择整流变压器的容量。

（5）计算负载电阻的功率。

（6）计算电路的最大功率因数。

解 （1）负载上的最大平均电压为

$$U_{dmax} = I_{dmax}R_d = 25 \times 4 = 100(V)$$

又因为 $U_{dmax}=0.9U_2(1+\cos\alpha)/2$，当 $\alpha=0°$ 时，U_d 最大，即 $U_{dmax}=0.9U_2$，所以有

$$U_2 = \frac{U_{dmax}}{0.9} = \frac{100}{0.9} = 111(V)$$

所以变压器的变比

$$K = \frac{U_1}{U_2} = \frac{220}{111} \approx 2$$

（2）因为 $\alpha=0°$ 时，i_d 的波形系数为

$$K_f = \sqrt{\rho\frac{\sin2\alpha + 2\pi(\pi-\alpha)}{2(1+\cos\alpha)}} = \frac{\sqrt{2\pi^2}}{4} \approx 1.11$$

所以负载电流有效值为

$$I = K_fI_d = 1.11 \times 25 = 27.75(A)$$

选择导线截面积为

$$S \geqslant \frac{I}{J} = \frac{27.75}{6} = 4.6(mm^2)$$

因此选 BU-70 型铜线。

（3）考虑到每个晶闸管电流的有效值 $I_V = I/\sqrt{2}$，则晶闸管的额定电流为

$$I_{V(AV)} \geqslant \frac{I_V}{1.57} = \frac{27.75}{\sqrt{2} \times 1.57} \approx 12.5(A)$$

考虑 2 倍裕量，取 $I_{V(AV)}$ 为 30A。

晶闸管承受的最高电压 $U_{VM}=157V$，考虑 2 倍裕量，取 400V，选择 KP30-4 型晶闸管。

（4）在不考虑损耗的情况下，整流变压器的容量为

$$S = U_2I_2 = U_2I = 111 \times 27.75 = 3080(VA) = 3.08(kVA)$$

（5）负载电阻消耗的功率为

$$P_R = I_2R_d = 27.752 \times 4 = 3080(VA) = 3.08(kVA)$$

（6）由式（1-12）可知电路的最大功率因数为

$$\cos\varphi = \sqrt{\frac{\sin2\alpha}{2\pi} + \frac{\pi-\alpha}{\pi}}$$

当 $\alpha=0°$ 时，$\cos\varphi=1$。

2. 大电感负载

（1）电路的工作原理。在生产实践中，除了电阻性负载外，最常见的负载还有电感性负载，如电动机的励磁绕组和整流电路中串入的滤波电抗器等。为了便于分析和计算，在电路图中将电阻和电感分开表示。

当整流电路带电感性负载时，整流工作的物理过程和电压、电流波形都与带电阻性负载时不同。因为电感对电流的变化有阻碍作用，即电感元件中的电流不能突变，当电流变化时电感要产生感应电动势阻碍其变化，所以，电路电流的变化总是滞后于电压的变化。

带电感性负载的单相全控桥式整流电路如图 1-17（a）所示。假设负载电感很大，电流连续，且能使其波形为一水平直线。为了讨论方便，当分析电路工作情况时，电路已进入稳态，电流波形已经形成。

　　在电源电压 u_2 的正半周，在控制角为 α（即 ωt_1 时刻）时，给晶闸管 V1、V4 加上触发脉冲，V1、V4 导通，此时电路输出电压为电源电压 $u_d=u_2$。由于电感中的电流不能突变，电路刚开始的第一个周期时，电路中的电流 i_d 将从零开始逐渐上升，而当电压等于零时，电流 i_d 并不等于零，即电流的变化落后于电压的变化，电感起平波作用。电路工作一个周期后，设电感足够大，则负载上的电流将在整个周期内保持连续且为一水平线，如图 1－17（e）所示。

　　在电源电压 u_2 过零变负时，因电路中的电流不为零，即电感上要产生感应电动势使 V1、V4 仍承受正相电压而继续导通，因而 u_d 的波形出现 u_2 负值部分，如图 1－17（d）所示。此时晶闸管 V2 和 V3 虽都承受正向电压，但由于触发脉冲没有到，故不能导通。当 $\omega t=\pi+\alpha$ 时，V2、V3 被触发导通，V1、V4 立即因承受反相电压而关断，负载电流从 V1、V4 上转移到 V2 和 V3 上，这个过程称为换流。第二个周期重复上述过程，如此循环下去。

　　图 1－17（f）、（g）、（h）分别为流过晶闸管的电流波形和变压器二次侧电流波形。当晶闸管导通时，流过它的电流就是负载电流，因此其波形与电路输出电流 i_d 波形相同；当晶闸管截止时，电流为零。而变压器二次侧绕组在整个周期内都有电流流过，所以其电流为正、负半周对称的方波。正因如此，这种电路在变压器中没有直流分量，不会产生直流磁化，对电网影响小。因为正、负半周都有电流流过，故变压器的利用率较高。图 1－17（i）所示是晶闸管两端电压的波形。

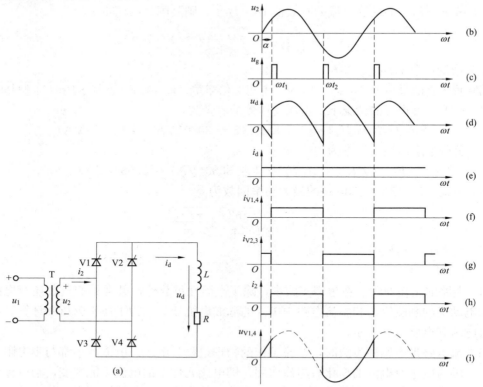

图 1－17　带电感性负载的单相全控桥式整流电路及其波形

（a）电路；（b）电源电压；（c）触发脉冲；（d）输出电压；（e）输出电流；

（f）晶闸管 V1、V4 上的电流；（g）晶闸管 V2、V3 上的电流；

（h）变压器二次侧电流；（i）晶闸管 V1、V4 上的电压

（2）数值关系。负载电流连续时，整流电压平均值可按下式计算

$$U_{\mathrm{d}} = \frac{1}{\pi} \int_{\alpha}^{\pi+\alpha} \sqrt{2} U_2 \sin\omega t \, \mathrm{d}(\omega t) = \frac{2\sqrt{2}}{\pi} U_2 \cos\alpha = 0.9 U_2 \cos\alpha \qquad (1-13)$$

输出电流波形因电感很大，平波效果很好而呈一条水平线。两组晶闸管轮流导电，一个周期中各导电 180°，且与 α 无关，变压器二次侧电流 i_2 的波形是对称的正、负方波。负载电流的平均值 I_{d} 和有效值 I 相等，其波形系数为 1。在这种情况下：当 $\alpha = 0°$ 时，$U_{\mathrm{d}} = 0.9 U_2$；当 $\alpha = 90°$ 时，$U_{\mathrm{d}} = 0$，其移相范围为 90°。

晶闸管承受的最大正、反向电流是流过每个晶闸管的电流平均值和有效值，分别为

$$I_{\mathrm{dV}} = \frac{\theta_{\mathrm{V}}}{2\pi} I_{\mathrm{d}} = \frac{\pi}{2\pi} I_{\mathrm{d}} = \frac{1}{2} I_{\mathrm{d}} \qquad (1-14)$$

$$I_{\mathrm{V}} = \sqrt{\frac{\theta_{\mathrm{V}}}{2\pi}} I_{\mathrm{d}} = \sqrt{\frac{\pi}{2\pi}} I_{\mathrm{d}} = \frac{\sqrt{2}}{2} I_{\mathrm{d}} \qquad (1-15)$$

很明显，单相全控桥式整流电路具有输出电流脉动小、功率因数高和变压器利用率高等特点。然而值得注意的是，在大电感负载情况下，当控制角 α 接近 $\pi/2$ 时，输出电压的平均值接近于零，负载上的电压太小，且理想的大电感负载是不存在的，故实际电流波形不可能是一条直线，而且在 $\alpha = \pi/2$ 之前电流就会出现断续。电感量越小，电流开始断续的 α 值就越小。

二、单相半控桥式整流电路

在单相全控桥式整流电路中，需要 4 只晶闸管，且触发电路要分时触发一晶闸管，电路复杂。在实际应用中，如果对控制特性的陡度没有特除要求，可采用如图 1 - 18 （a）所示的单相半控桥式整流电路。图中 T 为整流变压器，晶闸管 V1 和 V2 组成一对桥臂，二极管 VD1 和 VD2 组成另一对桥臂。

单相半控桥式整流电路在电阻性负载时的工作情况与单相全控桥式整流电路完全相同，各参数的计算也相同。下面仅讨论大电感负载时的工作情况。

1. 自然续流

当 u_2 的正半周、控制角为 α 时，触发晶闸管 V1，则 V1 和 VD2 因承受正向电压而导通。当 u_2 下降到零并开始变负时，由于电感的作用，它将产生一感应电动势使 V1 继续导通。但此时 VD1 已承受正向电压正偏导通，而 VD2 反偏截止，负载电流 i_{d} 经 VD1、V1 流通。此时整流桥输出电压为 V1 和 VD1 的正向压降，接近于零，所以整流输出电压 u_{d} 没有负半周，这种现象叫做自然续流。在这一点上，半控桥和全控桥是不同的。

u_2 的负半周具有与正半周相似的情况，控制角为 α 时触发 V2，V2、VD1 导通，u_2 过零变正时经 VD2、V2 自然续流。

综上所述，单相半控桥式整流电路带大电感负载时的工作特点是：晶闸管在触发时刻换流，二极管则在电源电压过零时换流；由于自然续流的作用，整流输出电压 u_{d} 的波形与全控桥式整流电路带电阻性负载时相同，α 的移相范围为 0～180°，u_{d}、I_{d} 的计算公式和全控桥式整流电路带电阻性负载时相同；流过晶闸管和二极管的电流都是宽度为 180° 的方波且与 α 无关，交流侧电流为正、负对称的交变方波。上述各量的波形如图 1 - 18 （b）所示。

单相半控桥式整流电路带大电感性负载时，虽本身有自然续流的能力，似乎不需要另接续流二极管。但在实际运行中，当突然把控制角 α 增大到 180° 以上或突然切断触发电路时，会发生正在导通的晶闸管一直导通，两个二极管轮流导通的现象。此时触发信号对输出电压

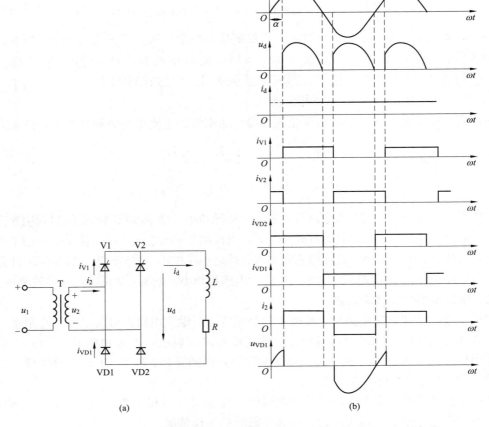

图 1-18 带大电感负载时的单相半控桥式整流电路及其电压、电流波形

（a）电路；（b）波形

失去了控制作用，这种现象称为失控。失控现象在使用中是不允许的，为消除失控，带电感性负载的半控桥式整流电路还需另接续流二极管 VD，如图 1-19（a）所示。

2. 续流二极管续流

加上接续流二极管后，当电压降到零时，负载电流流经续流二极管续流，整流桥输出端只有不到 1V 的压降，迫使晶闸管与二极管串联电路中的电流降到晶闸管的维持电流以下，使晶闸管关断，这样就不会出现失控现象了。接上续流二极管 VD 后，各电流、电压的波形图 1-19（b）所示。

根据以上分析，可求出输出电压平均值为

$$U_d = \frac{1}{\pi}\int_\alpha^\pi \sqrt{2}U_2\sin\omega t\, \mathrm{d}(\omega t) = \frac{\sqrt{2}}{\pi}U_2(1+\cos\alpha) = 0.9U_2\frac{1+\cos\alpha}{2} \qquad (1-16)$$

其输出电压有效值为

$$U = \sqrt{\frac{1}{\pi}\int_\alpha^\pi (\sqrt{2}U_2\sin\omega t)^2\, \mathrm{d}(\omega t)} = U_2\sqrt{\frac{\sin 2\alpha}{2\pi}+\frac{\pi-\alpha}{\pi}} \qquad (1-17)$$

在控制角为 α 时，每个晶闸管一周内的导通角为 $\theta_V = \pi - \alpha$，续流管的流通角为 $\theta_{VD} = 2\alpha$，

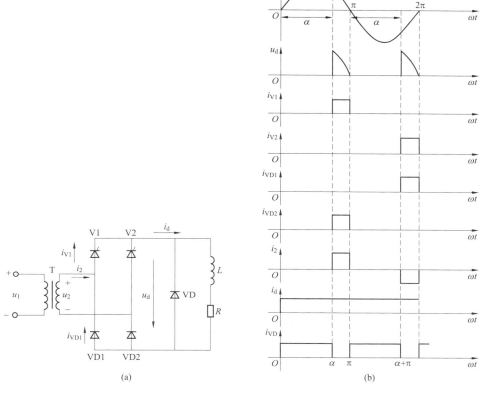

图 1-19 带大电感负载的单相半控桥式整流电路接续流二极管时的电路及其波形

（a）电路；（b）波形

则流过晶闸管的电流平均值和有效值分别为

$$I_{dV} = \frac{\theta_V}{2\pi} I_d = \frac{\pi - \alpha}{2\pi} I_d \tag{1-18}$$

$$I_V = \sqrt{\frac{\theta_V}{2\pi}} I_d = \sqrt{\frac{\pi - \alpha}{2\pi}} I_d \tag{1-19}$$

流经续流二极管的电流平均值和有效值分别为

$$I_{dVD} = \frac{\theta_{VD}}{2\pi} I_d = \frac{\alpha}{\pi} I_d \tag{1-20}$$

$$I_{VD} = \sqrt{\frac{\theta_{VD}}{2\pi}} I_d = \sqrt{\frac{\alpha}{\pi}} I_d \tag{1-21}$$

三、单结晶体管同步触发电路

单结晶体管触发电路如图 1-20 所示，包括同步电源、移相控制和脉冲输出三部分。

1. 同步电源

同步电压由变压器 T 获得，而同步变压器与主电路接至同一电源，故同步电压与主电压同相位、同频率。同步电压经桥式整流再经稳压管 VDW 削波为梯形波 u_{VDW}，其最大值 U_W，

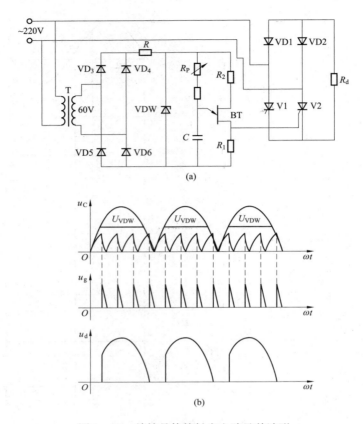

图 1-20　单结晶体管触发电路及其波形

(a) 电路；(b) 波形

u_{VDW} 既是同步信号，又是触发电路的电源。当 u_{VDW} 过零时，单结晶体管的电压 $U_{BB} = u_{VDW} = 0$，$U_A = 0$，故电容 C 经单结晶体管的发射极 E、第一基极 B1、电阻 R_1 迅速放电。也就是说，每半周开始，电容 C 都基本上从零开始充电，进而保证每周期触发电路送出一个距离过零时刻一致的脉冲。距离过零时刻一致即控制角 α 在每个周期相同。这样就实现了同步。

2. 移相控制

当调节电阻 R_P 增大时，单结晶体管充电到峰点电压 U_P 的时间（即充电时间）增大，第一个脉冲出现的时刻后移，即控制角 α 增大，实现了移相。

3. 脉冲输出

触发脉冲由 R_1 直接取出，这种方法简单、经济，但触发电路与主电路有直接的电联系，不安全。可以采用脉冲变压器输出来改进这一触发电路。

【任务实施】

一、调光电路的安装与调试

1. 调光电路的安装

(1) 根据如图 1-15 (a) 所示电路，绘制 PCB 图并制作印刷电路板。

(2) 元器件测试。用万用表对表 1-2 所列元器件进行测试，重点对二极管、晶闸管、单结晶体管等元器件测试，并区分管脚。并将测试结果填入表 1-2 中。

表 1 - 2 调光灯电路元器件清单

序号	器件名称	型号	数量	测试结果
1	二极管	IN4007	4	
2	晶闸管	MCR100 - 6	1	
3	单结晶体管	BT33	1	
4	电阻	51kΩ、18kΩ、56Ω、560Ω	各 1	
5	电位器	470kΩ	1	
6	电容	223J	1	

（3）焊接前准备工作。将元器件按布置图在电路底板焊接位置上做引线成形。弯脚时，切忌从元件根部直接弯曲，应将根部留有 5～10mm 长度以免断裂。引线端在去除氧化层后涂上助焊剂，上锡备用。

（4）元器件焊接安装。根据电路板焊接电路。

2. 电路调试

（1）通电前的检查。对已焊接安装完毕的电路板根据图 1 - 15（a）所示电路进行详细检查。重点检查二极管、稳压管、单结晶体管、晶闸管等元件的管脚是否正确，输入、输出端有无短路现象。

（2）通电调试。晶闸管调光电路分主电路和单结晶体管触发电路两大部分。因而通电调试也分成两个步骤，首先调试单结晶体管触发电路，然后再将主电路和单结晶体管触发电路连接，进行整体综合调试。

3. 晶闸管调光电路故障分析及处理

晶闸管调光电路在安装、调试及运行中，由元器件及焊接等原因产生故障时，可根据故障现象用万用表、示波器等仪器进行检查测量，并根据电路原理进行分析，找出故障原因并进行处理。

二、单结晶体管触发电路和单相半波可控整流电路调试

1. 单结晶体管触发电路

（1）认识单结晶体管触发电路。在实验台上找到单结晶体管触发电路，如图 1 - 21 所示，并分析其 $\alpha = 90°$ 时各点电压波形，如图 1 - 22 所示。熟悉各测试点。

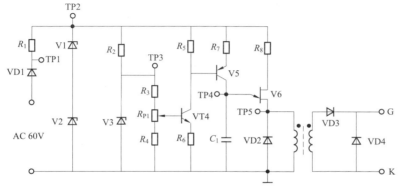

图 1 - 21 单结晶体管触发电路原理图

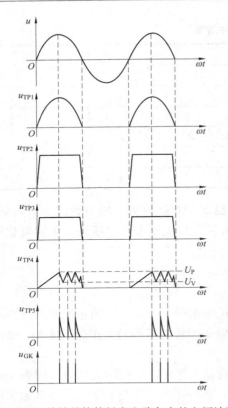

图 1-22　单结晶体管触发电路各点的电压波形
（α＝90°）

（2）单结晶体管触发电路接线。用两根导线将电源控制屏交流电压接到触发电路的"外接 220V"。

（3）单结晶体管触发电路调试。

1）打开电源控制屏上的电源总开关→按下电源控制屏上的启动按钮→将晶闸管触发电路挂件上的电源开关打到开的位置。

2）将示波器探头的接地端与晶闸管触发电路挂件上的地（黑色插孔）相接，测试探头分别测试单结晶体管触发电路的 TP1、TP2、TP3、TP4、TP5 测试孔的波形。同时，调节 R_{P1}，观察波形的变化并记录。

3）测试并观察 G、K 之间电压 u_{GK} 波形。

4）当 TP4、TP5 没有波形时，调节 R_{P1}，波形就会出现，注意观察波形随 R_{P1} 变化的规律。

2. 单相半波可控整流电路

（1）认识单相半波可控整流电路。单相半波可控整流电路如图 1-23 所示。

（2）单相半波可控整流电路接线。按图 1-23 接线。将 DJK03-1 挂件上的单结晶体管触发

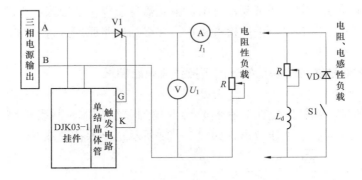

图 1-23　单相半波可控整流电路

电路的输出端 G 和 K 接到 DJK02 挂件面板上的反桥中的任意一个晶闸管的门极和阴极，并将相应的触发脉冲的开关关闭（防止误触发）。图中的负载 R 用 D42 三相可调电阻，将两个 900Ω 接成并联形式。二极管 VD1 和开关 S1 均在 DJK06 挂件上，电感 L_d 在 DJK02 面板上，有 100、200、700mH 三挡可供选择，本实验中选用 700mH。直流电压表及直流电流表从 DJK02 挂件上得到。

（3）单相半波可控整流电路调试。

1）电阻性负载。合上电源，用示波器观察负载电压 u_d、晶闸管 V1 两端电压 u_T 的波

形，调节电位器 R_{P1}，观察并记录 $\alpha = 0°$、$30°$、$60°$、$90°$、$120°$、$150°$、$180°$时的 u_d、u_T 波形，并测定直流输出电压 U_d 和电源电压 U_2，记录于表 1-3 中。

表 1-3　　　　　　　　　　单相半波可控整流电路带电阻性负载调试记录表

α	$0°$	$30°$	$60°$	$90°$	$120°$	$150°$	$180°$
U_2							
负载电压 u_d 波形							
晶闸管两端电压 u_V 波形							
U_d 记录值							
U_d 计算值							
U_d/U_2							

2）电阻、电感性负载。将负载改接成电阻、电感性负载（由电阻器与电感串联而成），在不接续流二极管 VD，在不同阻抗角（改变 R_d 的电阻值）情况下，观察并记录 $\alpha = 0°$、$30°$、$60°$、$90°$、$120°$、$150°$、$180°$时 u_d、u_T 的波形，并测定直流输出电压 U_d 和电源电压 U_2，记录于表 1-4 中。

表 1-4　　　单相半波可控整流电路带电阻、电感性负载（自然换流）调试记录表

α	$0°$	$30°$	$60°$	$90°$	$120°$	$150°$	$180°$
U_2							
负载电压 u_d 波形							
晶闸管两端电压 u_V 波形							
U_d 记录值							
U_d 计算值							
U_d/U_2							

接入续流二极管 VD，重复上述实验，观察续流二极管的作用，并测定直流输出电压 U_d 和电源电压 U_2，记录于表 1-5 中。

表 1-5　　单相半波可控整流电路带电阻、电感性负载（续流二极管换流）调试记录表

α	$0°$	$30°$	$60°$	$90°$	$120°$	$150°$	$180°$
U_2							
电压波形负载							
晶闸管两端电压波形							
U_d 记录值							
U_d 计算值							
U_d/U_2							

（4）单相全波可控整流电路调试。将图 1-23 接线改接为单相全波可控整流电路，将 DJK03-1 挂件上的 4 组触发脉冲与 4 个晶体管对应相连（注意不要接错），重复（3）中的

1)、2)，并记录。

三、任务实施标准

1. 调光电路的安装与调试

调光电路的安装与调试实施标准见表 1-6。

表 1-6 　　　　　　　　　　　**调光电路的安装与调试实施标准**

项目名称：_____ 　　　姓名：_____ 　　考核时限：90 分钟

序号	内容	配分	等级	评分细则	得分
1	电路板制作	15	5	仿真软件的操作	
			5	电路原理图绘制	
			5	电路制板过程	
2	电路焊接	20	5	元件测试	
			5	工具使用	
			10	焊接工艺	
3	电路板调试	30	10	仪器仪表的选择与使用	
			20	调试方法、波形数据记录	
4	作品展示	15	5	实际制作完成情况	
			10	项目陈述、问题回答	
5	安全生产	10	10	安全文明生产，符合操作规程	
			5	经提示后能规范操作	
			0	不能文明生产，不符合操作规程	
6	拆线整理现场	10	10	现场整理干净，设施及桌椅摆放整齐	
			5	经提示后能将现场整理干净	
			0	不合格	
7	加分			调试过程中每解决 1 个具有同学借鉴价值的实际问题加 5～10 分	
				合计	

2. 单结晶体管触发电路和单相半波可控整流电路调试任务实施标准

单结晶体管触发电路和单相半波可控整流电路调试的实施标准见表 1-7。

表 1-7 　　　　**单结晶体管触发电路和单相半波可控整流电路调试的实施标准**

项目名称：_____ 　　　姓名：_____ 　　考核时限：90 分钟

序号	内容	配分	等级	评分细则	得分
1	单结晶体管触发电路接线	5	5	接线正确	
2	单结晶体管触发电路调试	30	5	示波器使用	
			15	操作和测试方法	
			10	波形和数据记录	
3	单相半波整流电路接线	10	10	接线正确	

续表

序号	内容	配分	等级	评分细则	得分
4	单相半波整流电路调试	40	5	示波器使用	
			25	操作和测试方法	
			10	波形和数据记录	
5	安全生产	10	10	安全文明生产，符合操作规程	
			5	经提示后能规范操作	
			0	不能文明生产，不符合操作规程	
6	拆线整理现场	5	5	现场整理干净，设施及桌椅摆放整齐	
			2	经提示后能将现场整理干净	
			0	不合格	
7	加分			调试过程中每解决1个具有同学借鉴价值的实际问题加5～10分	
合计					

3. 单相桥式可控整流电路调试任务实施标准

单相桥式可控整流电路调试任务实施标准见表1-8。

表1-8 **单相桥式可控整流电路调试任务实施标准**

项目名称：＿＿＿＿＿＿＿＿ 姓名：＿＿＿＿＿＿ 考核时限：90分钟

序号	内容	配分	等级	评分细则	得分
1	触发电路调试	15	5	示波器使用	
			10	调试方法	
2	单相桥式整流电路接线	15	15	接线正确	
3	单相桥式整流电路调试	50	5	示波器使用	
			30	操作和测试方法（电阻性负载和电阻、电感负载接VD和不接VD三种情况各10分）	
			15	波形和数据记录（电阻性负载和电阻、电感负载接VD和不接VD三种情况各5分）	
4	安全生产	10	10	安全文明生产，符合操作规程	
			5	经提示后能规范操作	
			0	不能文明生产，不符合操作规程	
5	拆线整理现场	10	10	现场整理干净，设施及桌椅摆放整齐	
			5	经提示后能将现场整理干净	
			0	不合格	
6	加分			调试过程中每解决1个具有同学借鉴价值的实际问题加5～10分	
合计					

【知识拓展】

一、门极可关断晶闸管

门极可关断晶闸管（Gate Turn Off thyristor，GTO）。具有普通晶闸管的全部特性，如耐压高（工作电压可高达 6000V）、电流大（电流可达 6000A）以及造价便宜等；同时又具有门极正脉冲信号触发导通、门极负脉冲信号触发关断的特性，而在它的内部有电子和空穴两种载流子参与导电，所以 GTO 属于全控型双极型器件，有阳极 A、阴极 K 和门极 G 三个电极，其电气图形符号如图 1-24 所示。

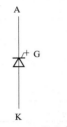

图 1-24 GTO 的电气符号

1. GTO 的基本工作原理

GTO 的工作原理与普通晶闸管相似，其结构也可以等效看成是由 PNP 与 NPN 两个晶体管组成的反馈电路。两个等效晶体管的电流放大倍数分别为 α_1 和 α_2。GTO 触发导通的条件是：当它的阳极与阴极之间承受正向电压，门极加正脉冲信号（门极为正，阴极为负）时，可使 $\alpha_1 + \alpha_2 > 1$，从而在其内部形成电流正反馈，使两个等效晶体管接近临界饱和导通状态。

导通后的管压降比较大，一般为 2～3V。只要在 GTO 的门极加负脉冲信号，即可将其关断。当 GTO 的门极加负脉冲信号（门极为负，阴极为正）时，门极出现反向电流，此反向电流将 GTO 的门极电流抽出，使其电流减小，α_1 和 α_2 也同时下降 以致无法维持正反馈，从而使 GTO 关断。因此，GTO 采取了特殊工艺，使管子导通后处于接近临界饱和状态。由于普通晶闸管导通时处于深度饱和状态，用门极抽出电流无法使其关断，而 GTO 处于临界饱和状态，因此可用门极负脉冲信号破坏临界状态使其关断。

由于 GTO 门极可关断，且关断时可在阳极电流下降的同时再施加逐步上升的电压，不像普通晶闸管关断时是在阳极电流等于零后才能施加电压，因此，GTO 关断期间功耗较大。另外，因为导通压降较大，门极触发电流较大，所以 GTO 的导通功耗与门极功耗均较普通晶闸管大。

2. GTO 的特定参数

GTO 的参数和普通晶闸管相似，见表 1-9。下面只强调它的几个特定参数：

表 1-9 国产 50 A GTO 参数

参数名称	符号	单位	参数值	参数名称	符号	单位	参数值
正向阻断电压	U_{DRM}	V	1000～1500	关断时间	t_{off}	μs	<10
反向阻断电压	U_{RRM}	V	受反压与不受反压两种	工作频率	f	kHz	3
最大可关断阳极电流	I_{ATO}	A	30、50	允许 $\dfrac{du}{dt}$	$\dfrac{du}{dt}$	V/μs	>500
擎住电流	I_L	A	0.5～2.5	允许 $\dfrac{di}{dt}$	$\dfrac{di}{dt}$	A/μs	>100
正向触发电流	I_G	mA	200～800	正向管压降（直流值）	U_V	V	2～4
反向关断电流	$-I_{GM}$	A	6～10	关断增益	β_q		3～5
开通时间	t_{om}	μs	<6				

（1）最大可关断阳极电流 I_{ATO}。GTO 的最大阳极电流除了受发热温升限制外，还会由于管子阳极电流 I_A 过大使 $\alpha_1 + \alpha_2$ 稍大于 1 的临界导通条件被破坏，管子饱和加深，导致门极关断失败。因此，GTO 必须规定一个最大可关断阳极电流 I_{ATO}，也就是管子的铭牌电流。I_{ATO} 与管子电压上升率、工作频率、反向门极电流峰值和缓冲电路参数有关，在使用中应予以注意。

（2）关断增益 β_q。这个参数用来描述 GTO 关断能力。关断增益 β_q 为最大可关断阳极电流 I_{ATO} 与门极负电流最大值 I_{GM} 之比，即

$$\beta_q = \frac{I_{ATO}}{|-I_{GM}|} \tag{1-22}$$

目前大功率 GTO 的关断增益为 3～5。采用适当的门极电路，很容易获得上升率较快、幅值足够大的门极负电流，因此在实际应用中不必追求过高的关断增益。

（3）擎住电流 I_L。与普通晶闸管定义一样，I_L 是指门极加触发信号后，阳极大面积饱和导通时的临界电流。GTO 由于工艺结构特殊，其 I_L 要比普通晶闸管大得多，因而在电感性负载时必须有足够的触发脉冲宽度。

GTO 有能承受反压和不能承受反压两种类型，在使用时要特别注意。

3. GTO 的缓冲电路

GTO 设置缓冲电路的目的如下：

（1）减轻 GTO 在开关过程中的功耗。为了降低开通时的功耗，必须抑制 GTO 开通时阳极电流上升率。GTO 关断时会出现挤流现象，即局部地区因电流密度过高导致瞬时温度过高，甚至使 GTO 无法关断，为此必须在管子关断时抑制电压上升率。

（2）抑制静态电压上升率，过高的电压上升率会使 GTO 因位移电流产生误导通。图 1-25 所示为 GTO 的阻容缓冲电路，其电路形式和工作原理与普通晶闸管电路的基本相似。图 1-25（a）只能用于小电流电路；图 1-25（b）与图 1-25（c）是较大容量 GTO 电路中常见的缓冲器，其二极管尽量选用快速型、接线短的二极管，这可使缓冲器阻容缓冲效果更显著。

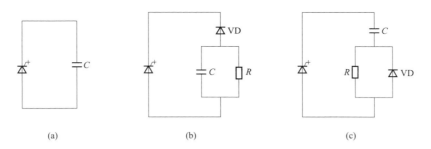

（a） （b） （c）

图 1-25 GTR 阻容缓冲电路

（a）用于小电流电路；（b）、（c）用于大容量电路

4. GTO 的门极驱动电路

用门极正脉冲可使 GTO 开通，门极负脉冲可以使其关断，这是 GTO 最大的优点。但要使 GTO 关断的门极反向电流比较大，约为阳极电流的 1/5 左右，尽管采用高幅值的窄脉冲可以减少关断所需的能量，但还是要采用专门的触发驱动电路。门极驱动电路如图 1-26

所示。

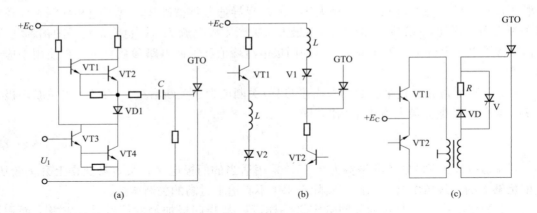

图 1-26　门极驱动电路

(a) 小容量 GTO 门极驱动电路；(b) 桥式驱动电路；(c) 大容量 GTO 门极驱动电路

5. GTO 的典型应用

GTO 主要用于高电压、大功率的直流变换电路（即斩波电路）和逆变器电路中，如恒压恒频电源（CVCF）、常用的不停电电源（UPS）等。另一类 GTO 的典型应用是调频调压电源，即 VVVF，此电源较多用于风机、水泵、轧机、牵引机车等的交流变频调速系统中。

此外，由于 GTO 耐压高、电流大、开关速度快、控制电路简单方便，因此还特别适用于汽油机点火系统。图 1-27 所示为一种用电感、电容关断 GTO 的点火电路。

图 1-27 中，GTO 为主开关，控制 GTO 导通与关断即可使脉冲变压器 TR 二次侧产生瞬时高压，该电压使汽油机火花塞电极间隙产生火花。在晶体管 VT 的基极输入脉冲电压，低电平时，VT 截止，电源对电容 C 充电，同时触发 GTO。由于 L 和 C 组成 LC 谐振电路，C 两端可产生高于电源的电压。脉冲电压为高电平时，晶体管 VT 导通，C 放电并将其电压加于 GTO 门极，使 GTO 迅速、可靠地关断。图 1-27 中 R 为限电流电阻，C_1（$0.5\mu F$）与 GTO 并联，可限制 GTO 的电压上升率。

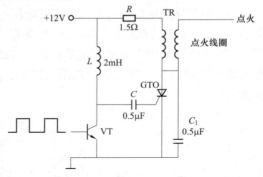

图 1-27　用电感、电容关断 GTO 的点火电路

二、集成单相可控桥式整流模块

1. MDQ 单相整流模块

由集成电路构成的单相可控桥式整流电路称为整流桥模块或整流模块。现以 MDQ 型整流模块为例来说明这种整流模块。

图 1-28 所示为 MDQ 型整流模块的外形和型号说明。其外形尺寸图和原理图如图 1-29 所示。外形尺寸图有利于用户在使用时的安装。从 MDQ 型整流模块原理图可以看出，整流模块的内部电路与桥式整流电路完全相同，对外共有 4 个接线端子，其中有 2 个输入端子接交流电源，另 2 个端子为输出端子，输出直流电，在实际接线时，模块上有显著标识，用户

按图接线即可。

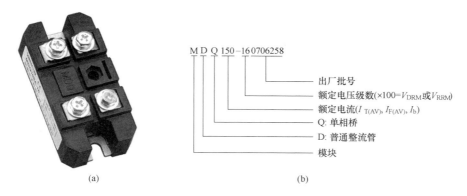

图 1-28 MDQ 型整流模块的外形和型号说明。
（a）整流模块的外形；（b）整流模块型号说明

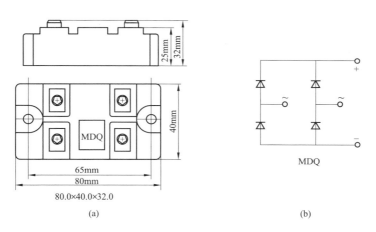

图 1-29 MDQ 型整流模块外形尺寸图和原理图
（a）外形尺寸图；（b）原理图

MDQ 型整流模块的特性参数见表 1-10。

表 1-10   **MDQ 型整流模块特性参数**

型号	直流输出电流平均值 I_d(A)	单相输入正向平均电流 I_F（A）	壳温 T_C（℃）	反向重复峰值电流 I_{RRM}（mA）	反向重复峰值电压 U_{RRM}（V）	通态峰值电压 U_{TM}（V）	通态峰值电流 I_{TM}（A）	最高额定结温 t_{JM}（℃）	绝缘电压 U_{ISO}（AC，V）
MDQ30A	30	15	100	8	600～2000	1.45	45	150	2500
MDQ60A	60	30	100	8	600～2000	1.45	90	150	2500
MDQ100A	100	50	100	10	600～2000	1.45	150	150	2500

MDQ 型整流模块常用作仪器设备的直流电源、PWM 变频器的输入整流电源、直流电动机励磁电源、软启动电容充电电源、电气拖动辅助电源以及逆变焊机和电流充电直流电源。

2. MDQ 型整流模块的选择

根据负载电阻值 R、所需的直流输出电压 U_d 或输出电流平均值 I_d 来确定整流二极管的技术参数，从而选择 MDQ 型整流模块的型号。

（1）二极管的平均电流

$$I_{D(AV)} = \frac{0.4U_2}{R} \qquad (1-23)$$

（2）二极管承受的最大反向电压

$$U_{Rmax} = \sqrt{2}U_2 \qquad (1-24)$$

（3）最大整流平均电流和最高反向工作电压

$$I_F = 1.1\frac{\sqrt{2}U_2}{R} \qquad (1-25)$$

$$U_R = 1.1\sqrt{2}U_2 \qquad (1-26)$$

【例 1－2】 负载电阻 $R=4\Omega$，要求输出电流的平均值 $I_d=25A$，试选择整流变压器的变比、容量和整流模块的型号。

解　输出电压的平均值为

$$U_d = I_dR = 25 \times 4 = 100(\text{V})$$

（1）计算变压器的变比。

可得变压器二次侧电压由式（1－2）

$$U_2 = \frac{U_d}{0.9} = \frac{100}{0.9} \approx 111.11(\text{V})$$

单相整流电路的工频交流电源电压通常为 220V，即变压器一次侧的电压 $U_1=220\text{V}$，所以变压器的变比为

$$K = \frac{U_1}{U_2} = \frac{200}{111} \approx 2$$

（2）计算变压器容量。

整流电路输出电流的有效值为

$$I = \frac{U_2}{R} = \frac{111.11}{4} = 27.78(\text{A})$$

因在一个周期内都有电流流过变压器，所以变压器二次侧电流与整流电流输出电流相同，即 $I_2=I=27.28\text{A}$，则变压器的容量为

$$S = I_2U_2 = 27.78 \times 111.11 = 3086.64(\text{VA})$$

由变压器的变比及其容量，就可选择相应型号的单相变压器。

二极管的平均电流是输出平均电流的一半，即

$$I_{D(AF)} = \frac{I_d}{2} = \frac{25}{2} = 12.5(\text{A})$$

二极管承受的最大反向电压

$$U_{Rmax} = \sqrt{2}U_2 = 1.41 \times 111.11 = 157.13(\text{V})$$

由计算参数可知，可选择表 1－10 中 MDQ30A 型整流模块。

项 目 总 结

1. 普通晶闸管、双向晶闸管、可关断晶闸管和单结晶体管器件的外形、标注的含义。

2. 选用和检测普通晶闸管、双向晶闸管、可关断晶闸管和单结晶体管的方法。

3. 普通晶闸管、双向晶闸管、可关断晶闸管和单结晶体管的结构、工作原理及重要参数。

4. 分析单相半波整流电路、单相全波整流电路在电阻性负载和大电感性负载下的工作原理，画出输入、输出波形，并依据波形、电量计算的结果选择功率元件。

5. 分析单结晶体管触发电路的工作原理，画出输入、输出波形。触发电路与主电路电压同步的基本概念。

复 习 思 考

1. 晶闸管导通的条件是什么？导通后流过晶闸管的电流怎样确定？负载电压是什么？

2. 如何用万用表判别晶闸管元件的好坏？

3. 某一电阻性负载，需要直流电压 120V、电流 30A。现采用单相全控桥式整流电路，直接由 220V 电网供电。试计算晶闸管的导通角、电流有效值。

4. 有一单相桥式全控整流电路，负载电阻 $R_L = 10\Omega$，直接由 220V 电网供电，控制角 $\alpha = 60°$。试计算整流电压的平均值、整流电流的平均值和电流的有效值。

5. 试述晶闸管变流装置主电路对门极触发电路的一般要求是什么？

6. 某电阻性负载的单相半控桥式整流电路，若其中一只晶闸管的阳、阴极之间被烧断，试画出整流二极管、晶闸管两端和负载电阻两端的电压波形。

7. 可控整流电路带电阻性负载时，负载电阻上的 U_d 与 I_d 的乘积是否等于负载有功功率，为什么？带大电感负载时，负载电阻 R_d 上的 U_d 与 I_d 的乘积是否等于负载有功功率，为什么？

8. 整流变压器二次侧中间抽头的双半波可控整流电路如图 1-30 所示。试回答：

(1) 说明整流变压器有无直流磁化问题。

(2) 分别画出电阻性负载和大电感负载在 $\alpha = 60°$ 时的输出电压 U_d、电流 I_d 的波形，比较与单相全控桥式整流电路是否相同。若已知 $U_2 = 220V$，分别计算其输出直流电压值 U_d。

(3) 画出电阻性负载 $\alpha = 60°$ 时晶闸管两端电压 u_V 的波形，说明该电路晶闸管承受的最大反向电压为多少。

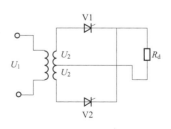

图 1-30 题 8 图

项目二

三相可控整流电路与大功率直流电源

三相可控整流电路是一种把交流电压变换成固定或可调直流电压的装置，广泛应用于冶金、化工、电解、电镀、矿山、直流电动机调压调速等大功率工业控制领域。其工作原理是将交流电源经过由晶闸管组成的整流电路，通过移相触发改变晶闸管导通角大小的方式控制输出的直流电的大小。图2-1所示是三相可控整流装置实物。

图2-1　某三相可控整流装置

【学习目标】

（1）能分析锯齿波触发电路、集成触发电路和数字触发电路的工作原理。

（2）能分析三相可控整流电路的工作原理并熟悉输出电压和晶闸管两端电压波形。

（3）能根据整流电路形式及元件参数进行输出电压、电流等参数的计算和元器件选择。

（4）熟悉可控整流电路的保护方法。

（5）了解同步的概念及实现同步的方法。

（6）熟悉有源逆变的基本概念和典型的有源逆变电路工作原理和工作波形。

（7）在项目实施过程中，培养团队合作精神，强化安全意识和职业行为规范。

（8）熟悉电力电子电路的分析方法。

（9）初步具备电力电子装置的安装与调试能力，熟悉成本核算方法。

【教学导航】

教	知识重点	（1）锯齿波触发电路的工作原理。 （2）三相可控整流电路的工作原理。 （3）有源逆变电路的基本概念和工作原理
	知识难点	三相可控整流电路的工作原理和工作波形
	推荐教学方式	由工作任务入手，通过对锯齿波触发电路、三相半波可控整流电路实验，让学生从外到内、从直观到抽象，逐渐理解电力电子技术电路及控制
	建议学时	16学时

学	推荐学习方法	任务驱动，理论实践结合
	必须掌握的理论知识	(1) 三相半波可控整流电路的工作原理，数值计算。 (2) 三相桥式全控整流电路的工作原理，数值计算。 (3) 三相半波有源逆变电路的工作原理，数值计算
	必须掌握的技能	(1) 三相可控整流电路性能参数的测试。 (2) 学会选择主电路晶闸管的方法

任务三　触　发　电　路

💬【任务目标】

（1）能分析锯齿波触发电路、集成触发电路和数字触发电路的工作原理。

（2）掌握锯齿波触发电路和集成触发电路的调试方法。

（3）学会运用所学的理论知识去分析和解决实际系统中出现的各种问题，提高分析问题和解决问题能力。

🌱【任务描述】

控制晶闸管导通的电路称为触发电路。触发电路的正确、可靠运行直接关系着电力电子装置的正常运行，因此电力电子装置的触发电路必须按主电路的要求来设计。为了尽可能地可靠触发，触发电路应满足以下几点要求：

（1）触发脉冲应有足够的功率；触发脉冲的电压和电流应大于晶闸管要求的数值，并保留足够的裕量。

（2）触发脉冲的相位应能在一定的范围内连续可调。

（3）触发脉冲与电力电子器件主电路电源必须保持同步，两者频率应该相同。

（4）触发脉冲的波形要符合一定的要求。

那么，触发电路由哪些部分组成，是如何满足这些要求的呢？下面将介绍同步电压为锯齿波的触发电路、集成触发电路、数字触发电路三种触发电路的相关知识。

📖【相关知识】

一、同步电压为锯齿波的触发电路

同步就是要求锯齿波的频率与主回路电源的频率相同。同步信号为锯齿波的触发电路原理图如图 2-2 所示。在该电路中，同步环节由同步变压器 Tr、晶体管 VT2、二极管 VD1、VD2 及 R_1、C_1 等组成。锯齿波是由起开关作用的 VT2 控制，VT2 截止持续的时间就是锯齿波的宽度，VT2 开关的频率就是锯齿波的频率。要使触发脉冲与主电路电源同步，必须使 VT2 开关的频率与主电路电源频率相同。在该电路中，将同步变压器和整流变压器接在同一电源上，用同步变压器二次电压来控制 VT2 的通断，保证了触发脉冲与主回路电源的同步。

1. 同步环节

同步环节工作原理如下：同步变压器二次电压间接加在 VT2 的基极上，当二次电压为负半周的下降段时，VD1 导通，电容 C_1 被迅速充电，②点为负电位，VT2 截止。在二次电压负半周的上升段，电容 C_1 已充至负半周的最大值，VD1 截止，+15V 通过 R_1 给电容 C_1

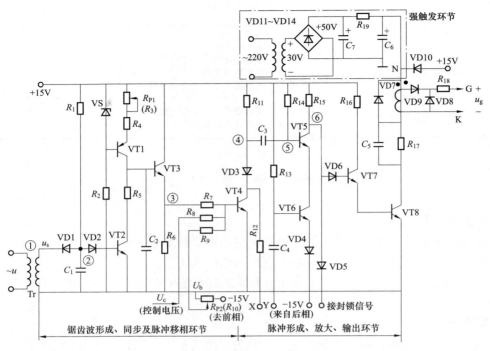

图 2-2　同步信号为锯齿波的触发电路原理图

反向充电,当②点电位上升至 1.4V 时,VT2 导通,②点电位被钳位在 1.4V。以上分析可见,VT2 截止的时间长短,与 C_1 反充电的时间常数 R_1C_1 有关。到同步变压器二次电压的下一个负半周到来时,VD1 重新导通,C_1 迅速放电后又被充电,VT2 又变为截止,如此周而复始。在一个正弦波周期内,VT2 具有截止与导通两个状态,对应的锯齿波恰好是一个周期,与主电路电源频率完全一致,达到同步的目的。

2. 锯齿波形成及脉冲移相环节

该环节由晶体管 VT1 组成恒流源向电容 C_2 充电,晶体管 VT2 作为同步开关控制恒流源对 C_2 的充、放电过程,晶体管 VT3 为射极跟随器,起阻抗变换和前后级隔离作用,减小后级对锯齿波线性的影响。

工作原理如下:当 VT2 截止时,由 VT1、VTS、R_3、R_4 组成的恒流源以恒流 I_{C_1} 对 C_2 充电,C_2 两端电压为

$$U_{C_2} = \frac{1}{C_2}\int I_{C_1} \mathrm{d}t = \frac{I_{C_1}}{C_2}t \tag{2-1}$$

u_{C_2} 随时间 t 线性增长。I_{C_1}/C_2 为充电斜率,调节 $R_{P1}(R_3)$ 可改变 I_{C_1},从而调节锯齿波的斜率。当 VT2 导通时,因 R_5 阻值很小,电容 C_2 经 R_5 和 VT2 管迅速放电到零。所以,只要 VT2 周期性关断、导通,电容 C_2 两端就能得到线性很好的锯齿波电压。为了减小锯齿波电压与控制电压 U_c、偏移电压 U_b 之间的影响,锯齿波电压 u_{C_2} 经射极跟随器输出。

锯齿波电压 u_{e3} 与 U_c、U_b 进行并联叠加,它们分别通过 R_7、R_8、R_9 与 VT4 的基极相接。根据叠加原理,分析 VT4 管基极电位时,可看成锯齿波电压 u_{e3}、控制电压 U_c(正值)和偏移电压 U_b(负值)三者单独作用的叠加。当三者合成电压 u_{b4} 为负时,VT4 管截止;合成电压 u_{b4} 由负过零变正时,VT4 由截止转为饱和导通,u_{b4} 被钳位到 0.7V。

3. 脉冲形成、放大和输出环节

脉冲形成环节由晶体管 VT4、VT5、VT6 组成，放大和输出环节由 VT7、VT8 组成。同步移相电压加在晶体管 VT4 的基极，触发脉冲由脉冲变压器二次侧输出。

工作原理如下：当 VT4 的基极电位 $u_{b4} < 0.7V$ 时，VT4 截止，VT5、VT6 分别经 R_{14}、R_{13} 提供足够的基极电流使之饱和导通，因此⑥点电位为 $-13.7V$（二极管正向压降按 0.7V，晶体管饱和压降按 0.3V 计算），使 VT7、VT8 截止，脉冲变压器无电流流过，二次侧无触发脉冲输出。此时电容 C_3 充电，充电回路为：由电源 $+15V$ 端经 R_{11}→VT5 发射结→VT6→VD4→电源 $-15V$ 端。C_3 上的充电电压为 28.3V，极性为左正右负。

当 $u_{b4} = 0.7V$ 时，VT4 导通，④点电位由 $+15V$ 迅速降低至 1V 左右，由于电容 C_3 两端电压不能突变，使 VT5 的基极电位⑤点跟着突降到 $-27.3V$，导致 VT5 截止，它的集电极电压升至 2.1V，于是 VT7、VT8 导通，脉冲变压器输出脉冲。与此同时，电容 C_3 的电压由 15V 经 R_{14}、VD3、VT4 放电后又反向充电，使⑤点电位逐渐升高，当⑤点电位升到 $-13.3V$ 时，VT5 发射结正偏导通，使⑥点电位从 2.1V 又降为 $-13.7V$，迫使 VT7、VT8 截止，输出脉冲结束。

由以上分析可知，VT4 开始导通的瞬时是输出脉冲产生的时刻，也是 VT5 转为截止的瞬时。VT5 截止的持续时间就是输出脉冲的宽度，脉冲宽度由 C_3 反向充电的时间常数（$\tau_3 = C_3 R_{14}$）来决定，输出窄脉冲时，脉宽通常为 1ms。

4. 双脉冲形成环节

双脉冲形成环节的工作原理如下：VT5、VT6 两个晶体管构成"或门"电路，当 VT5、VT6 都导通时，VT7、VT8 都截止，没有脉冲输出。但只要 VT5、VT6 中有一个截止，就会使 VT7、VT8 导通，脉冲就可以输出。VT5 基极端由本相同步移相环节送来的负脉冲信号使其截止，导致 VT8 导通，送出第一个窄脉冲，接着由滞后的后相触发电路在产生其本相脉冲的同时，由 VT4 管的集电极经 R_{12} 的 X 端送到本相的 Y 端，经电容 C_4 微分产生负脉冲送到 VT6 基极，使 VT6 截止，于是本相的 VT8 又导通一次，输出滞后的第二个窄脉冲。VD3、R_{12} 的作用是为了防止双脉冲信号的相互干扰。

5. 强触发及脉冲封锁环节

强触发环节为图 2-2 中右上角那部分电路。工作原理如下：变压器二次侧 30V 电压经桥式整流，电容和电阻 Ⅱ 形滤波，得到近似 50V 的直流电压。当 VT8 导通时，C_6 经过脉冲变压器、R_{17}（C_5）、VT8 迅速放电，由于放电回路电阻较小，电容 C_6 两端电压衰减很快，N 点电位迅速下降。当 N 点电位稍低于 15V 时，二极管 VD10 由截止变为导通，这时虽然 50V 电源电压较高，但它向 VT8 提供较大电流时，在 R_{19} 上的压降较大，使 R_{19} 的左端不可能超过 15V，因此 N 点电位被钳制在 15V。当 VT8 由导通变为截止时，50V 电源又通过 R_{19} 向 C_6 充电，使 N 点电位再次升到 50V，为下一次强触发做准备。

电路中的脉冲封锁信号为零电位或负电位，是通过 VD5 加到 VT5 集电极的。当封锁信号接入时，晶体管 VT7、VT8 就不能导通，触发脉冲无法输出。二极管 VD5 的作用是防止封锁信号接地时，经 VT5、VT6 和 VD4 到 $-15V$ 之间产生大电流通路。

二、集成触发器

1. KC04、KC41C 组成的三相集成触发电路

(1) KC04 移相触发器。KC04 移相触发器原理电路图及外引脚排列图如图 2-3 所示。

它由同步、锯齿波形成、移相控制、脉冲形成及放大输出等环节组成，可用于单相、三相桥式全控整流装置中作晶闸管双路脉冲相控触发。

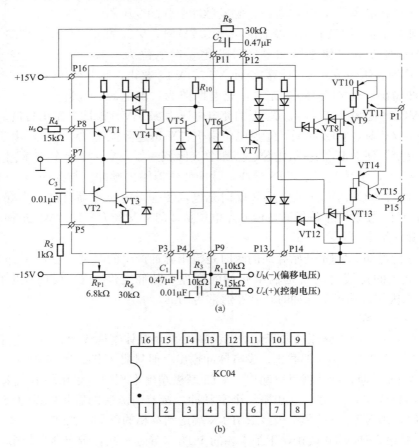

图 2-3 KC04 移相触发器的内部原理电路图及外引脚排列图

（a）内部原理电路图；（b）外引脚排列图

工作原理如下：该电路在一个交流电周期内，在 1 脚和 15 脚输出相位相差 180°的两个窄脉冲，可以作为三相桥式全控整流主电路同一相所接的上、下两个晶闸管的触发脉冲。16 脚接＋15V 电源，8 脚接同步电压，由同步变压器送出的电压须经微调电位器 1.5kΩ、电阻 5.1kΩ 和电容 1μF 组成的滤波移相，以消除同步电压高频谐波的侵入，提高抗干扰能力。所配阻容参数，使同步电压约后移。可以通过微调电位器调整，使得输出脉冲间隔均匀。4 脚形成的锯齿波，可以通过调节 6.8kΩ 电位器使三片集成块产生的锯齿波斜率一致。9 脚为锯齿波、直流偏移电压$-U_b$ 和控制移相电压 U_c 综合比较输入。13 脚为负脉冲调制和脉冲封锁的控制。

KC04 各管脚电压波形如图 2-4（a）所示。

（2）KC41C 六路双脉冲形成器。KC41C 内部原理电路图及外引脚排列图如图 2-5 所示。KC41C 内部二极管具有"或"功能形成双窄脉冲。它不仅具有双脉冲形成功能，还具有作为电子开关提供封锁控制的功能。集成块内部 VT7 管为电子开关，当 7 脚接地时，VT7 管截止，各路可输出触发脉冲。反之，7 脚置高电位，VT7 管导通，各路无输出脉冲。KC41C 各管脚的脉冲波形如图 2-4（b）所示。

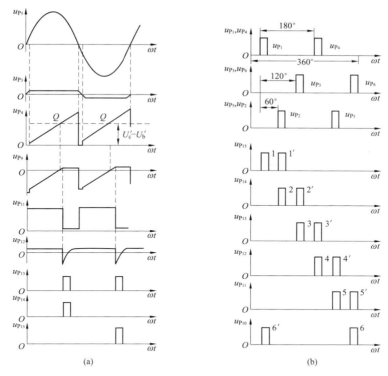

图 2 - 4　KC04 和 KC41C 各管脚波形图

（a）KC04 各管脚电压波形图；（b）KC41C 各管脚脉冲波形图

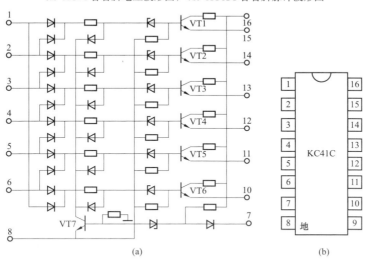

图 2 - 5　KC41C 内部原理电路图及外引脚排列图

（a）内部原理电路图；（b）外引脚排列图

　　使用时，KC41C 与三块 KC04 组成三相桥式全控整流的双脉冲触发电路，如图 2 - 6 所示。把三块 KC04 触发器的 6 个输出端分别接到 KC41C 的 1～6 端。由 KC41C 内部的 6 只晶体管放大，再从 10～15 端外接的 VT1～VT6（3DK6）晶体管做功率放大，可得到 800mA 触发脉冲电流，可以用于触发大功率的晶闸管。

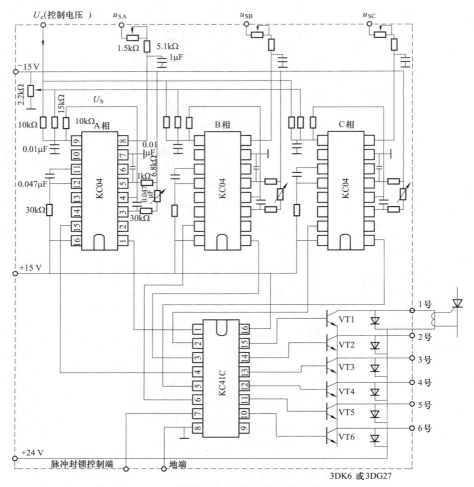

图 2-6　三相桥式全控整流的双脉冲触发电路

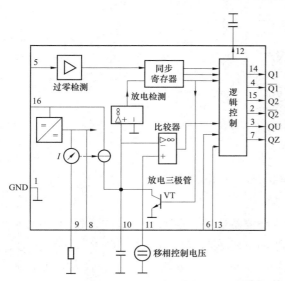

图 2-7　TCA785 集成触发器的内部原理框图

2. 西门子公司 TCA785 集成触发器

西门子公司 TCA785 集成触发器的内部原理框图如图 2-7 所示。其内部主要由同步寄存器、基准电源、锯齿波形成电路、移相电压、锯齿波比较电路和逻辑控制功率放大电路等功能块组成。

同步信号从 TCA785 集成触发器的第 5 脚输入，过零检测部分对同步电压信号进行检测，当检测到同步信号过零时，信号送同步寄存器，同步寄存器输出控制锯齿波发生电路，锯齿波的斜率大小由第 9 脚外接电阻和 10 脚外接电容决定；输出脉冲宽度由 12 脚外接电容的大小决定；14、15 脚输出对应负半周和正半周的触发脉冲，移相控制电压从 11 脚输入。

西门子公司 TCA785 集成触发器用于触发单相全控桥的具体电路接线图如图 2 - 8（a）所示，电位器 R_{P1} 用来调节锯齿波的斜率，电位器 R_{P2} 则调节输入的移相控制电压，脉冲从 14、15 脚输出，相位正好相差 180°。各点输出电压波形如图 2 - 8（b）所示。

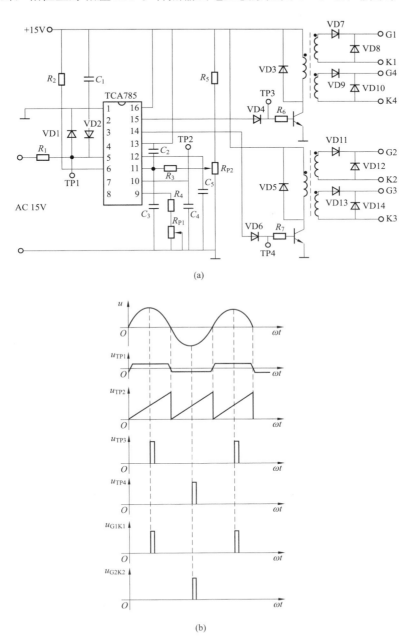

(a)

(b)

图 2 - 8　单相桥式全控整流的触发电路及各点电压波形图

(a) 电路图；(b) 各点电压波形图

三、数字触发电路

数字触发电路的形式很多，采用微机控制的数字触发电路电路简单、控制灵活、准确可

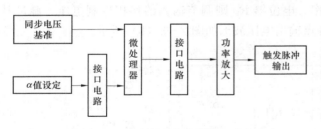

靠。图 2 - 9 所示为微机控制数字触发系统组成框图。图中，触发延迟角 α 设定值以数字形式通过接口电路送给微处理器，微机以基准点作为计时起点开始计数，当计数值与触发延迟角对应的数值一致时，微机就发出触发信号，该信号经输出脉冲放大，由隔离电路送至晶闸管。

图 2 - 9　微机控制数字触发系统组成框图

1. 以 8031 单片机组成的三相全控桥式整流电路的触发系统工作原理

8031 单片机内部有两个 16 位可编程定时器/计数器 T0、T1，将其设置为定时器方式 1，则 16 位对机器周期进行计数。首先将初值装入 TL（低 8 位）及 TH（高 8 位），启动定时器，即开始从初值加 1 计数，当计数值溢出时，向 CPU 发出中断申请，CPU 响应后执行相应的中断程序。在中断程序中，让单片机发出触发信号，因此改变计数器的初值，就可改变定时长短。

三相全控桥式整流电路如图 2 - 10（a）所示。该电路在一个工频周期内，6 只晶闸管的组合触发顺序为：V6、V1；V1、V2；V2、V3；V3、V4；V4、V5；V5、V6。若系统采用双脉冲触发方式，则每工频周期要发出 6 对脉冲，如图 2 - 10（b）所示。为了使微机输出的脉冲与晶闸管承受的电源电压同步，必须设法在交流电源的每一周期产生一个同步基准信号，本系统采用线电压过零点作为同步参考点，如图 2 - 10（b）所示的 A 点，即是线电压 u_{ac} 的过零点。

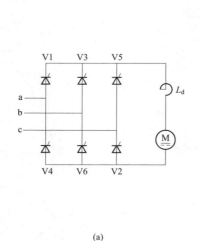

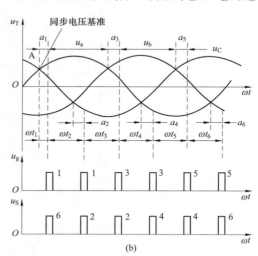

图 2 - 10　三相全控桥式整流电路及触发脉冲关系图

（a）三相全控桥式整流电路原理图；（b）触发脉冲关系图

2. 微机触发系统的硬件

微机触发系统硬件配置框图如图 2 - 11 所示。8031 单片机共有 4 个并行的 I/O 口，用 P0 口作为数据总线和外部存储器的低 8 位地址总线，数据和地址为分时控制，由 ALE 信号

控制地址锁存；P2 口作为外部存储器的高 8 位地址总线口；P1 口为输入口，用于读取控制 α 的设定值；P3 口为双功能口，P3.2 引脚第二功能作为外部中断 INT0 的输入端。由于 8031 单片机内部没有程序存储器，因此外接一片 EPROM2716。74LS373 为地址锁存器，输出脉冲通过并行接口芯片 8155 输出，再经功率放大后与晶闸管门极相连。

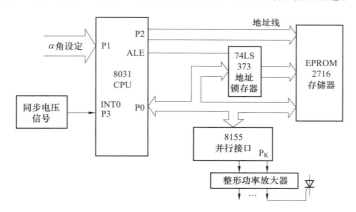

图 2-11　系统硬件配置框图

※【任务实施】

一、锯齿波触发电路及其调试

1. 认识锯齿波触发电路

锯齿波触发电路如图 2-12 所示，要分清各组成部分及其作用。

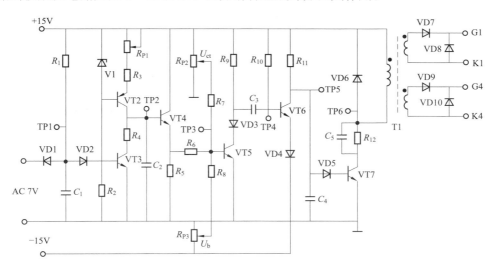

图 2-12　锯齿波触发电路图

2. 锯齿波触发器电路调试

（1）用两根导线将电源控制屏交流电压接到触发电路的"外接 220V"。

（2）打开电源控制屏上的电源总开关→将电源选择开关打到"直流调速"侧，使输出线电压为 200V→将晶闸管触发电路挂件上的电源开关打到"开"的位置→按下电源控制屏上的启动按钮。

（3）将示波器探头的接地端与挂件上的地（黑色插孔）相接，测试探头分别测试锯齿波同步触发电路各观察孔的电压波形。

1）同时观察同步电压和 TP1 点的电压波形，了解 TP1 点波形形成的原因。

2）观察 TP1、TP2 点的电压波形，了解锯齿波宽度和 TP1 点电压波形的关系。

3）调节电位器 R_{P1}，观测 TP2 点锯齿波斜率的变化。

4）观察 TP3～TP6 点电压波形和输出电压的波形，比较 TP3 点电压和 TP6 点电压的对应关系。

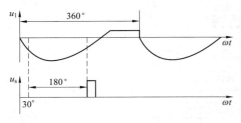

图 2-13　锯齿波触发电路波形图

（4）调节触发脉冲的移相范围。将控制电压调至零（将电位器 R_{P2} 顺时针旋到底），用示波器观察同步电压信号和"TP6"点的电压波形，调节偏移电压（即调 R_{P3} 电位器），使其波形如图 2-13 所示。

（5）调节电位器 R_{P2}，观察并记录表 2-1 及输出 G、K 脉冲电压的波形，标出其幅值与宽度，记录在表 2-1 中（可在示波器上直接读出，读数时应将示波器的"V/DIV"和"t/DIV"微调旋钮旋到校准位置）。

表 2-1　　　　　　　　　　　锯齿波触发电路任务实施数据记录表

项　目	u_{TP1}	u_{TP2}	u_{TP3}	u_{TP4}	u_{TP5}	u_{TP6}
波　形						
幅值（V）						
宽度（ms）						

3．注意事项

（1）双踪示波器有两个探头，这两个探头的地线都与示波器的外壳相连，所以两个探头的地线不能同时接在同一电路的不同电位的两个点上，否则这两点会通过示波器外壳发生电气短路。为此，为了保证测量的顺利进行，可将其中一根探头的地线取下或外包绝缘，只使用其中一路的地线。当需要同时观察两个信号时，必须在被测电路上找到这两个信号的公共点，将探头的地线接于此处，探头接至各被测信号。

（2）由于脉冲 G、K 输出端有电容影响，故观察输出脉冲电压波形时，需将输出端 G 和 K 分别接到晶闸管的门极和阴极（或用约 100Ω 左右阻值的电阻接到 G、K 两端，来模拟晶闸管门极与阴极的阻值），否则无法观察到正确的脉冲波形。

二、集成触发器及其调试

1．认识集成触发器

集成触发器电路及接线图如图 2-14 所示，要分清各组成部分及其作用。

2．集成触发器调试

（1）用两根导线将电源控制屏交流电压接到触发电路的"外接 220V"。

（2）打开电源控制屏上的电源总开关→将电源选择开关打到"直流调速"侧，使输出线电压为 200V→将晶闸管触发电路挂件上的电源开关打到"开"的位置→按下电源控制屏上的启动按钮。

（3）将示波器探头的接地端与挂件上的地（黑色插孔）相接，用双踪示波器一路探头观

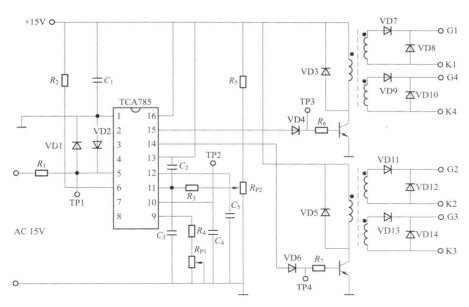

图 2-14 集成触发器电路及接线图

测 15V 的同步电压信号,另一路探头观察 TCA785 触发电路,同步信号"1"点的波形,
"2"点锯齿波,调节斜率电位器 R_{P1},观察"2"点锯齿波的斜率变化,"3"、"4"互差的触
发脉冲;最后观测输出的四路触发电压波形,看其能否在 30°~170°范围内移相。

(4)调节触发脉冲的移相范围。调节 R_{P2} 电位器,用示波器观察同步电压信号和"3"点
的波形,观察和记录触发脉冲的移相范围。

(5)调节电位器 R_{P2} 使 $\alpha=60°$,观察并记录输出"G、K"脉冲电压的波形,标出其幅值
与宽度,并记录在表 2-2 中(可在示波器上直接读出,读数时应将示波器的"V/DIV"和
"t/DIV"微调旋钮旋到校准位置)。

表 2-2　　　　　　　　　　集成触发器电路任务实施数据记录表

项目	同步电压	u_{TP1}	u_{TP2}	u_{TP3}	u_{TP4}
波形					
幅值（V）					
宽度（ms）					

三、项目实施标准

锯齿波触发电路及其调试项目实施标准见表 2-3。

表 2-3　　　　　　　　　锯齿波触发电路及其调试项目实施标准

项目名称:＿＿＿＿＿＿＿＿＿＿　　　姓名:＿＿＿＿＿＿＿＿＿＿　　　考核时限:<u>45 分钟</u>

序号	内容	配分	等级	评分细则	得分
1	锯齿波触发电路接线	4	4	接线完全正确	
			0	接线有错误	

序号	内容	配分	等级	评分细则	得分
2	调试过程	30	10	示波器使用	
			10	操作顺序与方法	
			10	调试方法	
3	实验波形记录	36	36	记录 TP1～TP6 点的波形，并标出其幅值和宽度，每个点错波形、幅值和宽度 1 项扣 2 分	
4	安全生产	10	10	安全文明生产，符合操作规程	
			5	经提示后能规范操作	
			0	不能文明生产，不符合操作规程	
5	拆线整理现场	5	5	现场整理干净，设施及桌椅摆放整齐	
			2	经提示后能将现场整理干净	
			0	不合格	
6	加分			调试过程中每解决 1 个具有同学借鉴价值的实际问题加 5～10 分	
合计					

任务四 三相可控整流电路

【任务目标】

（1）掌握三相半波和三相全控桥式整流电路的工作原理，能进行波形分析。

（2）能根据整流电路形式及元件参数进行输出电压、电流等参数的计算和元器件选择。

（3）熟悉可控整流电路的保护方法。

（4）熟悉有源逆变的基本概念。

（5）熟悉典型的有源逆变电路的工作原理和工作波形。

（6）能根据有源逆变电路形式及元件参数进行输出电压、电流等参数的计算。

【任务描述】

三相可控整流电路的结构有三相半波、三相桥式全控、三相桥式半控、双反星形整流电路及适合于较大功率应用的 12 相整流电路等。其中三相半波可控整流电路是最基本的可控整流电路形式，其他类型的电路可视为三相半波整流电路以不同方式串联或并联而成。实际应用中对输出容量较大、输出脉动要求较高的三相可控整流电路多采用三相可控桥式整流电路。

为什么三相可控桥式整流电路能适用于容量较大、要求输出电压脉动较小、对控制的快速性有要求的场合，这些三相可控整流电路是如何工作的？本项目重点介绍三相半波整流电路和三相全控桥氏整流电路的工作原理。

【相关知识】

一、三相半波可控整流电路

1. 电阻性负载

三相半波（又称三相零式）可控整流电路如图 2-15（a）所示。图中 T 是整流变压器，可直接由三相四线电源供电。三只晶闸管的阴极地连在一起，称为共阴极接法。这在触发电路有公共线时连接比较方便，因此得到了广泛应用。

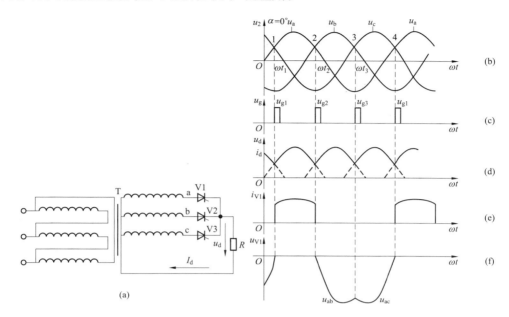

图 2-15 三相半波可控整流电路带电阻性负载电路及 $\alpha=0°$ 时的波形
（a）电路图；（b）电源相电压波形；（c）触发脉冲；（d）输出电压、电流波形；
（e）晶闸管 V1 上的电流波形；（f）晶闸管 V1 上的电压波形

图 2-15（b）是电源相电压波形，三相电压正半周交点（图中 1、2、3 等点）是自然换流点，也就是各相晶闸管能被触发导通的最早时刻（1 点离 a 相相电压 u_a 的原点 30°），该点作为控制角 α 的计算起点。当 $\alpha=0°$ 时（ωt_1 所处时刻），触发 V1 管，则 V1 管导通，负载上得到 a 相相电压。同理，隔 120° 电角度（ωt_2 时刻）触发 V2 管，则 V2 导通，V1 则受反压而关断，负载得到 b 相相电压。ωt_3 时刻触发 V3 导通，而 V2 关断，负载上得到 c 相相电压。如此循环下去。输出电压 u_d 是一个脉动的直流电压，如图 2-15（d）所示，它是三相交流相电压正半周包络线，相当于不控整流的工作情况。在一个周期内，u_d 有三次脉动，脉动的最高频率是 150Hz。从图 2-15 中可看出，三相触发脉冲依次间隔 120° 电角度，在一个周期内三相电源轮流向负载供电，每相晶闸管各导通 120°，负载电压是连续的。

图 2-15（e）是流过 a 相晶闸管 V1 的电流波形，其他两相晶闸管的电流波形与此相同，相位依次相差 120°。变压器绕组中流过的是直流脉动电流，在一个周期中，每相绕组只工作 1/3 周期，因此存在变压器铁芯直流磁化和利用率不高的问题。

图 2-15（f）是 V1 上电压的波形。V1 导通时，电压为零；V2 导通时，V1 承受的是线电压 u_{ab}；V3 导通时，V1 承受的是线电压 u_{ac}。其他两只晶闸管上的电压波形与此相同，只是相位依次相差 120°。

图 2-16 所示是 $\alpha=30°$ 时的波形。设 $\omega t=0$ 处 V3 已导通，负载上获得 c 相相电压 u_c。当电源经过自然换流点 ωt_0 时，由于 V1 的触发脉冲 u_{g1} 还没来到，因而不能导通，而 u_c 仍大于零，所以 V3 不能关断而继续导通。到 ωt_1 处，此时 u_{g1} 触发 V1 导通，V3 承受反压关断，负载电流从 c 相换到 a 相。以后即如此循环下去。从图 2-16 中可看出，这是负载电流

连续的临界状态，一个周期中，每只管子仍导通 120°。

图 2-17 所示是 $\alpha=60°$ 时的波形。设 $\omega t=0$ 处 V3 已工作，电路输出 c 相相电压 u_c。当 u_c 过零变负时，V3 因承受反压而关断。此时 V1 虽已承受正向电压，但因其触发脉冲 u_{g1} 尚未来到，故不能导通。此后，直到 u_{g1} 到来前的一段时间内，各相都不导通，输出电压、电流都为零。当 u_{g1} 到来时，触发 V1 导通，输出电压为 a 相相电压 u_a，依次循环。若控制角 α 继续增大，则整流电路输出电压 u_d 将继续减小。当 $\alpha=150°$ 时，u_d 减小到零。

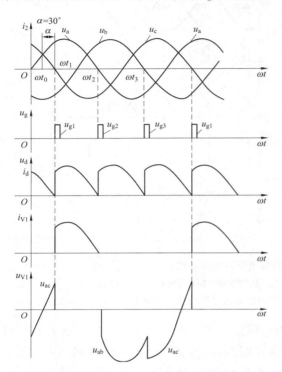

图 2-16　三相半波可控整流电路带
电阻性负载、$\alpha=30°$ 时的波形

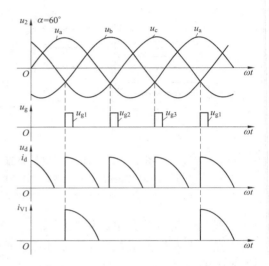

图 2-17　三相半波可控整流电路带
电阻性负载、$\alpha=60°$ 时的波形

由以上分析可知：

(1) 控制角 $\alpha=0°$ 时，输出电压最大；α 增大，输出电压减小；当 $\alpha=150°$ 时，输出电压为零。因此，最大移相范围为 150°。当 $\alpha\leqslant30°$ 时，电流（电压）连续，每相晶闸管的导通角 $\theta=120°$；当 $\alpha>30°$ 时，电流（电压）断续，导通角 $\theta<120°$，导通角为 $\theta=150°-\alpha$。

(2) 由于每相导电情况相同，故只需在 1/3 周期内求取电路输出电压的平均值，即为一个周期内电路输出的平均值。

1）当 $\alpha\leqslant30°$ 时，电流、电压连续，输出直流电压平均值 U_d 为

$$U_d=\frac{1}{2\pi/3}\int_{\frac{\pi}{6}+\alpha}^{\frac{5\pi}{6}+\alpha}\sqrt{2}U_2\sin\omega t\,\mathrm{d}(\omega t)=1.17U_2\cos\alpha \qquad (2-2)$$

式中　U_2——变压器二次相电压有效值。

2）当 $30°<\alpha\leqslant150°$ 时，电路输出电压 u_d、输出电流 i_d 波形断续，由图 2-16 可求得输出电压的平均值 U_d 为

$$U_d=\frac{1}{2\pi/3}\int_{\frac{\pi}{6}+\alpha}^{\pi}\sqrt{2}U_2\sin\omega t=\frac{1.17U_2[1+\cos(30°+\alpha)]}{\sqrt{3}} \qquad (2-3)$$

（3）负载电流的平均值 I_d 为

$$I_d = \frac{U_d}{R} \qquad (2-4)$$

流过每只晶闸管的平均电流 I_{dV} 为

$$I_{dV} = \frac{1}{3} I_d \qquad (2-5)$$

流过每只晶闸管电流的有效值 I_V 为

$$I_V = \frac{U_2}{R_d} \sqrt{\frac{1}{2\pi}\left(\frac{2\pi}{3} + \frac{\sqrt{3}}{2}\cos2\alpha\right)} \quad (0° \leqslant \alpha \leqslant 30°) \qquad (2-6)$$

$$I_V = \frac{U_2}{R_d} \sqrt{\frac{1}{2\pi}\left(\frac{5\pi}{6} - \alpha + \frac{\sqrt{3}}{4}\cos2\alpha + \frac{1}{4}\sin2\alpha\right)} \quad (0° \leqslant \alpha \leqslant 150°) \qquad (2-7)$$

（4）由图 2-14（f）可看出，晶闸管所承受的最大反向电压为电源线电压峰值，即 $\sqrt{6}U_2$，所承受的最大正向电压为电源相电压峰值，即 $\sqrt{2}U_2$。

2. 大电感负载

三相半波可控整流电路带大电感负载电路如图 2-18（a）所示。当 $\alpha \leqslant 30°$ 时，电路输出电压 u_d 的波形与带电阻负载时一样。当 $\alpha > 30°$ 时，以 a 相为例，V1 管导通到其阳极电压 u_a 过零变负时，因为负载电流趋于减小，L 上的自感电动势 e_L 将阻碍电流减小，电路中的 $u_a + e_L$ 使晶闸管 V1 管承受正向电压，维持 V1 一直导通，这样，电路输出电压 u_d 的波形出现负电压部分，如图 2-18（b）所示。当 u_{g2} 触发 V2 管使其导通时，因 b 相电压大于 a 相

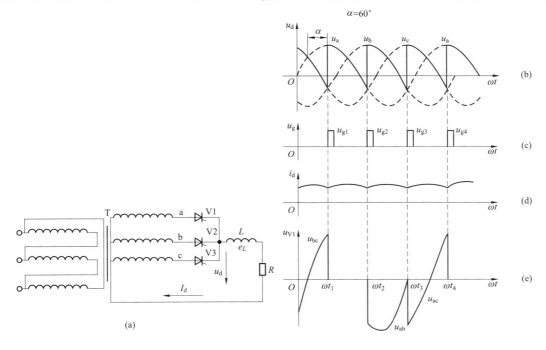

图 2-18　三相半波可控整流电路带大电感负载电路及 $\alpha=60°$ 时的波形
（a）电路图；（b）输出电压波形；（c）触发脉冲；
（d）输出电流波形；（e）晶闸管 V1 上的电压波形

电压使 V1 管承受反压而关断，电路输出 b 相电压。V2 的关断过程与 V1 相同，因此，尽管 $\alpha > 30°$，仍可使各相元件导通，保证电路连续。大电感负载时，虽然 u_d 脉动较大，但可使负载电流 i_d 的波形基本平直。负载电流 i_d 的波形如图 2-17（d）所示。图 2-17（e）是晶闸管 V1 上的电压波形。在 $\omega t_1 \sim \omega t_2$ 期间，V1 导通，V1 上的电压为零；在 $\omega t_2 \sim \omega t_3$ 期间，V2 导通，V1 管承受线电压 u_{ab}；在 $\omega t_3 \sim \omega t_4$ 期间，V3 导通，V1 管承受线电压 u_{ac}。

由以上分析可知：

（1）晶闸管承受的最大正、反向电压均为线电压峰值 $\sqrt{6}U_2$，这一点与电阻性负载时晶闸管承受 $\sqrt{2}U_2$ 的正向电压是不同的。

（2）输出电压的平均值 U_d 为

$$U_d = \frac{1}{2\pi/3} \int_{\frac{\pi}{6}+\alpha}^{\frac{5\pi}{6}+\alpha} \sqrt{2}U_2 \sin\omega t \, d(\omega t) = 1.17U_2 \cos\alpha \qquad (2-8)$$

负载电流的平均值 I_d 为

$$I_d = 1.17 \frac{U_2}{R} \cos\alpha \qquad (2-9)$$

流过晶闸管的电流平均值与有效值分别为

$$I_{dV} = \frac{1}{3} I_d \qquad (2-10)$$

$$I_V = \frac{1}{\sqrt{3}} I_d = 0.577 I_d \qquad (2-11)$$

（3）由式（2-8）可知，当 $\alpha = 0°$ 时，U_d 为最大值；当 $\alpha = 90°$ 时，$U_d = 0$。因此，大电感负载时，三相半波可控整流电路的移相范围为 $0° \sim 90°$。

三相半波可控整流电路带电感性负载时，可以通过加接续流二极管解决。因控制角 α 接近 $90°$ 时，输出电压出现正、负面积相等而使其输出电压为零的问题。该电路如图 2-19（a）所示。图 2-19（b）是加接续流二极管 VD 后，当 $\alpha = 60°$ 时电路输出的电压、电流波形。以 a 相为例，当 a 相电压过零使电感电流有减小的趋势时，由于电感 L 的作用产生自感电动势 e_L，方向与电流 i_d 的方向一致，因此使续流二极管 VD 导通，电路输出电压 u_d 为续流二极管 VD 两端电压，近似为零，电感 L 释放能量使输出电流 i_d 保持连续，此时 a 相电流为零使 V1 关断。当 V2 的触发脉冲使 V2 触发导通后，b 相相电压使续流二极管 VD 承受

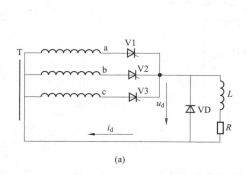
(a)

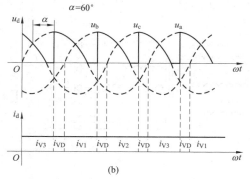
(b)

图 2-19　三相半波可控整流电路带大电感负载接续流二极管时的电路及输出电压电流波形
(a) 电路图；(b) 输出电压波形

反向电压而关断，电路输出 b 相相电压，重复上述过程。

很明显，u_d 的波形与带纯电阻负载时一样，U_d 的计算公式也与带电阻性负载时相同。一个周期内，晶闸管的导通角 $\theta_V = 150° - \alpha$。续流二极管在一个周期内导通三次，其导通角 $\theta_{VD} = 3(\alpha - 30°)$。流过晶闸管的电流平均值和有效值分别为

$$I_{dV} = \frac{\theta_V}{2\pi} I_d = \frac{150° - \alpha}{360°} I_d \qquad (2-12)$$

$$I_V = \sqrt{\frac{\theta_V}{2\pi}} I_d = \sqrt{\frac{150° - \alpha}{360°}} I_d \qquad (2-13)$$

流过续流二极管的电流的平均值和有效值分别为

$$I_{dVD} = \frac{\theta_{VD}}{2\pi} I_d = \frac{\alpha - 30°}{120°} I_d \qquad (2-14)$$

$$I_{VD} = \sqrt{\frac{\theta_{VD}}{2\pi}} I_d = \sqrt{\frac{\alpha - 30°}{120°}} I_d \qquad (2-15)$$

3. 反电动势负载

串联平波电抗器的电动机负载就是一种反电动势负载。当电感 L 足够大时，负载电流 i_d 的波形近似于一条直线，电路输出电压 u_d 的波形及计算与带大电感负载时一样。但当 L 不够大或负载电流太小，L 中储存的磁场能量不足以维持电流连续时，u_d 的波形将出现由反电动势 E 形成的阶梯波，U_d 不再符合前面的计算公式。

三相半波可控整流电路只用三只晶闸管，接线简单，与单相半波可控整流电路比较，其输出电压脉动小、输出功率大、三相平衡。但是该电路的整流变压器二次绕组在一个周期内只有 1/3 时间流过电流，变压器的利用率低。另外，变压器二次绕组中电流是单方向的，其直流分量在磁路中产生直流不平衡磁通势，会引起附加损耗。因此，这种电路多用于中等偏小容量的设备上。

二、三相桥式全控整流电路

三相桥式全控整流电路由一组共阴极接法的三相半波可控整流电路和一组共阳极接法的三相半波可控整流电路串联而成，如图 2-20 所示。因此，整流输出电压的平均值 U_d 为三相半波整流电路的 2 倍，在大电感负载时为

$$U_d = 2 \times 1.17 U_2 \cos\alpha = 2.34 U_2 \cos\alpha = 1.35 U_{2l} \cos\alpha \qquad (2-16)$$

式中 U_{2l}——变压器二次线电压有效值。

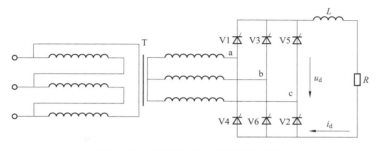

图 2-20 三相桥式全控整流电路图

与三相半波整流电路相比，若要求输出电压相同，则三相桥式全控整流电路对晶闸管最

大正反向电压的要求降低一半；若输入电压相同，则输出电压 U_d 比三相半波可控整流电路时高一倍。另外，共阴极组在电源电压正半周时导通，流经变压器二次绕组的电流为正；共阳极组在电压负半周时导通，流经变压器二次绕组的电流为负。因此在一个周期中变压器绕组不但提高了导电时间，而且也无直流流过，克服了三相半波可控整流电路存在直流磁化和变压器利用率低的缺点。

为了便于说明晶闸管的导通顺序，把共阴极组的晶闸管依次编号为 V1、V3、V5，而把共阳极组的晶闸管依次编号为 V4、V6、V2。因为三相桥式全控整流电路大多用于为串接平波电抗器的电动机负载供电，所以，在此重点研究大电感负载时电路的工作情况。

1. 工作原理

图 2-21 所示是控制角 $\alpha=0°$ 时电路中的主要波形。

为分析方便，把一个周期分为 6 段，每段相隔 60°，如图 2-21（a）所示。在第①段期间，a 相电压 u_a 最高，共阴极组的 V1 被触发导通，b 相电压 u_b 最低，共阳极组的 V6 被触发导通，电流路径为 $u_a \to V1 \to R(L) \to V6 \to u_b$。变压器 a、b 两相工作，共阴极组的 a 相电流 i_a 为正，共阳极组的 b 相电流 i_b 为负，输出电压为线电压 $u_d = u_{ab}$。

在第②段期间，u_a 仍最高，V1 继续导通，而 u_c 变为最负，电源过自然换流点时触发 V2 导通，c 相电压低于 b 相电压，V6 因承受反压而关断，电流即从 b 相换到 c 相。这时电流路径为 $u_a \to V1 \to R(L) \to V2 \to u_c$。变压器 a、c 两相工作，共阴极组的 a 相电流 i 为正，共阳极组的 c 相电流 i_c 为负，输出电压为线电压 $u_d = u_{ac}$

在第③段期间，u_b 为最高，共阴极组在经过自然换流点时触发 V3 导通，由于 b 相电压高于 a 相电压，V1 管因承受反压而关断，电流从 a 相换相到 b 相。V2 因为 u_c 仍为最低而继续导通。这时电流路径为 $u_b \to V3 \to R(L) \to V2 \to u_c$。变压器 b、c 两相工作，共阴极组的 b 相电流 i_b 为正，共阳极组的 c 相电流 i_c 为负，输出电压为线电压 $u_d = u_{bc}$。

以下各段依此类推，可得到在第④段时输出电压 $u_d = u_{ba}$，在第⑤段时输出电压 $u_d = u_{ca}$，在第⑥段时输出电压 $u_d = u_{cb}$。以后则重复上述工作过程。

由以上分析可知，三相全控桥式整流电路晶闸管的导通换流顺序是：V6→V1→V2→V3→V4→V5→V6。电路输出电压 u_d 的波形如图 2-21 所示。

2. 结果分析

（1）三相桥式全控整流电路在任何时刻必须保证有两个不同组的晶闸管同时导通才能构成回路。换流只在本组内进行，每隔 120°换流一次。由于共阴极组与共阳极组换流点相隔 60°，所以每隔 60°有一个元件换流。同组内各晶闸管的触发脉冲相位差为 120°，接在同一相的两个元件的触发脉冲相位差为 180°，而相邻两脉冲的相位差为 60°。

（2）为了保证整流装置启动时共阴与共阳两组各有一个晶闸管导通或电流断续后能使关断的晶闸管再次导通，必须对两组中应导通的一对晶闸管同时加触发脉冲。为满足这一要求，必须采用宽脉冲（必须大于 60°且小于 120°，一般取 90°左右）或采用双窄脉冲（在一个周期内对每个晶闸管连续触发两次，两次脉冲间隔为 60°）触发。采用双窄脉冲触发方式的波形图如图 2-21（c）所示。双窄脉冲触发电路虽然复杂，但可减小触发电路功率与脉冲变压器体积，所以较多采用。

（3）图 2-21（d）所示整流输出电压 u_d 波形由线电压波头 u_{ab}、u_{ac}、u_{bc}、u_{ba}、u_{ca} 和 u_{cb} 组成，其波形是上述线电压的包络线。可以看出，三相全控桥式整流电压 u_d 在一个周期内

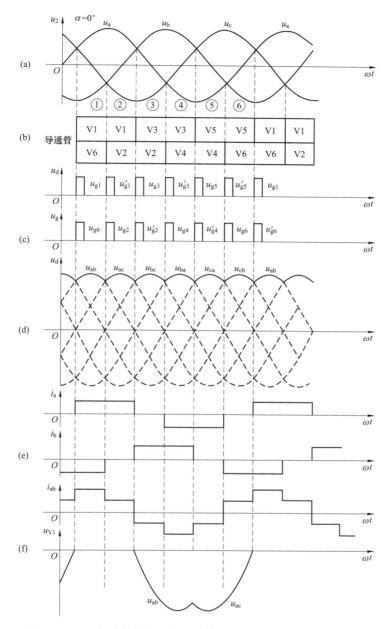

图 2-21　三相全控桥式整流电路带大电感负载、$\alpha=0°$ 时的波形

脉动 6 次，脉动频率为 300Hz，比三相半波整流电路输出大一倍。

（4）图 2-21（e）所示为流过变压器二次侧的电流和电源线电流的波形。由图可看出，由于变压器采用 Dy 接法，使电源线电流为正、负面积相等的阶梯波，更接近正弦波，谐波影响小。因此在整流电路中，三相变压器多采用 Dy 或 Yd 接法。

（5）图 2-21（f）所示为晶闸管 V1 所承受的电压波形。由图可知，在第①、②两段的 120° 范围内，因为 V1 导通，故 V1 承受的电压为零；在第③、④两段的 120° 范围内，因 V3 导通，所以 V1 管承受反向线电压 u_{ab}；在第⑤、⑥两段的 120° 范围内，因 V5 导通，所以 V1 管承受反向线电压 u_{ac}。同理也可分析其他管子所承受电压的情况。当 α 变化时，管子电压波形也有规律地变化。可以看出，晶闸管所承受最大正、反向电压均为线电压峰值，即

$$U_{Vmax} = \sqrt{6}U_2 \qquad\qquad (2-17)$$

（6）触发脉冲的移相范围在大电感负载时为 0°～90°。顺便指出，若电路接电阻性负载，当 $\alpha > 60°$ 时波形断续，晶闸管的导通要维持到线电压过零反向后才关断，移相范围为 0°～120°。

（7）流过晶闸管的电流与三相半波整流电路的相同，电流的平均值和有效值分别为

$$I_{dV} = (1/3)I_d \qquad\qquad (2-18)$$

$$I_V = \sqrt{1/3}I_d = 0.577I_d \qquad\qquad (2-19)$$

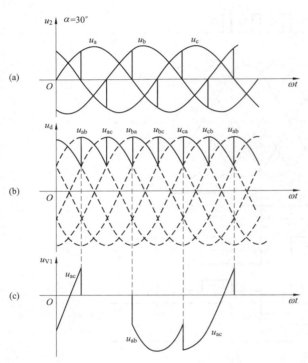

图 2-22　三相全控桥式整流电路带大
电感负载、$\alpha = 30°$ 时的电压波形

当 $\alpha > 0°$ 时，每个晶闸管都不在自然换流点换流，而是后移一个 α 角开始换流，图 2-22～图 2-24 分别为 α 为 30°、60°、90° 时电路的工作波形。从图中可见：当 $\alpha \leqslant 60°$ 时，u_d 的波形均为正值，其分析方法与 $\alpha = 0°$ 时相同；当 $\alpha > 60°$ 时，由于电感 L 的感应电动势的作用，u_d 的波形出现负值，但正面积大于负面积，平均电压 U_d 仍为正值；当 $\alpha = 90°$ 时，正、负面积相等，输出电压平均值 $U_d = 0$。

三相全波桥式可控整流电路可用于可逆电力拖动系统中。

三、变压器漏电抗对整流电路的影响

前面分析和计算可控整流电路时，都忽略了整流电路交流侧电感对换相的影响，理想地认为晶闸管的换相过程是瞬时完成的，即换相时要关断的管子其电流能从 I_d 忽然降到零，而刚导通的管子电流能从零瞬间上升到 I_d，输出电流 i_d 的波形为一水平线。实际上整流变压器总是存在一定的漏电感，交流回路也总存在一定的电感，由于电感电流不能突变，所以晶闸管的换相不可能瞬时完成，于是在换相过程中会出现两只换流的晶闸管重叠导电的现象。

1. 换相期间的输出电压

将每相电感折算到变压器的二次侧，用一个集中电感 L_T 表示，以三相半波可控整流电路带大电感负载为例，分析漏抗对整流电路的影响，其等效电路如图 2-25（a）所示。

在换相（换流）时，由于漏抗阻碍电流变化，使电流不能突变，因而存在一个换相过程。

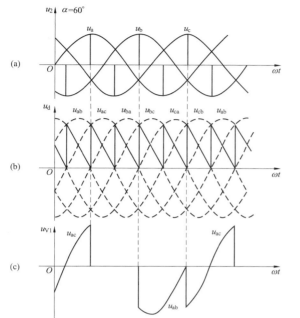
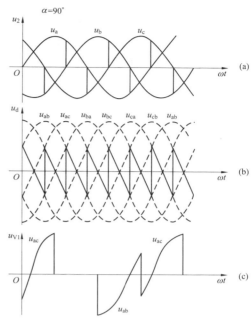

图 2 - 23　三相全控桥式整流电路大电感
负载、α＝60°时的电压波形

图 2 - 24　三相全控桥式整流电路带大电感
负载、α＝90°时的电压波形

例如，在图 2 - 25 （b） 中，ωt_1 时刻触发 V2 管，使电流从 a 相转换到 b 相，a 相电流从 I_d 不能瞬时下降到零，而 b 相电流也不能从零突然上升到 I_d，电流换相需要一段时间，直到 ωt_2 时刻才完成，如图 2 - 25 （c） 所示。这个过程叫换相过程。换相过程所对应的时间以相角计算，叫换相重叠角，用 γ 表示。在换相重叠角 γ 期间，a、b 两相晶闸管同时导电，相当于两相间短路。两相电位之差 $u_b - u_a$ 称为短路电压，在两相漏抗回路中产生一个假想的短路电流 i_k，如图 2 - 25 （a） 虚线所示（实际上晶闸管都是单向导电的，相当于在原有电流上叠加一个 i_k），a 相电流 $i_a = I_d - i_k$，随着 i_k 的增大而逐渐减小；而 $i_b = i_k$ 是逐渐增大的。当 i_b 增大到 I_d 也就是 i_a 减小到零时，V1 关断，V2 管电流达到稳定电流 I_d，完成换相过程。

换相期间，短路电压为两个漏抗电动势所平衡，即

$$u_b - u_a = 2L_T \frac{\mathrm{d}i_k}{\mathrm{d}t} \tag{2-20}$$

负载上电压为

$$u_d = u_b - L_T \frac{\mathrm{d}i_k}{\mathrm{d}t} = u_b - \frac{1}{2}(u_b - u_a) = \frac{1}{2}(u_a + u_b) \tag{2-21}$$

式 （2 - 21） 说明，在换相过程中，u_d 波形既不是 u_a 也不是 u_b，而是两个换相管所对应的相电压的平均值，如图 2 - 25 （b） 所示。与不考虑变压器漏抗，即 $\gamma = 0$ 时相比，整流输出电压波形减少了一块阴影面积，使输出平均电压 U_d 减小了。这块减少的面积是由负载电流 I_d 换相引起的，因此这块面积的平均值也就是 I_d 引起的压降，称为换相压降，其值为

图 2-25（a）中三块阴影面积在一个周期内的平均值。对于在一个周期中有 m 次换相的其他整流电路来说，其值为 m 块阴影面积在一个周期内的平均值。由式（2-21）知，在换相期间输出电压为 u_d，而不计漏抗影响的输出电压为 u_b，故由 L_T 引起的电压降低值为 $u_b - u_d$，所以一块阴影面积为

$$\Delta U_\gamma = \int_0^\gamma (u_b - u_d)\,\mathrm{d}(\omega t) = \int_0^\gamma L_T \frac{\mathrm{d}i_b}{\mathrm{d}t}\,\mathrm{d}(\omega t) = \omega L_T \int_0^{I_d} \mathrm{d}i_b = X_T I_d \qquad (2-22)$$

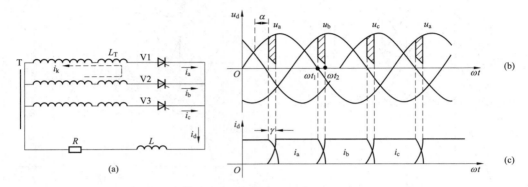

图 2-25　变压器漏抗对可控整流电路电压、电流波形的影响

(a) 等效电路；(b)、(c) 波形图

因此一个周期内的换相压降为

$$U_\gamma = \frac{m}{2\pi} X_T I_d \qquad (2-23)$$

式中　m——一个周期内的换相次数，三相半波电路 $m=3$，三相桥式电路 $m=6$；

　　　X_T——漏感为 L_T 的变压器每相折算到二次侧绕组的漏抗。

换相压降可看成在整流电路直流侧增加一只阻值为 $mX_T/(2\pi)$ 的等效内电阻，负载电流 I_d 在它上面产生的压降，区别仅在于这项内电阻并不消耗有功功率。

2. 换相重叠角 γ

为了便于计算，将图 2-25（b）中的坐标原点移到 a、b 相的自然换相点，并设 $u_a = \sqrt{2}U_2\cos\left(\omega t + \frac{\pi}{3}\right)$，则

$$u_b = \sqrt{2}U_2\cos\left(\omega t - \frac{\pi}{3}\right)$$

从电路工作原理可知，当电感 L_T 中电流从 0 变到 I_d 时，正好对应 ωt 从 α 变到 $\alpha + \gamma$，根据这些条件，可求得

$$\cos\alpha - \cos(\alpha + \gamma) = \frac{I_d X_T}{\sqrt{2}U_2\sin\frac{\pi}{m}} \qquad (2-24)$$

式（2-24）是一个普遍公式，对于三相半波整流电路，代入 $m=3$ 可得

$$\cos\alpha - \cos(\alpha + \gamma) = \frac{I_d X_T}{\sqrt{2}U_2\sin\frac{\pi}{3}} = \frac{2I_d X_T}{\sqrt{6}U_2} \qquad (2-25)$$

对于三相桥式整流电路，因它等效于相电压为 $\sqrt{3}U_2$ 时的六相半波整流电路，故其 $m=$

6，相电压有效值按$\sqrt{3}U_2$代入，结果与三相半波整流电路相同。

对于单相双半波整流电路，它相当于两相半波电路，只要把$m=2$代入即可得

$$\cos\alpha - \cos(\alpha + \gamma) = \frac{I_d X_T}{\sqrt{2}U_{ph}\sin\frac{\pi}{2}} = \frac{I_d X_T}{\sqrt{2}U_{ph}} \qquad (2-26)$$

由式（2-24）可见，只要已知I_d、X_T、U_2与控制角α，就可计算出换相重叠角γ。当α一定时，$I_d X_T$增大，则γ增大，这是因为换相重叠角的产生是由于换相期间变压器漏感储存电能引起的，$I_d X_T$越大，变压器储存的能量也越大。当$I_d X_T$为常数时，α越小则γ越大，α为0时γ最大。

变压器的漏抗与交流进线串联电抗的作用一样，能够限制短路电流且使电流变化比较缓和，对晶闸管上的电流变化率和电压变化率也有限制作用。但是由于漏抗的存在，在换相期间，相当于两相间短路，使电源相电压波形出现缺口，用示波器观察相电压波形时，在换流点上会出现毛刺，严重时将造成电力系统电压波形畸变，影响本身与其他用电设备的正常运行。

3. 可控整流电路的外特性

可控整流电路对直流负载来说是一个有内阻的电压可调的直流电源。考虑换相压降U_γ、整流变压器电阻R_T（R_T为变压器二次绕组与一次绕组每相电阻折算到二次侧的每相电阻之和）及晶闸管管压降ΔU后，直流输出电压为

$$U_d = U_{d0}\cos\alpha - n\Delta U - I_d\left(R_T + \frac{mX_T}{2\pi}\right) = U_{d0}\cos\alpha - n\Delta U - I_d R_1 \qquad (2-27)$$

$$R_1 = R_T + mX_T/(2\pi)$$

式中　U_{d0}——$\alpha=0°$时整流电路输出的电压（三相半波电路$U_{d0}=1.17U_2$），即空载电压；

　　　　R_1——整流电路内阻；

　　　　ΔU——一个晶闸管的正向导通压降，V；

　　　　n——电流流经整流元件数，三相半波时，$n=1$，三相桥式时$n=2$。

考虑变压器漏抗时的可控整流电路外特性曲线如图2-26所示。

由图2-26可以看出，当控制角α一定时，随着整流电流I_d的逐渐增大，即电路所带负载的增加，整流输出电压逐渐减小，这是由整流电路内阻所引起的。而当电路负载一定时，即整流输出电流不变，则随着控制角α的逐渐增大，输出整流电压也是逐渐减小的。

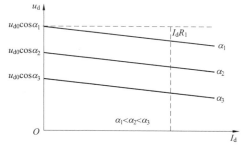

图2-26　考虑变压器漏抗时的可控整流电路外特性

四、可控整流电路中晶闸管的保护

晶闸管承受过电压和过电流的能力较差，短时间的过电压、过电流都有可能造成管子的损坏。故在实际应用中，为保证电路安全正常地工作，除了应合理地选择晶闸管的额定值以外，还必须在电路中采取必要的保护措施。

1. 晶闸管的过电压保护

过电压是指超过晶闸管在正常工作时所承受的最大峰值电压，即$u_V > U_{V\max}$。其主要有两种类型：一是器件及电路的开关过程引起的冲击过电压（也称为操作过电压），二是雷击或其

他外来冲击与干扰引起的浪涌过电压。过电压保护的主要任务就是采取有效措施将频繁发生的操作过电压和偶然发生的浪涌过电压抑制在安全范围之内，以确保晶闸管不受过电压损坏。

（1）过电压的产生。

1）关断过电压的产生。晶闸管在承受反压而关断的过程中，管子内部的残存载流子在反向电压作用下形成瞬时反向电流。由于反向电流的消散速度极快，即 $\mathrm{d}i/\mathrm{d}t$ 很大，于是在线路电感中产生很大的感应电动势，该电动势与电源电压串联，并通过导通的晶闸管加在刚关断的晶闸管两端，使刚关断的晶闸管出现瞬时过电压，如图 2-27 所示。其过电压峰值可达正常工作电压峰值的 5～6 倍。

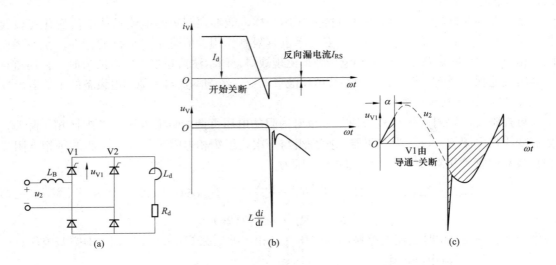

图 2-27　晶闸管关断时的关断过电压波形
(a) 电路图；(b)、(c) 波形图

2）交流侧过电压的产生。交流侧过电压通常发生在以下几种情况下：

a）由高压电源供电或变比很大的变压器供电，在一次侧合闸瞬间，由于一、二次绕组间存在分布电容，一次侧高压通过分布电容耦合到二次侧，使二次侧出现瞬时过电压。

b）与整流装置并联的其他负载切断时，由于电源提供的总电流突然减小，会在变压器漏电感中产生感应电动势，使变压器二次侧出现瞬时过电压。

c）在整流变压器空载且电源电压过零时一次侧拉闸，由于变压器励磁电流突变导致二次侧感应出很高的瞬时过电压。

d）由于雷击或从电网侵入的高电压干扰而产生的浪涌过电压。

3）直流侧过电压的产生。产生直流侧过电压的主要原因有两个：①直流侧快速开关或熔断器断开时，变压器中的储能释放而产生过电压；②整流桥臂中晶闸管烧断或熔断器熔断时，因大电感释放能量而产生过电压。

（2）过电压保护措施。

1）阻容吸收保护。抑制过电压的最常用、最有效的方法就是并联阻容吸收电路。如图 2-28 所示，利用电容两端电压不能突变的特性来吸收尖峰过电压。图中电阻 R 的作用是为了阻尼 LC 振荡并限制晶闸管的开通损耗和电流上升率。阻容吸收电路应尽量靠近晶闸管，且引线要尽量短。

交流侧阻容吸收电路的几种接法如图 2 - 29 所示。阻容吸收电路作为过电压保护应用广泛、性能可靠，但体积较大，且在正常运行时电阻要消耗能量，特别是不能完全抑制能量较大的浪涌过电压，所以它只适用于峰值不高、过电压能量不大以及要求不高的场合。

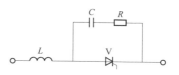

图 2 - 28　晶闸管阻容吸收电路

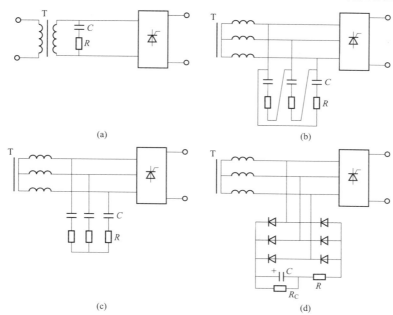

图 2 - 29　交流侧阻容吸收电路的几种接法

2）压敏电阻保护。压敏电阻是以氧化锌为基体的金属氧化物非线性电阻。它有两个电极，具有正、反向对称的伏安特性，如图 2 - 30 所示。正常工作时，压敏电阻的漏电流仅为微安级，故损耗很小。当出现尖峰过电压时，压敏电阻被击穿，可泄放数千安的放电电流，而其两端电压基本不变，具有类似于稳压管的稳压特性，因此有很强的抑制过电压能力。此外压敏电阻还有反应快、体积小、价格便宜等优点，是一种较理想的过电压保护元件，应用非常广泛。图 2 - 31 所示为压敏电阻保护的几种接法。

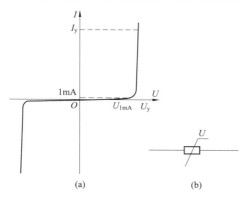

图 2 - 30　压敏电阻的伏安特性与图形符号

(a) 伏安特性；(b) 图形符号

2. 晶闸管的过电流保护

若流过晶闸管的电流超过了其正常工作时的最大电流，就称为过电流。

（1）过电流的产生。产生过电流的主要原因有：

1）晶闸管损坏或触发电路故障。

2）生产机械过载或直流侧短路。

3）交流电源电压过高、过低或缺相。

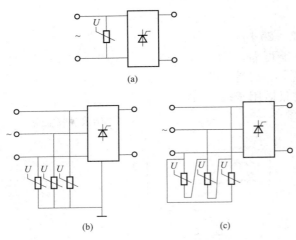

图 2-31　压敏电阻的几种接法

4）可逆系统中产生环流或有源逆变失败等。

（2）过电流保护措施。过电流保护的任务就是当电路一旦出现过电流时，能在晶闸管尚未被损坏之前，迅速地抑制过电流或快速切断电路，以达到保护晶闸管的目的。常用的过电流保护措施有以下五种：

1）进线电抗限制保护。在交流侧串接进线电抗器或采用漏抗较大的整流变压器，利用电感电流不能突变的特点来限制过电流。此方法虽有效，但负载电流大时存在较大的交流压降。

2）电子线路控制保护。它一般由检测、比较和执行等环节组成。当出现过电流时，产生相应的控制信号来控制晶闸管的触发电路，使触发脉冲快速后移（即控制角 α 增大），主电路输出电压降低，负载电流迅速减小，达到限流保护的目的。

3）过电流继电器保护。过电流继电器可接在交流侧，也可接在直流侧。在发生过电流故障时，过电流继电器动作，使交流开关跳闸切断电源，实现过电流保护。但此方法由于开关动作需几百毫秒，所以只适用于短路电流不大的场合。

4）直流快速开关保护。它用于大容量、要求高的设备且经常容易出现短路的场合。其特点是动作时间快，只需 2ms，全部断弧时间只要 20～30ms，是一种较理想的直流侧过电流保护装置。由于其价格昂贵且结构复杂，故实际使用不多。

5）快速熔断器保护。它是最有效、最常用的一种过电流保护，与普通熔断器比较，具有快速熔断的特性，熔断时间一般小于 0.02s，可在晶闸管被损坏之前迅速切断短路电流，故适用于短路保护场合。快速熔断器的接法有串接于桥臂、串接在交流侧以及串接在直流侧三种，其中，接入桥臂与晶闸管串联的保护效果最好，但使用的熔断器较多。由于快速熔断器的价格较高且更换不方便，所以，实用中必须与其他过电流保护措施配合使用，作为最后一道保护屏障。

使用时，可根据需要同时选择上述的几种配合起来使用，以提高保护的可靠性与合理性。晶闸管装置可采用的几种过电流保护措施如图 2-32 所示。

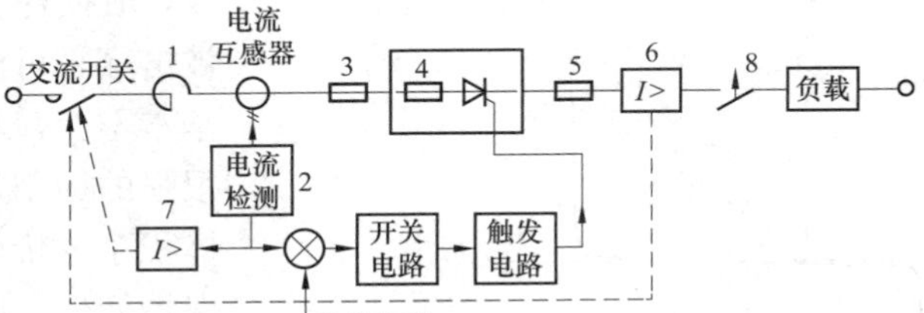

图 2-32　晶闸管装置可采用的几种过电流保护措施
1—进线电抗器；2—电子线路控制保护装置；
3、4、5—快速熔断器；6、7—过电流继电器；
8—直流快速开关

❧【任务实施】

一、三相半波可控整流电路及其调试

1. 认识三相半波整流电路

三相半波可控整流电路如图 2-33 所示。

2. 触发电路的调试

（1）打开总电源开关，操作电源控制屏上的"三相电网电压指示"开关，观察输入的三相电网电压是否平衡。

（2）将电源控制屏上"调速电源选择开关"拨至"直流调速"侧。

（3）用 10 芯的扁平电缆，将触发电路中的"三相同步信号输出"端和"三相同步信号输入"端相连，打开电源开关，拨动"触发脉冲指示"开关，使"窄"的发光管亮。

（4）观察 A、B、C 三相的锯齿波，并调节 A、B、C 三相锯齿波斜率调节电位器（在各观测孔左侧），使三相锯齿波斜率尽可能一致。

（5）将给定输出 U_f 直接与移相控制电压 U_{ct} 相接，将给定开关 S2 拨到接地位置（即 $U_{ct}=0$），调节偏移电压电位器，用双踪示波器观察 A 相同步电压信号和双脉冲观察孔 V1 的输出波形。

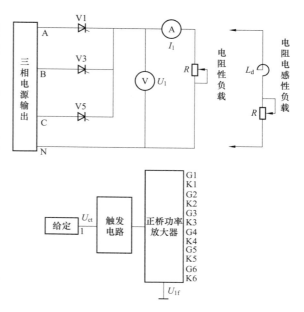

图 2-33 三相半波可控整流电路

（6）适当增加给定 U_f 的正电压输出，观测脉冲观察孔的波形，此时应观测到单窄脉冲和双窄脉冲。

（7）用 8 芯的扁平电缆，将面板上"触发脉冲输出"和"触发脉冲输入"相连，使得触发脉冲加到正反桥功率放大器的输入端。

（8）将面板上的 U_{lf} 端接地，用 20 芯的扁平电缆，将"正桥触发脉冲输出"端和"正桥触发脉冲输入"端相连，并将"正桥触发脉冲"的六个开关拨至"通"，观察正桥 V1～V6 晶闸管门极和阴极之间的触发脉冲是否正常。

3. 三相半波整流电路的调试

（1）带电阻性负载时电路调试。按图 2-33 接线，将电阻器放在最大阻值处，按下"启动"按钮，将"给定"从零开始，慢慢增加移相电压，使 α 能在 30°～180°范围内调节，用示波器观察并记录三相电路中 $\alpha=30°$、60°、90°、120°、150°时整流输出电压和晶闸管两端电压的波形，并记录相应的电源电压及输出电压的数值于表 2-4 中。

表 2-4　　　　　三相半波可控整流电路任务实施数据记录表（电阻性负载）

项目	$\alpha=30°$	$\alpha=60°$	$\alpha=90°$	$\alpha=120°$	$\alpha=150°$
u_d 波形					
u_V 波形					
U_d（V）					

（2）带电阻、电感性负载时电路调试。

将 700mH 的电抗器与负载电阻 R 串联后接入主电路，观察不同移相角 α 时 u_d、i_d 的输出波形，记录相应的电源电压 U_2 及 U_d 值，记录于表 2-5 中。

表 2 - 5　　　　　　　三相半波可控整流电路任务实施数据记录表（电阻电感性负载）

项目	$\alpha=30°$	$\alpha=60°$	$\alpha=90°$	$\alpha=120°$	$\alpha=150°$
u_d 波形					
i_d 波形					
U_d（V）					

4. 注意事项

（1）调试时触发脉冲是从外部接入晶闸管的门极和阴极的，此时，应将所用晶闸管对应的正桥触发脉冲或反桥触发脉冲的开关拨向"断"的位置，并将之悬空，避免误触发。

（2）整流电路与三相电源连接时，要注意相序，必须一一对应。

（3）在主电路未接通时，首先要调试触发电路，只有触发电路工作正常后，才可以接通主电路。在接通主电路前，必须先将控制电压调到零，且将负载电阻调到最大阻值处；接通主电路后，才可逐渐加大控制电压，避免过电流。

（4）要选择合适的负载电阻和电感，避免过电流。在无法确定的情况下，应尽可能选用大的电阻值。

（5）由于晶闸管持续工作时，需要有一定的维持电流，故要使晶闸管主电路可靠工作，其流过的电流不能太小，否则可能会造成晶闸管时断时续，工作不可靠。调试时要保证晶闸管正常工作，负载电流必须大于 50mA 以上。

（6）调试时要注意同步电压与触发相位的关系，在单结晶体管触发电路中，触发脉冲产生的位置是在同步电压的上半周，而在锯齿波触发电路中，触发脉冲产生的位置是在同步电压的下半周，所以在主电路接线时应充分考虑到这个问题。

（7）使用电抗器时要注意其流过的电流不要超过 1A，保证线性。

二、三相全控桥式整流电路及其调试

1. 认识三相全控桥式整流电路

三相全控桥式整流电路如图 2 - 33 所示。

2. 三相全控桥式整流电路调试

（1）触发电路调试。三相全控桥式整流电路调试与三相半波可控整流电路触发电路调试相同。

（2）三相桥式全控整流电路调试。按图 2 - 34 接线，将"给定"输出调到零（逆时针旋到底），使电阻器放在最大阻值处，按下"启动"按钮，调节给定电位器，增加移相电压，使 α 在 30°～150°范围内调节，同时，根据需要不断调整负载电阻 R，使得负载电流保持在 0.6A 左右（注意不得超过 0.65A）。用示波器观察并记录 $\alpha=$ 30°、60°及 90°时的整流电压和晶闸管两端电压的波形，并记录相应的 U_d 数值于表 2 - 6 中。

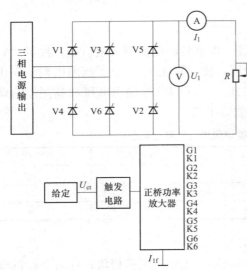

图 2 - 34　三相全控桥式整流电路

表 2-6 三相全控桥式整流电路任务实施数据记录表（电阻性负载）

项目	$\alpha=30°$	$\alpha=60°$	$\alpha=90°$
u_d 波形			
u_T 波形			
U_d（V）			

三、项目实施标准

1. 三相半波可控整流电路及其调试

三相半波可控整流电路及其调试的实施标准见表 2-7。

表 2-7 三相半波可控整流电路及其调试的实施标准件

项目名称：_____ 姓名：_____ 考核时限：90 分钟

序号	内容	配分	等级	评分细则	得分
1	触发电路调试	15	5	示波器使用	
			10	调试方法	
2	三相半波整流电路接线	15	15	接线正确	
3	三相半波整流电路调试	50	5	示波器使用	
			30	操作和测试方法（电阻性负载、电阻电感负载接 VD 和不接 VD 三种情况各 10 分）	
			15	波形和数据记录（电阻性负载、电阻电感负载接 VD 和不接 VD 三种情况各 5 分）	
4	安全生产	10	10	安全文明生产，符合操作规程	
			5	经提示后能规范操作	
			0	不能文明生产，不符合操作规程	
5	拆线整理现场	10	10	现场整理干净，设施及桌椅摆放整齐	
			5	经提示后能将现场整理干净	
			0	不合格	
6	加分			调试过程中每解决 1 个具有同学借鉴价值的实际问题加 5～10 分	
				合计	

2. 三相全控桥式整流电路及其调试

三相全控桥式整流电路及其调试的实施标准见表 2-8。

表 2-8 三相全控桥式整流电路及其调试的实施标准

项目名称：_____ 姓名：_____ 考核时限：90 分钟

序号	内容	配分	等级	评分细则	得分
1	触发电路调试	15	5	示波器使用	
			10	调试方法	

续表

序号	内容	配分	等级	评分细则	得分
2	三相桥式整流电路接线	15	15	接线正确	
3	三相桥式整流电路调试	50	5	示波器使用	
			30	操作和测试方法（电阻性负载、电阻电感负载接 VD 和不接 VD 三种情况各 10 分）	
			15	波形和数据记录（电阻性负载、电阻电感负载接 VD 和不接 VD 三种情况各 5 分）	
4	安全生产	10	10	安全文明生产，符合操作规程	
			5	经提示后能规范操作	
			0	不能文明生产，不符合操作规程	
5	拆线整理现场	10	10	现场整理干净，设施及桌椅摆放整齐	
			5	经提示后能将现场整理干净	
			0	不合格	
6	加分			调试过程中每解决 1 个具有同学借鉴价值的实际问题加 5～10 分	
	合计				

👁 【知识拓展】

一、有源逆变电路

1. 逆变的概念

（1）整流与逆变的关系。前面讨论的是把交流电能通过晶闸管变换为直流电能并供给负载的可控整流电路。但生产实际中，往往还会出现需要将直流电能变换为交流电能的情况。例如，应用晶闸管的电力机车，当机车下坡运行时，机车上的直流电动机将由于机械能的作用作为直流发电机运行，此时就需要将直流电能变换为交流电能回送电网，以实现电动机回馈制动，这就是逆变。又如，运转中的直流电动机，要实现快速制动，较理想的办法是将该直流电动机作为直流发电机运行，并利用晶闸管将直流电能变换为交流电能回送电网，从而实现直流电动机的发电机制动。

相对于整流而言，逆变是它的逆过程。如果晶闸管装置工作在逆变状态，其交流侧接在交流电网上，电网成为负载，在运行中将直流电能变换为交流电能并回送到电网中去，这样的逆变称为有源逆变。

如果逆变状态下的晶闸管装置，其交流侧接至交流负载，在运行中将直流电能变换为某一频率或可调频率的交流电能供给负载使用，这样的逆变则称为无源逆变或变频电路。

本部分着重介绍有源逆变，无源逆变将在后续内容中加以讨论。

下面的有关分析将会说明，整流装置在满足一定条件下可以作为逆变装置应用。即同一套电路，既可以工作在整流状态，也可以工作在逆变状态，这样的电路统称为变流装置或变流器。

（2）电源间能量的变换关系。分析有源逆变电路工作时，正确地把握电源间能量的流转关系至关重要。整流和有源逆变的根本区别就表现在能量传递方向上的不同。下面针对

图2-35所示电路加以分析。

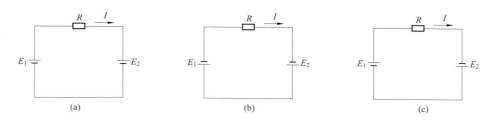

图2-35 两个电源间能量的传送

(a) 同极性连接 $E_1 > E_2$;(b) 同极性连接 $E_2 > E_1$;(c) 反极性连接(顺向串联)

图2-35(a)表示直流电源 E_1 和 E_2 同极性相连。当 $E_1 > E_2$ 时,回路中的电流为

$$I = \frac{E_1 - E_2}{R} \tag{2-28}$$

式中 R——回路的总电阻。

如图2-35(a)所示,电源 E_1 输出电能 $E_1 I$,其中一部分为 R 所消耗 $I^2 R$,其余部分则为电源 E_2 所吸收 $E_2 I$。注意上述情况中,输出电能的电源其电势方向与电流方向一致,而吸收电能的电源则二者方向相反。

在图2-35(b)中,两个电源的极性均与图2-35(a)中相反,但还是属于两个电源同极性相连的形式。如果电源 $E_2 > E_1$,则电流方向如图,回路中的电流 I 为

$$I = \frac{E_2 - E_1}{R} \tag{2-29}$$

此时,电源 E_2 输出电能,电源 E_1 吸收电能。

在图2-35(c)中,两个电源反极性相连(顺向串联),则电路中的电流 I 为

$$I = \frac{E_1 + E_2}{R} \tag{2-30}$$

此时电源 E_1 和 E_2 均输出电能,输出的电能全部消耗在电阻 R 上。如果电阻值很小,则电路中的电流必然很大;若 $R = 0$,则形成两个电源短路的情况。

综上所述,可得出以下结论:

1)两电源同极性相连,电流总是从高电动势流向低电动势电源,其电流的大小取决于两个电动势之差与回路总电阻的比值。如果回路电阻很小,则即使很小的电动势差也足以形成较大的电流,使两电源之间发生较大能量的交换。

2)电流从电源的正极流出,该电源输出电能;电流从电源的正极流入,该电源吸收电能。电源输出或吸收功率的大小由电动势与电流的乘积来决定,若电动势或者电流方向改变,则电能的传送方向也随之改变。

3)两个电源反极性相连(顺向串联),如果电路的总电阻很小,将形成电源间的短路,应当避免发生这种情况。

(3)有源逆变电路的工作原理。为便于分析有源逆变电路的工作原理,现以单相全控桥式晶闸管整流电路对直流电动机供电的系统为例加以说明,具体电路如图2-36所示,此图中,直流电动机带动设备为卷扬机。

1)整流工作状态($0 < \alpha < \pi/2$)。对于单相全控整流桥,当控制角 α 在 $0 \sim \pi/2$ 之间的某

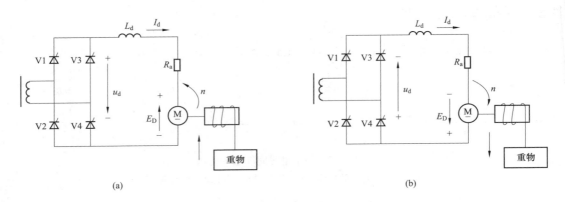

图 2-36　直流卷扬系统

(a) 重物提升；(b) 重物下放

个对应角度触发晶闸管时，上述变流电路输出的直流平均电压为 $U_d = U_{d0}\cos\alpha = 0.9U_2\cos\alpha$，因为此时 α 均小于 $\pi/2$，故 U_d 为正值。在该电压作用下，直流电动机转动，卷扬机将重物提升起来，直流电动机转动产生的反电动势为 E_D，且 E_D 略小于输出直流平均电压 U_d，此时电枢回路的电流为

$$I = \frac{U_d - E_D}{R} \qquad (2-31)$$

2) 中间状态（$\alpha = \pi/2$）。当卷扬机将重物提升到所要求的高度时，自然就需在某个位置停住，这时只要将控制角 α 调到等于 $\pi/2$ 的位置，变流器输出电压波形中，其正、负面积相等，电压平均值 U_d 为零，电动机停转（实际上采用电磁抱闸断电制动），反电动势 E_D 也同时为零。此时，虽然 U_d 为零，但仍有微小的直流电流存在，有关波形如图 2-37 (b) 所示。注意，此时电路处于动态平衡状态，与电路切断、电动机停转具有本质的不同。

3) 有源逆变工作状态（$\pi/2 < \alpha < \pi$）。上述卷扬系统中，当重物下放时，由于重力对重物的作用，必将牵动电动机使之向与重物上升相反的方向转动，电动机产生的反电动势 E_D 的极性也将随之反向。如果变流器仍工作在 $\alpha < \pi/2$ 的整流状态，从上面曾分析过的电源能量流转关系不难看出，此时将发生电源间类似短路的情况。为此，只能让变流器工作在 $\alpha > \pi/2$ 的状态，因为当 $\alpha > \pi/2$ 时，其输出直流平均电压 U_d 为负，出现类似图 2-35 (b) 中两电源极性同时反向的情况，此时如果能满足 $E_D > U_d$，则回路中的电流为

$$I = \frac{E_D - U_d}{R} \qquad (2-32)$$

电流的方向是从电动势 E_D 的正极流出，从电压 U_d 的正极流入，电流方向未变。显然，这时电动机为发电状态运行，对外输出电能，变流器则吸收上述能量并馈送回交流电网去，此时的电路进入到有源逆变工作状态。

上述三种变流器的工作状态可以用图 2-37 所示的波形表示。图中反映出随着控制角 α 的变化，电路分别从整流到中间状态，然后进入有源逆变的过程。

现在应深入分析的问题是，上述电路在 $\alpha > \pi/2$ 时是否能够工作，如何理解此时输出直流平均电压 U_d 为负值的含义。

上述晶闸管供电的卷扬系统中，当重物下降，电动机反转并进入发电状态运行时，电动

机电动势 E_D 实际上成了使晶闸管正向导通的电源。当 $\alpha > \pi/2$ 时，只要满足 $E_D > |u_2|$，晶闸管就可以导通工作，在此期间，电压 u_d 大部分时间均为负值，其平均电压 U_d 自然为负，电流则依靠电动机电动势 E_D 及电感 L_d 两端感应电动势的共同作用加以维持。正因为上述工作特点，才出现了电动机输出能量，变流器吸收并通过变压器向电网回馈能量的情况。

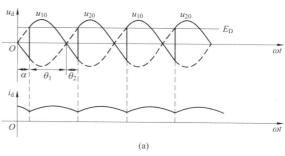

由于电流方向未改变，故电动机电磁转矩方向也保持不变。由于此时电动机以反方向旋转，上述电磁转矩为制动转矩。若制动转矩与重力形成的机械转矩平衡，则重物匀速下降，电动机运行于发电制动状态。

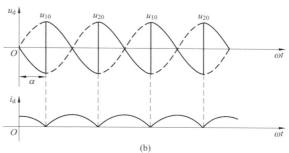

由上面分析的单相全控桥式有源逆变工作的情况，不难得出实现有源逆变的基本条件如下：

a）外部条件。变流器的直流侧必须要有一个极性与晶闸管导通方向一致的直流电源。这种直流电源可以是直流电动机的电枢电动势，也可以是蓄电池电动势。它是使电能从变流器的直流侧回馈交流电网的源泉，其数值应稍大于变流器直流侧输出的直流平均电压。

b）内部条件。变流器必须工作在控

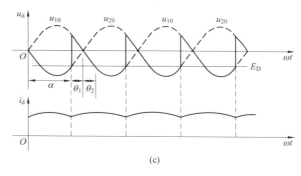

图 2-37　直流卷扬机系统的电压电流波形
（a）整流；（b）中间状态；（c）有源逆变

制角 $\alpha > \pi/2$ 的区域，这样才能使变流器直流侧输出一个负的平均电压，以实现直流电源的能量向交流电网的流转。

上述两个条件必须同时具备才能实现有源逆变。

必须指出，对于半控桥或者带有续流二极管的可控整流电路，因为它们在任何情况下均不可能输出负电压，也不允许直流侧出现反极性的直流电动势，所以不能实现有源逆变。

有源逆变条件的获得，必须视具体情况进行分析。例如上述直流电动机拖动卷扬机系统，电动机电动势 E_D 的极性可随重物的提升与下降自行改变并满足逆变的要求。对于电力机车，上、下坡道行驶时，因车轮转向不变，故在下坡发电制动时，其电动机电动势 E_D 的极性不能自行改变，为此必须采取相应措施，例如可利用极性切换开关来改变电动机电动势 E_D 的极性，否则系统将不能进入有源逆变状态运行。

2. 三相半波逆变电路

根据上面的讨论，三相半波逆变电路与三相半波整流电路的主回路是一致的。三相半波共阴极变流主电路如图 2 - 38 所示，负载为直流电动机，回路中接有平波电抗器，其电感量为 L 且足够大。

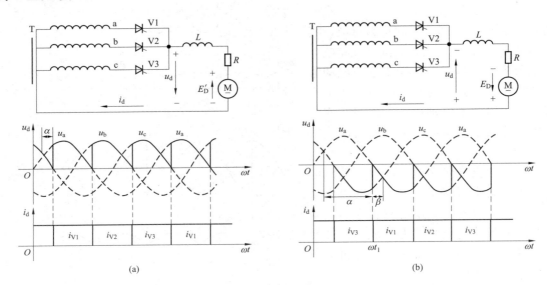

图 2 - 38　三相半波共阴极变流电路及有关波形
(a) 整流工作状态；(b) 逆变工作状态

在讨论上述电路工作原理时，为了了解整流和逆变两种工作状态之间的联系，从而全面理解有源逆变的物理本质，首先还是先从整流工作状态进行分析。

(1) 整流工作状态（$0<\alpha<\pi/2$）。图 2 - 38 (a) 所示电路中，$\alpha=30°$ 时依次触发晶闸管，其输出电压波形如图中黑实线所示。因负载回路中接有足够大的平波电抗器，故电流连续。对于 $\alpha=30°$ 的情况，输出电压瞬时值均为正，其平均电压自然为正值。

对于在 $0<\alpha<\pi/2$ 范围内的其他移相角，即使输出电压的瞬时值 u_d 有正也有负，但正面积总是大于负面积，输出电压的平均值 U_d 也总为正，其极性为上正下负，而且 U_d 略大于 E_D。此时电流 I_d 从 U_d 的正端流出，从 E_D 的正端流入，能量的流转关系为交流电网输出能量，电动机吸收能量以电动状态运行。

(2) 逆变工作状态（$\pi/2<\alpha<\pi$）。假设此时电动机端电动势已反向，即下正上负，设逆变电路移相角 $\alpha=150°$，依次触发相应的晶闸管，如在 ωt_1 时刻触发 a 相晶闸管 V1，虽然此时 $u_a=0$，但晶闸管 V1 因承受 E_D 的作用，仍可满足导通条件而工作，并相应输出相电压 u_a。V1 被触发导通后，虽然 u_a 已为负值，因 E_D 的存在，且 $|E_D|>|u_a|$，V1 仍然承受正向电压而导通，即使不满足 $|E_D|>|u_a|$，由于平波电抗器的存在，释放电能，L 的感应电动势也仍可使 V1 承受正向电压而继续导通。因电感 L 足够大，故主回路电流连续，V1 导电 120° 后，V2 被触发导通，由于此时 $u_b>u_a$，故 V1 承受反压而关断，完成 V1 与 V2 之间的换流，这时电路输出电压为 u_b，如此循环往复。

电路输出电压的波形如图 2 - 38 (b) 中黑实线所示。当 α 在 $\pi/2\sim\pi$ 范围内变化时，其输出电压的瞬时值 u_d 在整个周期内也是有正有负或者全部为负，但是负电压面积将总是大于正面积，故输出电压的平均值 U_d 为负值。其极性为下正上负。此时电动机端电动势 E_D 稍大于 U_d，主回路电流 I_d 方向未变，但它从 E_D 的正极流出，从 U_d 的正极流入，这时电动机向外输出能量，以发电机状态运行，交流电网吸收能量，电路以有源逆变状态运行。

因晶闸管 V1、V2、V3 的交替导通工作完全与交流电网变化同步，从而可以保证能够把直流电能变换为与交流电网电源同频率的交流电回馈电网。一般均采用直流侧的电压和电流平均值来分析变流器所连接的交流电网究竟是输出功率还是输入功率。这样，变流器中交流电源与直流电源能量的流转就可以按有功功率 $P_d = U_d I_d$ 来分析。

整流状态时，$U_d > 0$，$P_d > 0$ 则表示交流电网输出功率；逆变状态时，$U_d < 0$，$P_d < 0$ 则表示交流电网吸收功率。

在整流状态中，变流器内的晶闸管在阻断时主要承受反向电压，而在逆变状态工作中，晶闸管阻断时主要承受正向电压。变流器中的晶闸管，无论在整流状态或是逆变状态，其阻断时承受的正向或反向电压峰值均应为线电压的峰值，在选择晶闸管额定参数时应予注意。

为分析和计算方便，通常把逆变工作时的控制角改用 β 表示，令 $\beta = \pi - \alpha$，称为逆变角。规定 $\alpha = \pi$ 时作为计算 β 的起点，和 α 的计量方向相反，β 的计量方向是由右向左。变流器整流工作时，$\alpha < \pi/2$，相应的 $\beta > \pi/2$，而在逆变工作时，$\alpha > \pi/2$ 而 $\beta < \pi/2$。

逆变时，其输出电压平均值的计算公式可改写成

$$U_d = -U_{d0} \cos\beta = -1.17 U_{2ph} \cos\beta \tag{2-33}$$

式中　U_{2ph}——交流侧变压器副边相电压有效值。

β 从 $\pi/2$ 逐渐减小时，输出电压平均值 U_d 的绝对值逐渐增大，符号为负。

在逆变电路中，晶闸管之间的换流完全由触发脉冲控制，其换流趋势总是从高电压向更低的阳极电压过渡。这样，对触发脉冲就提出了严格的要求，其脉冲必须严格按照规定的顺序发出，而且要保证触发可靠，否则极容易造成因晶闸管之间的换流失败而导致逆变颠覆。

3. 三相桥式逆变电路

三相桥式逆变电路必须采用三相全控桥，其主电路与三相全控桥式整流电路完全相同，其逆变工作原理的分析方法与三相半波逆变电路基本相同。因其变压器不存在直流磁通势，利用率高，而且输出电压脉动小，主回路所需电抗器的电感较三相半波小，故应用广泛。

(1) 逆变工作原理及波形分析。三相桥式逆变电路结构如图 2-39 (a) 所示。如果变流器输出电压 U_d 与直流电动机电动势 E_D 的极性如图所示（均为上负下正），当电动势 E_D 略大于平均电压 U_d 时，回路中产生的电流 I_d 为

$$I_d = \frac{E_D - U_d}{R} \tag{2-34}$$

电流 I_d 的流向是从 E_D 的正极流出而从 U_d 的正极流入，即电动机向外输出能量，以发电状态运行；变流器则吸收能量并以交流形式回馈到交流电网，此时电路即为有源逆变工作状态。

电动势 E_D 的极性由电动机的运行状态决定，而变流器输出电压 U_d 的极性则取决于触发脉冲的控制角。欲得到上述有源逆变的运行状态，显然电动机应以发电状态运行，而变流器晶闸管的控制角 α 应大于 $\pi/2$，或者逆变角 β 小于 $\pi/2$。有源逆变工作状态下，电路中输出电压的波形如图 2-39 (c) 实线所示（图中为 $\beta = 60°$ 时的波形）。此时，晶闸管导通的大部分区域均为交流电的负电压，晶闸管在此期间由于 E_D 的作用仍承受极性为正的相电压，所以输出的平均电压就为负值。

三相桥式逆变电路一个周期中的输出电压由 6 个形状相同的波头组成，其形状随 β 的不

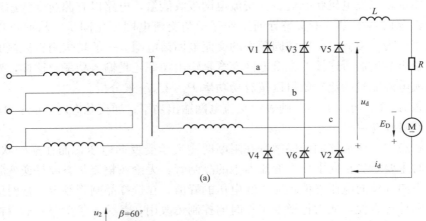

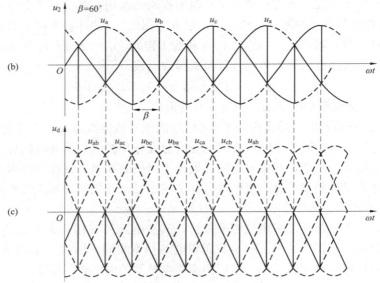

图 2 - 39　三相桥式有源逆变电路及有关波形

(a) 电路；(b) 输入电压波形；(c) 输出电压波形

同而不同。该电路要求 6 个脉冲，两脉冲之间的间隔为 π/3，分别按照 1、2、3、4、5、6 的顺序依次发出，其脉冲宽度应大于 π/3 或者采用双窄脉冲输出。

上述电路中，晶闸管阻断期间主要承受正向电压，而且最大值为线电压的峰值。

（2）参数计算。由于三相桥式逆变电路相当于两组三相半波逆变电路的串联，故该电路输出平均电压应为三相半波逆变电路输出平均电压的 2 倍，即

$$U_d = -2 \times 1.17 U_{2ph} \cos\beta = -2.34 U_{2ph} \cos\beta \qquad (2-35)$$

式中　U_{2ph}——交流侧变压器二次侧相电压有效值。

输出电流平均值为

$$I_d = \frac{E_D - U_d}{R} \qquad (2-36)$$

$$R = R_B + R_D$$

式中　R_B——变压器绕组的等效电阻；

　　R_D——变流器直流侧总电阻。

　　输出电流的有效值为

$$I = \sqrt{I_d^2 + \Sigma I_N^2} \tag{2-37}$$

式中　I_N——第 N 次谐波电流有效值，N 的取值由波形的谐波分析展开式确定。

　　流过晶闸管的电流平均值为

$$I_{dV} = \frac{1}{3} I_d \tag{2-38}$$

　　流过晶闸管的电流有效值为

$$I_V = \frac{1}{3} I \tag{2-39}$$

　　4. 逆变失败原因分析及逆变角的限制

　　电路在逆变状态运行时，如果出现晶闸管换流失败，则变流器输出电压与直流电压将顺向串联并相互加强。由于回路电阻很小，必将产生很大的短路电流，以至可能将晶闸管和变压器烧毁，上述事故称之为逆变失败或叫做逆变颠覆。

　　造成逆变失败的原因很多，大致可归纳为以下 4 个方面：

　　(1) 触发电路工作不可靠。因为触发电路不能适时、准确地供给各晶闸管触发脉冲，造成脉冲丢失或延迟，以及触发功率不够，均可导致换流失败。一旦晶闸管换流失败，势必形成一只元件从负的电源电压导通延续到正的电源电压，U_d 反向后将与 E_D 顺向串联，出现逆变颠覆。

　　(2) 晶闸管出现故障。如果晶闸管参数选择不当，例如额定电压选择裕量不足，或者晶闸管存在质量问题，都会使晶闸管在应该阻断的时候丧失了阻断能力，而应该导通的时候却无法导通。从有关波形图上分析可以发现，晶闸管出现故障也将导致电路的逆变失败。

　　(3) 交流电源出现异常。从逆变电路电流公式

$$I_a = \frac{E_D - U_d}{R}$$

　　可看出，电路在有源逆变状态下，如果交流电源突然断电或者电源电压过低，上述公式中的 U_d 都将为零或减小，从而使电流 I_d 增大以至发生逆变失败。

　　(4) 换相时间不足。有源逆变电路的控制电路在设计时，应充分考虑到变压器漏电感对晶闸管换流的影响以及晶闸管由导通到关断存在着关断时间的影响，否则将由于逆变角 β 太小造成换流失败，从而导致逆变失败的发生。现以共阴极三相半波电路为例，分析由于 β 太小而对逆变电路产生的影响，电路结构及有关波形如图 2-40 所示。

　　设电路变压器漏电感引起的换相重叠角为 γ，原来的逆变角为 β_1，触发 a 相对应的 V1 导通后，将逆变角 β_1 改为 β，且 $\beta < \gamma$，这时正好 V2 和 V3 进行换流，二者的换流是从 ωt_2 为起点向左 β 角度的 ωt_1 时刻触发 V3 管开始的，此时，V2 的电流逐渐下降，V3 的电流逐渐上升，由于 $\beta < \gamma$，到达 ωt_2 时刻（$\beta = 0$），晶闸管 V2 中的电流尚未降至零，故 V2 此时并未关断，以后 V2 承受的阳极电压高于 V3 承受的阳极电压，所以它将继续导通，V3 则由于承受反压而关断。V2 继续导通的结果是使电路从逆变过渡到整流状态，电动机电动势与变流器输出电压顺向串联，造成逆变失败。

　　在设计逆变电路时，应考虑到最小 β 角的限制，用 β_{min} 表示。β_{min} 角除受上述重叠角 γ 的

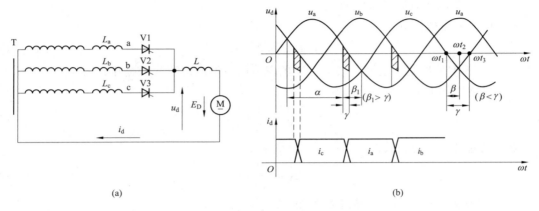

图 2 - 40　变压器漏抗对逆变的影响

（a）电路；（b）输出电流、电压波形

影响外，还应考虑到元件关断时间 t_q（对应的电角度为 δ）以及一定的安全裕量角 θ，从而取

$$\beta_{\min} = \gamma + \delta + \theta$$

一般取 $\beta_{\min}$ 为 $30°\sim35°$，以保证逆变时正常换流。一般在触发电路中均设有最小逆变角保护，触发脉冲移相时，需确保逆变角 β 不小于 $\beta_{\min}$。

二、有源逆变电路的应用——晶闸管直流电动机可逆拖动系统

实际应用中很多生产机械（如可逆轧机、起重提升机、电梯、龙门刨床等），在生产过程中均要求电动机正向和反向双向运转，晶闸管直流电动机可逆拖动系统就是用晶闸管变流装置控制直流电动机正反运转的控制系统。

控制直流他励电动机可逆运转的方法有两种，一种是改变励磁电压的方向，另一种是改变电枢电压的方向。在快速可逆系统中，大多采用改变电枢电压极性来实现可逆运转。

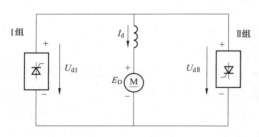

图 2 - 41　两组晶闸管变流器反
并联可逆系统的组成框图

图 2 - 41 所示为两组晶闸管变流器反并联组成的直流电动机可逆拖动系统的框图，两组变流器由同一交流电源供电，采用反并联连接。工作时为防止两组变流器之间出现环流（即不通过负载而在两变流器中流过的电流），特别设置为当一组工作在整流状态时，另一组必须工作在有源逆变状态，且 $\alpha=\beta$，从而使两组变流器直流侧电压大小相等、极性相抵，两组变流器之间的直流环流为零，这种运行方式称为 $\alpha=\beta$ 工作制。

图 2 - 42 所示为对应电动机四象限运行时两组变流器的工作情况。

第 I 象限，正转，$\alpha_I<90°$，$U_{dI}>E_D$，变流器 I 工作在整流状态，电动机作电动运行；

第 II 象限，正转，$\alpha_{II}>90°$，$U_{dII}<E_D$，变流器 II 工作在有源逆变状态，电动机作发电运行；

第 III 象限，反转，$\alpha_{II}<90°$，$U_{dII}>E_D$，变流器 II 工作在整流状态，电动机作电动运行；

第Ⅳ象限，反转，$\alpha_I > 90°$，$U_{dI} < E_D$，变流器Ⅰ工作在有源逆变状态，电动机作发电运行。

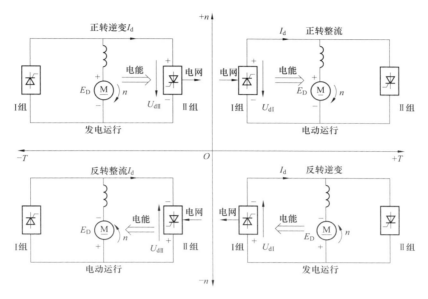

图 2-42 两组变流器反并联可逆系统的四象限运行图

在反并联可逆线路中，存在着对环流的处理方式及两变流器之间的切换问题，这是可逆控制的关键技术。根据对环流的不同处理方法，反并联可逆电路有几种不同的控制方案，如配合控制的有环流可逆系统，逻辑控制的无环流可逆系统，以及错位控制无环流可逆系统等，将在后续课程中深入学习。

项 目 总 结

1. 锯齿波同步触发电路的组成及各部分的主要作用。

2. 三相半波可控整流电路、三相全控桥式整流电路在电阻性负载和大电感性负载下的工作原理，画出输入、输出波形，并能进行主要电量的计算。

3. 晶闸管的过电压和过电流保护措施。

4. 有源逆变的基本概念，整流与逆变的关系。

5. 分析单相桥式有源逆变电路、三相半波有源逆变电路的工作原理，画出输入、输出波形，并能进行主要电量的计算。

6. 逆变失败的概念及产生的原因。

复 习 思 考

1. 移相触发电路一般都由哪些基本环节组成？

2. 锯齿波移相触发电路中锯齿波的底宽由什么元件参数决定？输出脉冲的宽度是如何调整的？

3. 三相半波可控整流电路电阻性负载，如在自然换流点之前加入窄触发脉冲，会出现什么现象？画出 u_d 的电压波形图。

4. 三相半波可控整流电路带电阻性负载，如果 V2 管无触发脉冲，试画出 $\alpha = 30°$ 和 $\alpha = 60°$ 两种情况下的 u_d 波形，并画出 $\alpha = 30°$ 时 V1 两端电压 u_{V1} 的波形。

5. 三相半波可控整流电路大电感负载，画出 $\alpha = 90°$ 时 V1 管两端电压的波形。从波形上看晶闸管承受的最大正反向电压为多少？

6. 三相半波可控整流电路大电感负载，已知整流变压器副边相电压 $U_{2ph} = 220V$，整流电路的总电阻 $R = 10\Omega$，试分别计算无续流二极管和有续流二极管两种情况下，当 $\alpha = 45°$ 时输出电压的平均值 U_d 和负载电流平均值 I_d 以及流过晶闸管和续流二极管的电流平均值与有效值，并画出电压、电流波形图。

7. 在三相桥式可控整流电路中，为什么三相电压的六个交点就是六个桥臂主元件的自然换流点？并说明各交点所对应的换流元件。

8. 三相全控桥式整流电路，电阻性负载，当控制角 $\alpha = 30°$ 时，回答下列问题：

(1) 各换流点分别为哪些元件换流？

(2) 各元件的触发脉冲相位及波形是怎样的？

(3) 各元件的导通角为多少？

(4) 同一相的两个元件的触发信号在相位上有何关系？

(5) 画出输出电压 u_d 的波形并写出输出电压平均值 U_d 的表达式。

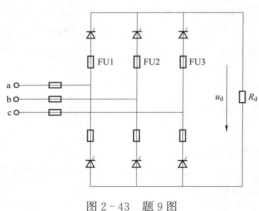

图 2 - 43　题 9 图

9. 三相全控桥式整流电路如图 2 - 43 所示，当 $\alpha = 60°$ 时，画出下列故障情况下的 u_d 波形：

(1) 熔断器 FU1 熔断；

(2) 熔断器 FU2 熔断；

(3) 熔断器 FU2、FU3 同时熔断。

10. 三相全控桥式整流电路带大电感负载，负载电阻 $R_d = 4\Omega$，要求 U_d 在 $0 \sim 220V$ 之间变化。试求：

(1) 不考虑控制角裕量时，整流变压器的二次侧电压。

(2) 计算晶闸管电压和电流值，如电压、电流取 2 倍裕量，选择晶闸管型号。

11. 限制过电压、过电流通常有哪些措施？

12. 区别下列概念：

(1) 整流与待整流；(2) 逆变与待逆变；(3) 有源逆变与无源逆变。

13. 为什么有源逆变工作时，变流器直流侧会出现负的直流电压，而如果变流器带电阻负载或电阻串接大电感负载时却不能在直流侧出现负的直流电压？

14. 在图 2 - 44 中，两个电动机一个工作在整流电动机状态，另一个工作在逆变发电机状态。

(1) 标出 U_d、E_D 及 i_d 的方向；

（2）说明 E_D 与 U_d 的大小关系；

（3）当 α 与 β 的最小值均为 $30°$ 时，控制角 α 的移相范围为多少？

15. 简述变流器工作于有源逆变状态的条件？哪些电路可实现有源逆变？

16. 单相桥式变流器，已知 $U_2=220\text{V}$，$E_D=-120\text{V}$，电枢回路总电阻 $R=1\Omega$。说明当逆变角 $\beta=60°$ 时电路能否实现有源逆变？计算此时电机的制动电流和送回电网的平均功率。

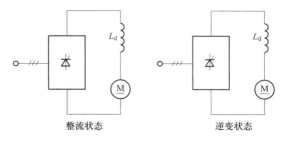

整流状态　　　　　　　逆变状态

图 2-44　题 14 图

项目三

直流斩波与开关电源

开关电源是利用现代电力电子技术，控制开关管开通和关断的时间比率，维持稳定输出电压的一种电源，简单说，就是开关型直流稳压电源。开关电源因为体积小、效率高已经应用于日常生活的各方面，从移动电话的充电器，到彩电、音像供电电源；从路边的霓虹灯，到车站的电子显示牌，从台式计算机，到便携笔记本电脑等这些都用到了开关电源。

图 3-1 所示是常见的开关电源，主要作用是将交流电的电能转换为适合各个配件使用的低压直流电供给整机使用，一般有四路输出，分别是 +5V、-5V、+12V、-12V。交流输入电压经一次整流滤波电路平滑滤波为 300V 左右的高压直流电，然后通过功率开关管的导通与截止将直流电压变成连续的脉冲，再经变压器隔离降压及输出滤波后变为低压的直流电。开关管的导通与截止由 PWM（脉冲宽度调制）控制电路发出的驱动信号控制。

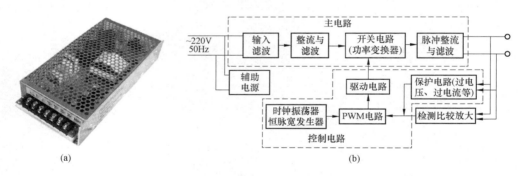

图 3-1 开关电源的构成框图

(a) 实物图；(b) 构成框图

由高压直流到低压多路直流的电路称 DC/DC 变换，是开关电源的核心技术。本项目分解成认识大功率晶体管和功率场效应晶体管、开关电源主电路两个任务，通过学习相关的知识和任务实施，使学生能够理解开关电源的基本工作原理。

【学习目标】

（1）熟悉开关器件 GTR、MOSFET 的图形符号，掌握其开关条件及主要参数。

（2）能判别开关器件 GTR、MOSFET 的管脚及其好坏。

（3）熟悉各种直流斩波电路的组成及其工作特点。

（4）了解 PWM 控制器的组成及工作原理，对集成块如 SG3524 在电路中工作是否正常能进行判断。

（5）了解软开关的基本概念

【教学导航】

教	知识重点	（1）几种斩波电路的工作原理。 （2）熟悉各种直流斩波电路的组成及其工作特点、调试步骤等 （3）PWM 控制器的工作原理
	知识难点	选择主电路晶闸管的方法
	推荐教学方式	由工作任务入手，通过直流斩波电路实验，让学生从外到内、从直观到抽象，逐渐理解加深理解斩波器电路的工作原理，熟悉各种直流斩波电路的组成及其工作特点、调试步骤等，掌握控制与驱动电路的测试，了解 PWM 控制与驱动电路的原理及其常用的集成芯片
	建议学时	10 学时
学	推荐学习方法	任务驱动，理论与实际相结合
	必须掌握的理论知识	（1）降压斩波电路的工作原理，数值计算。 （2）升压斩波电路的工作原理，数值计算。 （3）开关状态控制电路—PWM 控制器的工作原理
	必须掌握的技能	（1）测试 GTR 相比，功率 MOSFET 的好坏。 （2）学会选择主电路晶闸管的方法

任务五　认识大功率晶体管和功率场效应晶体管

【任务目标】

（1）熟悉开关器件 GTR、MOSFET 的图形符号，掌握其开关条件及主要参数。

（2）能判别开关器件 GTR、MOSFET 的管脚及其好坏，掌握其驱动电路的作用，并熟悉其保护措施。

【任务描述】

开关电源有三个工作状态：开关，电力电子器件工作在开关状态而不是线性状态；高频，电力电子器件工作在高频而不是接近工频的低频；直流，开关电源输出的是直流而不是交流。在这样的高频开关电路中，经常使用的开关器件有场效应晶体管 MOSFET、绝缘栅双极型晶体管 IGBT，在小功率开关电源上也使用大功率晶体管 GTR。

【相关知识】

一、认识大功率晶体管 GTR

电力晶体管（Giant Transistor，GTR，直译为巨型晶体管）是一种耐高电压、大电流的双极结型晶体管（Bipolar Junction Transistor，BJT），有时候也称为 Power BJT，在电力电子技术的范围内，GTR 与 BJT 这两个名称等效。

一些常见大功率晶体三极管的外形如图 3-2 所示。由图可见，大功率晶体管的外形除体积比较大外，其外壳上都有安装孔或安装螺钉，便于安装在外加的散热器上。因为对大功率晶体管来讲，单靠外壳散热是远远不够的。例如，50W 的硅低频大功率晶体管，如果不加散热器工作，其最大允许耗散功率仅为 2～3W。20 世纪 80 年代以来，在中、小功率范围内取代晶闸管，但目前又大多被 IGBT 和电力 MOSFET 取代。GTR 属于全控型器件，工作频率可达 10kHz，广泛用于不间断电源和交流电机调速等电力变流装置中。

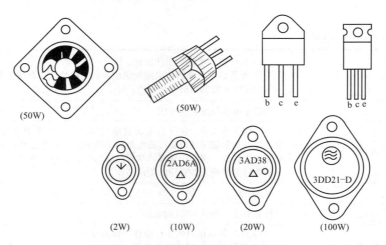

(50W)　　(50W)　　b c e　　b c e

(2W)　　(10W)　　(20W)　　(100W)

图 3-2　常见大功率晶体管的外形

1. GTR 的结构和工作原理

GTR 的外形、结构断面示意图和电气图形符号如图 3-3 所示。GTR 与普通的双极结型晶体管基本原理是一样的，多为 NPN 结构，也有基极 b、集电极 c 和发射极 e 三个电极，主要特性是耐压高、电流大、开关特性好。

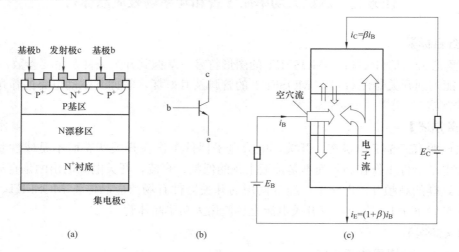

(a)　　　　(b)　　　　　　(c)

图 3-3　GTR 的结构、电气图形符号和内部载流子的流动

(a) 内部结构断面示意图；(b) 电气图形符号；(c) 内部载流子的流动

在实际应用中，GTR 多采用共发射极接法。集电极电流 i_C 与基极电流 i_B 之比为

$$\beta = \frac{i_C}{i_B} \tag{3-1}$$

式中　β——GTR 的电流放大系数，反映了基极电流对集电极电流的控制能力。

电流放大系数表示 GTR 的放大能力。单管 GTR 的 β 值比处理信息用的小功率晶体管小得多，通常为 10 左右，采用至少由两个晶体管按达林顿接法组成的单元结构，可有效地增大电流增益。

2. GTR 的基本特性

（1）静态特性。图 3-4 所示为 GTR 在共发射极接法时的典型输出特性，分为截止区、放大区和饱和区三个区。给 GTR 的基极施加幅度足够大的脉冲驱动信号，使它工作于导通/截止的开关工作状态，GTR 快速地通过放大区完成导通/截止状态的转换。

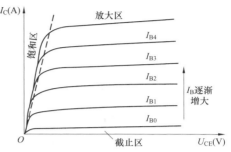

在截止区，$i_B < 0$（或 $i_B = 0$），GTR 承受高电压，且只有很小的电流流过，类似于开关的断态；在放大区，$i_C = \beta i_B$，工作在开关状态的 GTR 应避免工作在放大区以防止功耗过大损坏 GTR；在饱和区，i_B 变化时，i_C 不再改变，管压降 U_{ces} 很小，类似于开关的通态，在 i_C 不变时，U_{ces} 随管壳温度 T_c 的增加而增加。

图 3-4　共发射极接法时 GTR 的输出特性

（2）动态特性。GTR 的动态特性主要指开关特性。GTR 属于电流型驱动器件，用基极电流来控制集电极电流，由于结电容和过剩载流子的存在，集电极电流的变化总是滞后于基极电流的变化。

图 3-5 给出了 GTR 开通和关断过程中基极电流 i_B 和集电极电流 i_C 波形的关系。

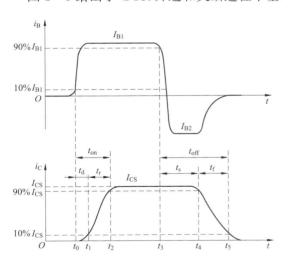

图 3-5　GTR 的开通和关断过程电流波形

晶体管由关断状态过渡到导通状态所需要的时间称为开通时间 t_{on}，它由延迟时间 t_d 和上升时间 t_r 两部分组成。t_d 主要是由发射结势垒电容和集电结势垒电容充电产生。增大 i_B 的幅值并增大 di_B/dt，可缩短延迟时间，同时可缩短上升时间，从而加快开通过程。

晶体管由导通状态过渡到关断状态所需要的时间称为关断时间 t_{on}，它由储存时间 t_s 和下降时间 t_f 两部分组成。t_s 是抽走基区过剩载流子的过程引起的；t_f 为结电容放电的时间。

减小导通时的饱和深度以减小储存的载流子，或者增大基极抽取负电流 i_B 的幅值和负偏压，可缩短储存时间，从而加快关断速度。但减小导通时饱和深度的负面作用是会使集电极和发射极间的饱和导通压降 U_{ces} 增加，从而增大通态损耗。GTR 的开关时间在几微秒以内，比晶闸管和 GTO 都短很多。

3. GTR 的主要参数

GTR 的参数除前已述及的电流放大倍数 β、直流电流增益 h_{FE}、集射极间漏电流 I_{ceo}、集射极间饱和压降 U_{ces}、开通时间 t_{on} 和关断时间 t_{off} 外，还有以下参数：

（1）最高工作电压。GTR 上所施加的电压超过规定值时，就会发生击穿。击穿电压不仅和晶体管本身特性有关，还与外电路接法有关。

U_{cbo}：发射极开路时，集电极和基极间的反向击穿电压。

U_{ceo}：基极开路时，集电极和发射极之间的击穿电压。

U_{cer}：实际电路中，GTR 的发射极和基极之间常接有电阻 R，这时用 U_{cer} 表示集电极和发射极之间的击穿电压。

U_{ces}：当 $R=0$，即发射极和基极短路，用 U_{ces} 表示其击穿电压。

这些击穿电压之间的关系为 $U_{cbo} > U_{cex} > U_{ces} > U_{cer} > U_{ceo}$，实际使用时，为确保安全，最高工作电压要比 U_{ceo} 低得多。

（2）集电极最大允许电流 I_{CM}。GTR 流过的电流过大，会使 GTR 参数劣化，性能将变得不稳定，甚至损坏。通常规定共发射极电流放大系数 h_{FE} 下降到规定值的 $1/2 \sim 1/3$ 时，所对应的电流 i_C 为集电极最大允许电流，以 I_{CM} 表示，并将 I_{CM} 作为 GTR 的电流额定值。实际使用时还要留有较大的安全余量，一般只能用到 I_{CM} 值的一半或稍多些。

（3）集电极最大耗散功率 P_{CM}。P_{CM} 是在最高工作温度下允许的耗散功率，是 GTR 容量的重要标志。晶体管功耗的大小主要由集电极工作电压和工作电流的乘积来决定，它将转化为热能使晶体管升温，晶体管会因温度过高而损坏。实际使用时，集电极允许耗散功率和散热条件与工作环境温度有关。所以在使用中应特别注意值 i_C 不能过大，散热条件要好。

产品说明书中给 P_{CM} 时同时给出壳温 T_C，间接表示了最高工作温度。

（4）最高工作结温 T_{JM}。GTR 正常工作允许的最高结温以 T_{JM} 表示。GTR 结温过高时，会导致热击穿而烧坏。

4. GTR 的二次击穿现象与安全工作区

处于工作状态的 GTR，当其集电极电压 u_{CE} 升高至击穿电压时，i_C 迅速增大，出现雪崩击穿，但此时集电结的电压基本保持不变，这被称为一次击穿。此时，只要 i_C 不超过限度，GTR 一般不会损坏，工作特性也不变。

如果继续增大 u_{CE}，又不限制 i_C 的增长，当 i_C 增大到某个临界点时会突然急剧上升，并伴随电压 u_{CE} 陡然下降，这个现象被称为二次击穿。二次击穿的持续时间很短，一般在纳秒至微妙范围，会导致器件的永久损坏或者工作特性明显衰变。其产生原因是 GTR 在关断过程中电流分布不均匀，造成局部耐压下降，一旦耐压值临近雪崩值，就会发生发射极局部电流猛增。即使总电流不变，也会因为电流向局部耐压薄弱点聚集，出现失控现象。二次击穿的后果是器件局部熔化，造成器件永久性损坏。

由于管子的材料、工艺等因素的分散性，二次击穿难以计算和预测。为了防止二次击穿应使实际使用的工作电压比反向击穿电压低得多，必须有电压电流缓冲保护措施。

安全工作区（Safe Operating Area，SOA）是以直流极限参数 I_{CM}、P_{CM}、U_{CEM} 构成的工作区为一次击穿工作区，如图 3-6 所示，其中最高电压 U_{CEM}、集电极最大电流 I_{CM}、最大耗散功率 P_{CM}（一次击穿功率曲线）、二次击穿临界线限定 P_{SB}（二次击穿功率曲线）。

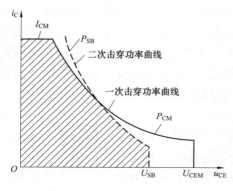

图 3-6　GTR 的安全工作区

GTR 工作时不仅不能超过最高电压、集电极最大电流和最大耗散功率，而且不能超过二次击穿临界线。

5. GTR 的驱动与保护

GTR 基极驱动电路的作用是将输出的控制信号电流放大，足以保证 GTR 可靠开通和关断。

（1）对基极驱动电路的要求。GTR 理想的基极驱动电流波形如图 3-7 所示。通常对 GTR 基极驱动电路的要求是：

1）实现主电路与控制电路间的电隔离，以保障电路的安全并提高抗干扰能力。

2）在使 GTR 导通时采用强驱动，基极正向驱动电流应有足够陡的前沿，并有一定的过饱和的强制电流，以加速开通过程，减小开通损耗。

3）GTR 导通期间，减小驱动电流，使 GTR 处在临界饱和状态，降低导通饱和压降，缩短关断时间。

4）在使 GTR 关断时，应向基极提供足够大的反向基极电流，迅速抽取基区的剩余载流子，减小关断时间，减小关断损耗。

5）应有较强的抗干扰能力，并有一定的保护功能。当主电路发生过热、过电压、过电流、短路等故障时，基极电路必须能迅速自动切除驱动信号。

（2）GTR 基极驱动电路实例。图 3-8 所示是具有负偏压、防止过饱和的 GTR 驱动电路，包括电气隔离和晶体管放大电路两部分。当输入信号 A 为高电平时，晶体管 VT1、VT2 及光耦合器 B 均导通，晶体管 VT3 截止、VT4 和 VT5 导通，VT6 截止，电源电压 +10V 经 VT5 和加速电容 C_2、电阻 R_5 向 GTR 提供基极电流，GTR 导通。充电结束时 C_2 上的电压为左正右负，其大小由电源电压 +10V 和 R_4、R_5 的比值决定。当 A 为低电平时，VT1、VT2、B 均截止，VT3 导通，VT4 和 VT5 截止，VT6 导通。C_2 的放电路径为：①C_2→VT6 的 E、B 极→VT3 的 C、E 极→VS→VD4→C_2，为 VT6 提供基极电流；②C_2→VT6 的 E、C 极→VT 的 E、B 极→VD4→C_2，为 GTR 提供反响基极电流，加速 GTR 的关断，此过程很短暂，一旦 GTR 完全截止，其电流即为零；③C_2→VT6 的 E、C 极→VS→VD4→C_2，由于 VS 导通，GTR 的 B1、E 结承受反偏电压，保证其可靠截止。

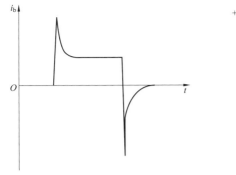

图 3-7　理想的 GTR 基极驱动电流波形

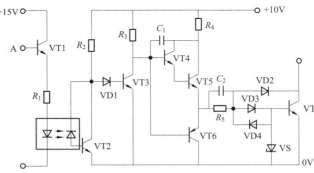

图 3-8　GTR 的一种驱动电路

二极管 VD2 和电位补偿二极管 VD3 构成贝克钳位电路，也即一种抗饱和电路，使 GTR 导通时处于临界饱和状态。负载较轻时，如 VT5 发射极电流全注入 VT，会使 VT 过饱和，关断时退饱和时间延长。有了贝克钳位电路，当 VT 过饱和使得集电极电位低于基极电位时，VD2 会自动导通，使多余的驱动电流流入集电极，维持 $u_{BC} \approx 0$。这样，使得 GTR 导通时始终处于临界饱和。

C_2 为加速开通过程的电容。开通时，R_5 被 C_2 短路，可实现驱动电流的过冲，并增加前沿的陡度，加快开通。电容 C_1 可消除晶体管 VT4、VT5 产生的高频寄生振荡。

这个电路的有点是简单实用，但没有 GTR 的保护功能。

（3）GTR 的保护电路。GTR 的保护相对来说比较复杂，因为它的开关频率较高，采用快熔保护是无效的。一般采用缓冲电路主要有 RC 缓冲电路、充放电型 R-C-VD 缓冲电路和阻止放电型 R-C-VD 缓冲电路三种形式，如图 3-9 所示。

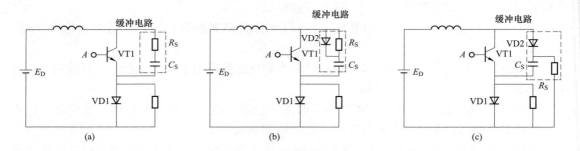

图 3-9　GTR 的保护电路
（a）RC 缓冲电路；（b）充放电型 R-C-VD 缓冲电路；（c）阻止放电型 R-C-VD 缓冲电路

1）RC 缓冲电路简单，对关断时集电极—发射极间电压上升有抑制作用。这种电路只适用于小容量的 GTR（电流 10A 以下）。

2）充放电型 R-C-VD 缓冲电路增加了缓冲二极管 VD2，可以用于大容量的 GTR，但它的损耗（在缓冲电路的电阻上产生的）较大，不适合用于高频开关电路。

3）阻止放电型 R-C-VD 缓冲电路，较常用于大容量 GTR 和高频开关电路的缓冲器。其最大优点是缓冲产生的损耗小。

二、认识电力场效应晶体管

功率场效应晶体管简称功率 MOSFET，它是一种单极型电压控制器件。它具有自关断能力，且输入阻抗高、驱动功率小、开关速度快，工作频率可达 1MHz，不存在二次击穿问题，安全工作区宽。但其电压和电流容量较小，故在高频中小功率的电力电子装置中得到广泛应用。

1. 功率 MOSFET 的结构及工作原理

功率 MOSFET 有多种结构，根据载流子的性质可分为 P 沟道和 N 沟道两种类型。当栅极电压为零时漏源极间存在导电沟道的称为耗尽型；对于 N（P）沟道器件，栅极电压大于（小于）零时才存在导电沟道的称为增强型。在功率 MOSFET 中，应用较多的是 N 沟道增强型。

图 3-10（a）所示为常用的功率 MOSFET 的外形，3-10（b）所示为 N 沟道增强型功率 MOSFET 的结构，图 3-10（c）所示为功率 MOSFET 的电气图形符号，三个极分别是栅极 G、源极 S、漏极 D。其工作原理是：当栅-源极加正向电压（$U_{GS} > 0$）时，MOSFET 内沟道出现，形成漏极到源极的电流 i_D，器件导通；反之，当栅源极加反向电压（$U_{GS} < 0$）时，沟道消失，器件关断。

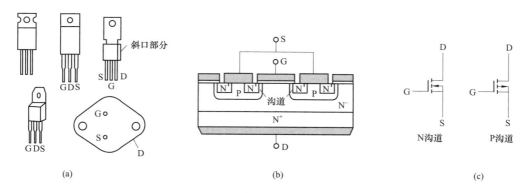

图 3-10　电力 MOSFET 的结构和电气图形符号

（a）外形；（b）结构；（c）电气图形符号

当漏极接电源正极、源极接电源负极，栅-源极之间电压为零或为负时，P 型区和 N⁻ 型漂移区之间的 PN 结反向，漏源极之间无电流流过。如果在栅极和源极间加正向电压 u_{GS}，由于栅极是绝缘的，不会有电流。但栅极的正电压所形成的电场的感应作用却会将其下面的 P 型区中的少数载流子电子吸引到栅极下面的 P 型区表面。当 u_{GS} 大于某一电压值 $U_{GS(th)}$ 时，栅极下面的 P 型区表面的电子浓度将超过空穴浓度，使 P 型反型成 N 型，沟通了漏极和源极。此时，若在漏-源极之间加正向电压，则电子将从源极横向穿过沟道，然后垂直（即纵向）流向漏极，形成漏极电流 i_D。电压 $U_{GS(th)}$ 称为开启电压，u_{GS} 超过 $U_{GS(th)}$ 越多，导电能力就越强，漏极电流 i_D 也越大。

2. 功率 MOSFET 的主要特性与主要参数

（1）功率 MOSFET 的特性。i_D 和 u_{GS} 的关系曲线反映了输入电压和输出电流的关系，称为 MOSFET 的转移特性，如图 3-11（a）所示。从图可知，i_D 较大时，i_D 与 u_{GS} 的关系近似线性，曲线的斜率被定义为 MOSFET 的跨导，MOSFET 是电压控制型器件，其输入阻抗极高，输入电流非常小。图 3-11（b）所示是 MOSFET 的输出特性，即漏极伏安特性，从图中可以看出，MOSFET 有三个工作区：

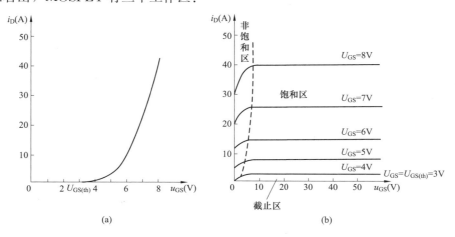

图 3-11　电力 MOSFET 的转移特性和输出特性

（a）转移特性；（b）输出特性

1）截止区：$u_{GS} \leqslant U_{GS(TH)}$，$i_D = 0$，对应于 GTR 的截止区。

2）饱和区：$U_{GS} > U_{GS(TH)}$，$U_{DS} \geqslant U_{GS} - U_{GS(TH)}$，对应于 GTR 的放大区。当 U_{GS} 不变时，i_D 几乎不随 U_{DS} 的增加而增加，近似为一常数，故称饱和区。当用做线性放大时，MOSFET 工作在该区。

3）非饱和区：$U_{GS} > U_{GS(TH)}$，$U_{DS} < U_{GS} - U_{GS(TH)}$，对应于 GTR 的饱和区，漏-源电压 U_{DS} 和漏极电流 i_D 之比近似为常数。当 MOSFET 作开关应用而导通时即工作在该区。

电力 MOSFET 工作在开关状态，即在截止区和非饱和区之间来回转换，漏-源极之间有寄生二极管，加反向电压时器件导通。

（2）开关特性。功率 MOSFET 是一个近似理想的开关，具有很高的增益和极快的开关速度。这是由于它是单极型器件，依靠多数载流子导电，没有少数载流子的存储效应，与关断时间相联系的存储时间大大减小。它的开通、关断只收到极间电容影响，和极间电容的充放电有关。

图 3-12 为电力 MOSFET 的开关过程。

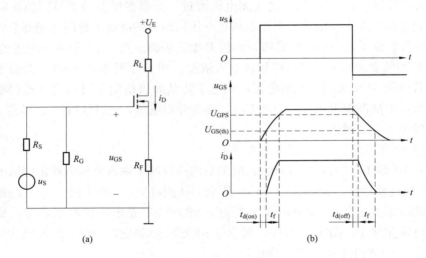

图 3-12　电力 MOSFET 的开关过程
（a）测试电路；（b）开关过程波形
u_S—脉冲信号源；R_S—信号源内阻；R_G—栅极电阻；R_L—负载电阻；R_F—检测漏极电流

功率 MOSFET 存在输入电容 C_{in}，包含栅、源电容 C_{GS} 和栅、漏电容 C_{GD}，当驱动脉冲电压到来时，C_{in} 有充电过程，栅极电压 u_{GS} 呈指数曲线上升，如图 3-12 所示。当 u_{GS} 上升到开启电压 $U_{GS(TH)}$ 时，开始出现漏极电流 i_D。u_p 前沿时刻到 $u_{GS} = U_{GS(TH)}$ 并开始出现 i_D 的时刻间的时间段称为开通延迟时间 $t_{d(on)}$。此后 i_D 随着 u_{GS} 的上升而上升。u_{GS} 从 $U_{GS(th)}$ 上升到 MOSFET 进入非饱和区的栅压 U_{GSP} 的时间段称为电流的上升时间 t_r。i_D 稳态值由漏极电源电压 U_E 和漏极负载电阻决定，U_{GSP} 的大小和 i_D 的稳态值有关，u_{GS} 达到 U_{GSP} 后，在 u_p 作用下继续升高直至达到稳态，但 i_D 已不变。功率 MOSFET 开通时间 t_{on} 是开通延迟时间与上升时间之和。

当驱动脉冲电压下降到零时，栅-源极输入电容 C_{in} 通过栅极电阻放电，栅极电压 u_{GSM} 按指数曲线下降，当下降到 U_{GSP} 时，功率 MOSFET 的漏源极电压 u_{DS} 开始上升，这段时间称

为关断延迟时间 $t_{d(off)}$；当 C_{in} 继续放电，u_{GS} 从 U_{GSP} 起继续下降，i_D 减小，到 $u_{GS} < U_{GS(TH)}$ 时沟道消失，i_D 下降到零，这段时间称为电流下降时间 t_f。关断延迟时间和下降时间之和是功率 MOSFET 的关断时间 t_{off}。

MOSFET 的开关速度和 C_{in} 充放电有很大关系，使用时无法降低 C_{in}，但可降低驱动电路内阻 R_s 减小时间常数，加快开关速度，MOSFET 只靠多子导电，不存在少子储存效应，因而关断过程非常迅速，开关时间在 10～100ns 之间，工作频率可达 100kHz 以上，是主要电力电子器件中最高的。

场控器件静态时几乎不需输入电流。但在开关过程中需对输入电容充放电，仍需一定的驱动功率。开关频率越高，所需要的驱动功率越大。

3. 电力 MOSFET 的主要参数

电力 MOSFET 的主要参数除前面已经涉及的开启电压 $U_{GS(TH)}$、$t_{d(on)}$、t_r、$t_{d(off)}$、t_f 外，还有以下参数：

（1）漏极电压 U_{DS}。这是标称 MOSFET 的额定电压的参数，选用时必须留有较大安全余量。为避免发生雪崩击穿，实际工作中的漏极和源极两端的电压不允许超过漏极电压的最大值 U_{DSM}。

（2）漏极电流最大值 I_{DM}。这是标称电力 MOSFET 电流定额的参数，实际工作中漏-源极流过的电流应低于额定电流 I_{DM} 的 50%。

（3）栅-源击穿电压 U_{GS}。栅极与源极之间的绝缘层很薄，承受电压很低，一般不得超过 20V，否则绝缘层可能被击穿而损坏，使用中应加以注意。

总之，为了安全可靠，在选用 MOSFET 时，对电压、电流的额定等级都应留有较大余量。

4. 功率 MOSFET 的驱动与保护

（1）栅极驱动特点及要求。与 GTR 通过电流来驱动不同，MOSFET 是电压驱动型器件（场控器件），控制极为栅极，其输入阻抗极高，属纯容性，只需对输入电容充放电，驱动功率相对较小，电路简单。

功率 MOSFE 对栅极驱动电路的要求主要有：

1）触发脉冲要具有足够快的上升和下降速度，即脉冲前后沿要求陡峭。

2）开通时以低电阻对栅极电容充电，关断时为栅极电荷提供低电阻放电回路，以提高功率 MOSFE 的开关速度。

3）为了使功率 MOSFE 可靠触发导通，触发脉冲电压应高于管子的开启电压；为了防止误导通，在其截止时应提供负的栅源电压。

4）功率 MOSFE 开关时所需要的驱动电流为栅极电容的充放电电流。功率 MOSFE 的极间电容越大，在开关驱动中所需要的驱动电流也越大。

通常功率 MOSFE 的栅极电压最大额定值为 ±20V，若超出此值，栅极会被击穿。另外，由于器件工作于高频开关状态，栅极输入容抗小，为使开关波形具有足够的上升和下降陡度且提高开关速度，仍需要足够大的驱动电流，这一点要特别注意。

（2）功率 MOSFET 的驱动电路。图 3-13 所示是功率 MOSFET 的一种驱动电路，包括电气隔离和晶体管放大电路两部分。无输入信号时高速放大器 A 输出负电平，VT3 导通输出负驱动电压；当有输入信号时，A 输出正电平，VT2 导通输出正驱动电压。隔离电路的作用是将控制电路和功率电路隔离开来；放大电路是将控制信号进行功率放大后驱动功率 MOSFET，推挽输出级的目的是进行功率放大和降低驱动源内阻，以减小功率 MOSFET 的开关时间和降低其开关损耗。

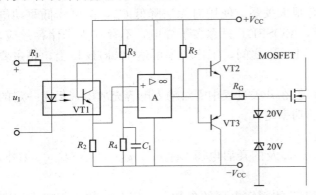

图 3-13　功率 MOSFET 的一种驱动电路

实际应用中，功率 MOSFET 多采用集成驱动电路。目前用于驱动功率 MOSFET 的专用继承电路较常用的是美国国际整流公司的 IR2110、IR2115 等芯片。

（3）功率 MOSFET 在使用中的静电保护措施。功率 MOSFET 的薄弱之处是栅极绝缘层易被击穿损坏。一般认为绝缘栅场效应管易受各种静电感应而击穿栅极绝缘层，实际上这种损坏的可能性还与器件的大小有关，管芯尺寸大，栅极输入电容也大，受静电电荷充电而使栅源间电压超过 $\pm20V$ 而击穿的可能性相对小些。此外，栅极输入电容可能经受多次静电电荷充电，电荷积累使栅极电压超过 $\pm20V$ 而击穿的可能性也是实际存在的。功率 MOSFET 的最大优点是具有极高的输入阻抗，因此在静电较强的场合难于泄放电荷，容易引起静电击穿。防止静电击穿应注意：

1）在测试和接入电路之前器件应存放在静电包装袋、导电材料或金属容器中，不能放在塑料盒或塑料袋中。取用时应拿管壳部分而不是引线部分。工作人员需通过腕带良好接地。

2）将器件接入电路时，工作台和烙铁都必须良好接地，焊接时烙铁应断电。

3）在测试器件时，测量仪器和工作台都必须良好接地。器件的三个电极未全部接入测试仪器或电路前不要施加电压。改换测试范围时，电压和电流都必须先恢复到零。

4）注意栅极电压不要过限。

【任务实施】

一、认识大功率晶体管和功率场效应晶体管外形

1. 大功率晶体管

国产晶体管按原部标规定有近 30 种外形和几十种规格，其外形结构和规格分别用字母和数字表示，对于大功率晶体管，从封装上可分为金属封装和塑料封装。金属封装一般有 F 型和 G 型。

F 型分为 F-0～F-4 共 5 种规格，各规格外形相同而尺寸不同，使用最多的是 F-2 型封装。识别引脚排列方法：管底面对自己，小等腰三角形的底面朝下，左为 E，右为 B，两固定孔为 C。其封装外形如图 3-14（a）所示。

G 型分为 G-1～G-6 共 6 种规格，主要用于低频大功率晶体管封装，使用最多的是 G-3、G-4 型。其中 G-1、G-2 为圆形引出线，G-3～G-6 为扁形引出线。引脚排列：管底面对自己，等腰三角形的底面朝下，按顺时针方向依次为 E、B、C。其封装外形如图 3-14（b）所示。

塑料封装一般为 S-5 型和 S-7 型。S-5 型主要用于大功率三极管，其引脚排列：平面朝

外，半圆形朝内，引脚朝上时从左到右为 E、B、C。S-5 型的封装外形如图 3-14（c）所示。

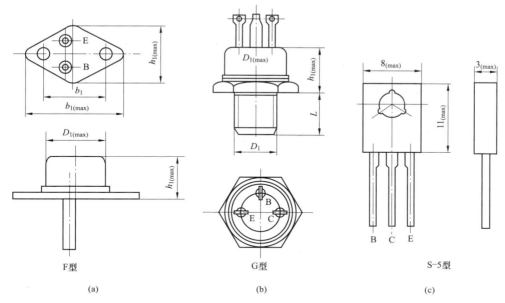

图 3-14　大功率晶体管的外形

2. 功率场效应晶体管

功率场效应晶体管的外形如图 3-15 所示。大多数功率场效应晶体管的管脚位置排列顺序是相同的，即从场效应晶体管的底部（管体的背面）看，按逆时针方向依次为漏极 D、源极 S、栅极 G1 和栅极 G2。因此，只要用万用表测出漏极 D 和源极 S，即可找出两个栅极。

二、大功率晶体管、功率场效应晶体管型号的含义

中国晶体管按 GB/T 249—1989《半导体分立器件型号命名方法》规定的中国半导体器件型号命名法命名。

半导体器件型号由五部分（场效应器件、半导体特殊器件、复合管、PIN 型管、激光器件的型号命名只有第三、四、五部分）组成，见表 3-1。

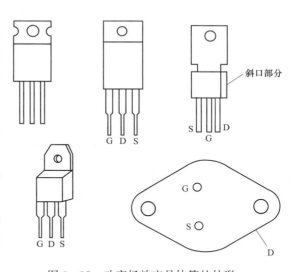

图 3-15　功率场效应晶体管的外形

表 3-1　　　　　　　　　中国半导体器件型号组成部分的符号和意义

第一部分	第二部分	第三部分	第四部分	第五部分
用数字表示器件电极数目	用汉语拼音字母表示器件的材料和极性	用汉语拼音字母表示器件的类型	用数字表示器件的序号	汉语拼音字母表示规格号

续表

符号	意义	符号	意义	符号	意义	符号	意义		
2	二极管	A	N 型锗材料	P	普通管	D	低频大功率管		
		B	P 型锗材料	V	微波管	A	高频大功率管		
		C	N 型硅材料	W	稳压管	T	半导体闸流管		
		D	P 型硅材料	C	参量管	X	低频小功率管		
				Z	整流管	G	高频小功率管		
3	三极管	A	PNP 型锗材料	L	整流堆	J	阶跃恢复管		
		B	NPN 型锗材料	S	隧道管	CS	场效应管		
		C	PNP 型硅材料	N	阻尼管	BT	特殊器件		
		D	NPN 型硅材料	U	光电器件	FH	复合管		
		E	化合物材料	K	开关管	PIN	PIN 管		
				B	雪崩管	JG	激光器件		
				Y	体效应管				
备注	低频小功率管指截止频率<3MHz、耗散功率<1W，高频小功率管指截止频率≥3MHz、耗散功率<1W，低频大功率管指截止频率<3MHz、耗散功率≥1W，高频大功率管指截止频率≥3MHz、耗散功率≥1W								

例如：3DG18 表示 NPN 型硅材料高频三极管。

例如：锗 PNP 高频小功率管为 3AG11C，其中各符号表示为：3，三极管；A，PNP 型锗材料；G，高频小功率管；11，序号；C，规格号。

三、大功率晶体管和功率场效应晶体管简单测试

1. 大功率晶体管的检测方法

（1）用万用表判别大功率晶体管的电极和类型。假若不知道管子的引脚排列，则可用万用表通过测量电阻的方法做出判别。

1）判定基极。大功率晶体管的漏电流一般都比较大，所以用万用表来测量其极间电阻时，应采用满度电流比较大的低电阻挡为宜。

测量时将万用表置于 R×1 挡或 R×10 挡，一表笔固定接在管子的任一电极，用另一表笔分别接触其他 2 个电极，如果万用表读数均为小阻值或均为大阻值，则固定接触的那个电极即为基极。如果按上述方法做一次测试判定不了基极，则可换一个电极再试，最多 3 次即可给出判定。

2）判别类型。确定基极之后，如接基极的是黑表笔，而用红表笔分别接触另外 2 个电极时如果电阻读数均较小，则可认为该管为 NPN 型。如果接基极的是红表笔，用黑表笔分别接触其余 2 个电极时测出的阻值均较小，则该三极管为 PNP 型。

3）判定集电极和发射极。在确定基极之后，再通过测量基极对另外 2 个电极之间的阻值大小比较，可以区别发射极和集电极。对于 PNP 型晶体管，红表笔固定接基极，黑表笔分别接触另外 2 个电极时测出 2 个大小不等的阻值，以阻值较小的接法为准，黑表笔所接的是发射极。而对于 NPN 型晶体管，黑表笔固定接基极，用红表笔分别接触另外 2 个电极进行测量，以阻值较小的这次测量为准，红表笔所接的是发射极。

（2）通过测量极间电阻判断大功率晶体管的好坏。将万用表置于 R×1 挡或 R×10 挡，测量管子三个极间的正反向电阻便可以判断管子性能好坏。对于 NPN 型管，当红表笔接基极，黑表笔分别接集电极和发射极时，测出的两个 PN 结的正向电阻应为几百欧或几千欧，然后应把表笔对调再测两个 PN 结的反向电阻，一般应为几十千欧或几百千欧以上。然后再用万用表测量发射极和集电极之间的电阻，测完后再对调表笔测一次，两次的阻值都应在几十千欧以上，这样的三极管可以断定基本上是好的。

（3）检测大功率三极管放大能力的简单方法。将万用表置于 R×1 挡，并准备好一只 $500\Omega \sim 1k\Omega$ 之间的小功率电阻器 R_b。测试时先不接入 R_b，即在基极为开路的情况下测量集电极和发射极之间的电阻，此时万用表的指示值应为无穷大（∞）或接近无穷大位置（锗管的阻值稍小一些）。如果此时阻值很小甚至接近于零，说明被测大功率晶体管穿透电流太大或已击穿损坏，应将其剔除。然后将电阻 R_b 接在被测管的基极和集电极之间，此时万用表指针将向右偏转，偏转角度越大，说明被测管的放大能力越强。

如果接入 R_b 与不接入 R_b 时比较，万用表指针偏转大小差不多，则说明被测管的放大能力很小，甚至无放大能力，这样的三极管不能使用。

2. 功率场效应晶体管的检测方法

（1）电极判别。对于内部无保护二极管的功率场效应管，可通过测量极间电阻的方法首先确定栅极 G，将万用表置于 R×1k 挡，分别测量 3 个引脚之间的电阻，如果测得某个引脚与其余 2 个引脚间的正、反向电阻均为无穷大（∞），则说明该引脚就是栅极 G。

然后确定源极 S 和漏极 D。将万用表置于 R×1k 挡，先将被测管 3 个引脚短接一下，接着以交换表笔的方法测 2 次电阻，在正常情况下，2 次所测电阻必定一大一小，其中阻值较小的一次测量中，黑表笔所接的为源极 S，红表笔所接的为漏极 D。

如果被测管子为 P 沟道型管，则 S、D 极间电阻大小规律与上述 N 沟道型管相反。因此，通过测量 S、D 极间正向和反向电阻，也可以判别管子的导电沟道的类型。这是因为场效应管的 S 极与 D 极之间有一个 PN 结，其正、反向电阻存在差别的缘故。

（2）判别功率场效应管好坏的简单方法。对于内部无保护二极管的功率场效应晶体管，可由万用表的 R×10k 挡，测量栅极 G 与漏极 D 间、栅极 G 与源极 S 间的电阻应均为无穷大（∞）。否则，说明被测管性能不合格，甚至已经损坏。

下述检测方法则不论内部有无保护二极管的管子均适用，具体操作以 N 沟道场效应管为例：

1）将万用表置于 R×1k 挡，再将被测管 G 极与 S 极短接一下，然后红表笔接被测管的 D 极，黑表笔接 S 极，此时所测电阻应为数千欧。如果阻值为 0 或∞，说明管子已坏。

2）将万用表置于 R×10k 挡，再将被测管 G 极与 S 极用导线短接好，然后红表笔接被测管的 S 极，黑表笔接 D 极，此时万用表指示应接近无穷大（∞），否则说明被测 VMOS 管内部 PN 结的反向特性比较差。如果阻值为零，说明被测管已经损坏。

3）简单测试放大能力。紧接上述测量后将 G、S 间短路线拿掉，表笔位置保持原来不动，然后将 D 极与 G 极短接一下再脱开，相当于给栅极 G 充电，此时万用表指示的阻值应大幅度减小并稳定在某一阻值。此阻值越小说明管子的放大能力越强。如果万用表指针向右摆动幅度很小，说明被测管放大能力较差。对于性能正常的管子，在紧接上述操作后，保持表笔原来位置不动，指针将维持在某一数值，然后将 G 极与 S 极短接一下，即给栅极放电，于是万用表指示值立即向左偏转至无穷大（∞）位置。（若被测管为 P 沟道管，则上述测量中应将表笔位置对换。）

四、任务实施标准

认识大功率晶体管和功率场效应晶体管的任务实施标准见表 3－2。

表 3－2　　　　　　　　认识大功率晶体管和功率场效应晶体管的任务实施标准

项目名称：＿＿＿＿＿＿＿＿＿　　　姓名：＿＿＿＿＿＿＿＿＿　　　考核时限：90 分钟

序号	内容	配分	等级	评分细则	得分
1	认识器件及型号含义说明	20	10	认识 GTR 并能说明型号含义	
			10	认识功率 MOSFET 并能说明型号含义	
2	GTR 测试	25	10	万用表使用	
			15	测试方法	
3	GTR 好坏判断	10	10	判断错误 1 个扣 5 分	
4	功率 MOSFET 测试	25	10	万用表使用	
			15	测试方法	
5	功率 MOSFET 好坏判断	10	10	判断错误 1 个扣 5 分	
6	现场整理	10	10	现场整理干净，仪表及桌椅摆放整齐	
			5	经提示后能将现场整理干净	
			0	不合格	
	合计				

任务六　开 关 电 源

💬 【任务目标】

1. 掌握直流斩波电路的基本概念和工作原理。
2. 了解 PWM 控制器的组成及工作原理。
3. 了解软开关的基本概念。
4. 小组讨论学习过程中培养与人合作的精神。
5. 强化安全用电意识和职业行为规范。

🤲 【任务描述】

开关电源可分为 AC/DC 和 DC/DC 两大类。DC/DC 已实现模块化，且设计技术及生产工艺在国内外已相对成熟和标准化，并得到用户的认可，因而应用较广。而 AC/DC 因其自身特点使其在模块化进程中，遇到较为复杂的技术和工艺，应用相对较少。

📖 【相关知识】

一、DC－DC 变换电路的工作原理

DC－DC 电路也叫直流斩波电路，是将直流电压变换成固定的或可调的直流电压的电路。按输入、输出有无变压器可分有隔离型、非隔离型两类。

非隔离型电路根据电路形式的不同可以分为降压型电路、升压型电路、升降压电路、Cuk 斩波电路和全桥式斩波电路。其中降压式和升压式斩波电路是最基本形式，升降压式和 Cuk 电路是它们的组合，而全桥式则属于降压式类型。下面重点介绍基本斩波器的工作原理，升压及降压斩波电路。

1. 斩波电路的工作原理

最基本的直流斩波电路如图 3-16（a）所示，负载为纯电阻 R。图中开关 S 可以是各种全控型电力电子开关器件，输入电源电压 U_d 为固定的直流电压。

当开关 S 闭合时，负载电压 $u_o = U_d$ 并持续时间 T_{on}，当开关 S 断开时，负载上电压 $u_o = 0V$，并持续时间 T_{off}，则 $T = T_{on} + T_{off}$ 为斩波电路的工作周期，斩波器的输出电压波形如图 3-16（b）所示。若定义斩波器的占空比为

$$\alpha = \frac{T_{on}}{T} \tag{3-2}$$

则由波形图上可得输出电压平均值为

$$U_o = \int_0^T u_d \, dt = \frac{T_{on}}{T} U_d = \alpha U_d \tag{3-3}$$

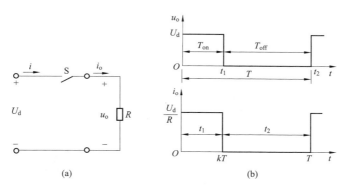

图 3-16　最基本的直流斩波电路及输出波形图
（a）电路；（b）输出波形

只要调节 α，即可调节负载的平均电压。

占空比 α 的改变可以通过改变 T_{on} 或 T_{off} 来实现，通常斩波器的工作方式有两种：

（1）脉宽调制工作方式：维持 T 不变，改变 T_{on}；

（2）频率调制工作方式：维持 T_{on} 不变，改变 T。

若认为开关 S 无损耗，则输入功率为

$$P = \frac{1}{T} \int_0^{\alpha T} u_0 i_0 \, dt = \alpha \frac{U_d^2}{R} \tag{3-4}$$

2. 降压斩波电路（Buck）

降压斩波电路是一种输出电压的平均值低于输入直流电压的电路，它主要用于直流稳压电源和直流电机的调速。降压斩波电路的原理图及工作波形如图 3-17 所示。图中，E 为固定电压的直流电源，V 为晶体管开关（可以是大功率晶体管，也可以是功率场效应晶体管）。L、R、电动机 M 为负载，为在 V 关断时给负载中的电感电流提供通道，还设置了续流二极管 VD。

$t=0$ 时刻驱动 V 导通，电源 E 向负载供电，负载电压 $u_o = E$，负载电流 i_o 按指数曲线上升。$t=t_1$ 时刻控制 V 关断，负载电流经二极管 VD 续流，负载电压 u_o 近似为零，负载电流呈指数曲线下降。为了使负载电流连续且脉动小，通常使串接的电感 L 值较大。

至一个周期结束，再驱动 V 导通，重复上一周期的过程。当电路工作于稳态时，负载电流在一个周期的初值和终值相等。如图 3-17（b）所示。

电流连续时，负载电压平均值

$$U_\text{o} = \frac{t_\text{on}}{t_\text{on} + t_\text{off}} E = \frac{t_\text{on}}{T} U_\text{i} = \alpha E \tag{3-5}$$

式中　t_on——V 导通的时间；

　　　t_off——V 关断的时间；

　　　α——导通占空比。

U_o 最大为 E，减小占空比 α 时，U_o 随之减小，因此称为降压斩波电路。

负载电流平均值：

$$I_\text{o} = \frac{U_\text{o} - E_\text{M}}{R} \tag{3-6}$$

若负载 L 值较小，则在 V 关断后，到了 t_2 时刻，如图 3-17（c）所示，负载电流已经衰减至零，会出现负载电流断续的情况。由图 3-17 可见，负载电流断续期间，负载电压 $u_\text{o} = E_\text{M}$，因此，负载电流断续时，负载平均电压 U_o 升高，带直流电动机负载时，特性变软，所以在选择平波电感 L 时，要确保电流断续点不在电动机的正常工作区域。

3. 升压斩波电路（Boost）

升压斩波电路的输出电压总是高于输入电压。升压式斩波电路与降压式斩波电路最大的不同点是，斩波控制开关 V 与负载呈并联形式连接，储能电感与负载呈串联形式连接，升压斩波电路的原理图及工作波形如图 3-18 所示。

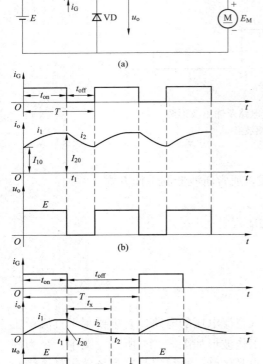

图 3-17　降压斩波电路的原理图及波形图

（a）电路图；（b）电流连续时的波形；

（c）电流断续时的波形

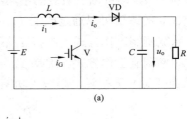

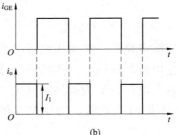

图 3-18　升压斩波电路的
原理图及工作波形图

（a）原理图；（b）工作波形图

假设 L 值很大，C 值也很大，V 处于通态时，电源 E 向电感 L 充电，电流恒定 I_1，能量储存在 L 中。由于 VD 截止，所以电容 C 向负载 R 供电，输出电压 U_o 恒定。V 处于断态时，储存在 L 中的能量通过 VD 传送到负载和电容 C，其电压的极性与 E 相同，且与电源 E 相串联，提供一种升压作用。

如果忽略损耗和开关器件上的电压降，当电路工作于稳态时，一个周期 T 中电感 L 积蓄的能量与释放的能量相等，即

$$EI_1 t_{on} = (U_o - E)I_1 t_{off} \tag{3-7}$$

化简得

$$U_o = \frac{t_{on} + t_{off}}{t_{off}}E = \frac{T}{t_{off}}E \tag{3-8}$$

式中　T/t_{off}——升压比，调节其大小，即可改变输出电压 U_o 的大小。

式（3-8）中的 $T/t_{off} \geqslant 1$，输出电压高于电源电压，故称该电路为升压斩波电路。

升压斩波电路能使输出电压高于电源电压的原因：①L 储能之后具有使电压泵升的作用；②电容 C 可将输出电压保持住。

以上分析中，认为 V 通态期间因电容 C 的作用使得输出电压 U_o 不变，但实际 C 值不可能无穷大，在此阶段其向负载放电，U_o 必然会有所下降，故实际输出电压会略低。

4. 升降压斩波电路

升降压斩波电路可以得到高于或低于输入电压的输出电压。电路原理图及工作波形图如图 3-19 所示，该电路的结构特征是储能电感与负载并联，续流二极管 VD 反向串联接在储能电感与负载之间。电路分析前可先假设电路中电感 L 很大，使电感电流 i_L 和电容电压及负载电压 u_o 基本稳定。

基本工作原理：V 导通时，电源 E 经 V 向 L 供电使其储能，此时电流为 i_1。同时，C 维持输出电压恒定并向负载 R 供电。负载 R 及电容 C 上的电压极性为上负下正，与电源极性相反。V 关断时，L 的能量向负载释放，电流为 i_2。负载电压极性为上负下正，与电源电压极性相反。该电路也称作反极性斩波电路

当 V 处于通态期间 $u_L = E$，当 V 处于断态期间 $u_L = -u_o$，于是

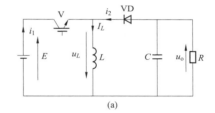

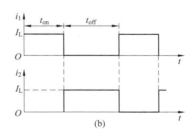

图 3-19　升降压斩波电路及其波形
（a）电路图；（b）波形

$$Et_{on} = U_o t_{off} \tag{3-9}$$

所以输出电压为

$$U_o = \frac{t_{on}}{t_{off}}U_i = \frac{t_{on}}{T - t_{on}}E = \frac{\alpha}{1 - \alpha}E \tag{3-10}$$

从式（3-10）可得：改变占空比 α，输出电压既可以比电源电压高，也可以比电源电压低。当 $0 < \alpha < 1/2$ 时为降压，当 $1/2 < \alpha < 1$ 时为升压，因此将该电路称作升降压斩波电路。

图 3-19（b）中给出了电源电流 i_1 和负载电流 i_2 的波形，设两者的平均值分别为 I_1 和 I_2，当电流脉动足够小时，有

$$\frac{I_1}{I_2} = \frac{t_{\text{on}}}{t_{\text{off}}} \qquad (3-11)$$

$$I_2 = \frac{t_{\text{off}}}{t_{\text{on}}} I_1 = \frac{1-\alpha}{\alpha} I_1 \qquad (3-12)$$

如果 V、VD 为没有损耗的理想开关时，则输出功率和输入功率相等，即

$$EI_1 = U_{\text{o}} I_2 \qquad (3-13)$$

二、开关状态控制电路

1. 开关状态控制方式的种类

开关电源中，开关器件开关状态的控制方式主要有占空比控制和幅度控制两大类。

（1）占空比控制方式。占空比控制方式又分为脉冲频率调制（PFM）工作方式和脉宽调制（PWM）工作方式两大类。

1）脉冲频率调制（PFM）工作方式。即维持开关管导通时间不变，通过改变工作开关频率来控制输出电压大小的方式。在这种调压方式中，由于输出电压波形的周期是变化的，因此输出谐波的频率也是变化的，这使得滤波器的设计比较困难，输出谐波干扰严重，一般很少采用。

2）脉宽调制（PWM）工作方式。DC-DC 变换器中的开关都在某一固定频率下工作，通过改变接通时间（即脉冲宽度）来控制输出电压大小，这种方式称脉宽调制法（Pulse Width Modulation，PWM）。在这种调压方式中，输出电压波形的周期是不变的，这使得滤波器的设计变得容易。但这种方法受功率开关管最小导通时间的限制，对输出电压不能做宽范围的调节，同时，为防止空载时输出电压升高，输出端一般要接假负载（预负载）。

目前，集成开关电源大多采用 PWM 控制方式。

（2）幅度控制方式。即通过改变开关的输入电压 U 的幅值而控制输出电压 U_{o} 大小的控制方式，但要配以滑动调节器。

2. PWM 控制电路的基本构成和原理

（1）基本控制电路。图 3-20 是 PWM 控制电路的基本组成和工作波形。PWM 控制电路由以下几部分组成：

1）基准电压稳压器，提供一个供输出电压进行比较的稳定电压和一个内部 IC 电路的电源。

2）振荡器，为 PWM 比较器提供一个锯齿波和与该锯齿波同步的驱动脉冲控制电路的输出。

3）误差放大器，使电源输出电压与基准电压进行比较。

4）以正确的时序使输出开关管导通的脉冲倒相电路。

（2）基本工作过程。输出开关管在锯齿波的起始点被导通。由于锯齿波电压比误差放大器的输出电压低，所以 PWM 比较器的输出较高，因为同步信号已在斜坡电压的起始点使倒相电路工作，所以脉冲倒相电路将这个高电位输出使 VT1 导通，当斜坡电压比误差放大器的输出高时，PWM 比较器的输出电压下降，通过脉冲倒相电路使 VT1 截止，下一个斜坡周期则重复这个过程。

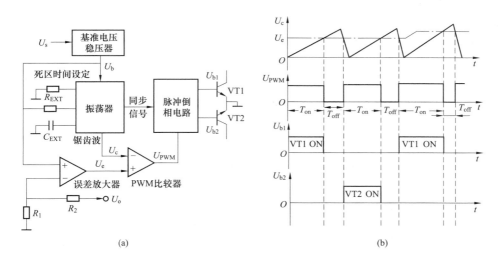

图 3-20　PWM 控制电路

(a) 基本组成；(b) 工作波形

3. 集成 PWM 控制芯片电路的介绍

(1) TL494 集成 PWM 控制器。PWM 发生器 TL494 是典型的固定频率脉宽调制控制集成电路，包含了控制开关电源所需要的全部功能，可作为单端正激双管式、半桥式、全桥式开关电源的控制系统。TL494 是双列直插式塑料封装集成块，有 16 个引出脚，其工作频率为 1～300kHz，输出电压达 40V，输出电流为 200mA，其基本电路单元如图 3-21 所示。

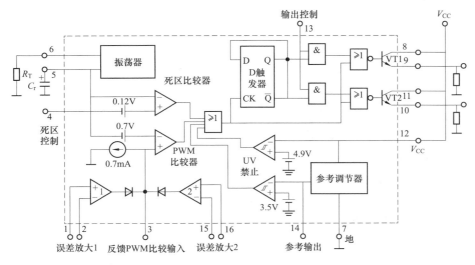

图 3-21　TL494 内部功能方框图与基本单元电路

TL494 内部设置了线性锯齿波振荡器，振荡频率 $f = 1.1/(R_T C_T)$，它可由两个外接元件 R_T 和 C_T 来调节。TL494 内设两个误差放大器，可构成电压反馈调节器和电流反馈调节器，分别控制输出电压的稳定和输出过电流的保护；设置了 5V（1±1%）的电压基准；其死区时间可调整；输出形式可单端，也可以双端，一般是作为双端输出类型的脉宽调制器（PWM）。

输出脉冲的宽度调制，是通过电容器 C_T 上的正极性锯齿波电压与其他两个控制信号电压进行比较来实现的。激励输出管 VT1 与 VT2 的"或非"门工作状态，是只有在双稳态触发器的时钟输入为低电平时才选通。这种情形只有在锯齿波电压大于控制信号期间出现，因此，控制信号幅度的增大，将相应的使输出脉冲的宽度线性减小。有关波形的时间关系如图 3-22 所示。

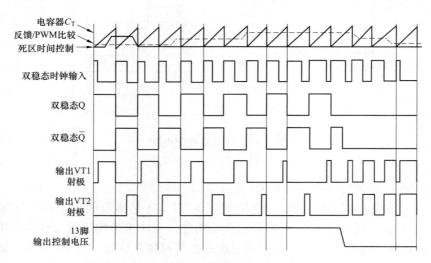

图 3-22 TL494 的脉宽调制控制原理各级工作波形图

控制信号由 IC 外部输入，一路送到死区时间比较器控制端（4 端子）；一路送到两误差放大器输入端，又称 PWM 比较器输入端（即 3 端子）。死区时间控制比较器具有 120mA 有效输入补偿电压，它限制最小输出死区时间近似等于锯齿波周期时间的 4%。在输出控制接地时，这将使最大占空系数为已知输出的 96%，而在输出接参考电平时，占空比则是给定输出的 48%。

当把死区时间控制输入端设置在一个固定的电压值时（范围 0～3.3V），就能在输出脉冲上产生附加的死区时间。脉宽调制比较器为误差放大器调节输出脉冲宽度提供了一条途径，例如当反馈电压从 0.5V 变到 3.5V 时，则输出脉宽从被死区时间控制输入端确定最大导通时间里下降到零。

两个误差放大器具有从 $-0.3V$ 到 $V_{CC}=2.0V$ 的共模输入范围。误差放大器的输出端处于通常的高电平，它与脉宽调制比较器的反相输入端共同进行"或"运算。由于这种电路结构，因此只需要最小输出的放大器即可支配控制回路。

当电容器 C_T 放电时，一个正脉冲出现在死区时间比较器的输出端，它对脉冲操纵式双稳态触发器进行计时，并且停止输出管 VT1、VT2 的工作。如果把输出控制端接到基准参考电压端，脉冲操纵式双稳态触发器、将把调制脉冲交替的送往工作在推挽状态的两只输出管基极。输出管工作频率等于振荡器频率的一半。当工作状态为单端，并且最大占空比小于 50% 时，也可以从 VT1 和 VT2 得到输出激励脉冲。

单端工作状态下，当需要有更高的输出电流时，可以把 VT1 与 VT2 并联使用，此时控制模块的 13 脚"输出状态控制"端必须接地，使双稳态触发器不起作用。在这种状态下，输出端的脉冲频率将等于振荡器的频率。

由于 TL494 的设计特点灵活多样，死区时间控制严密可靠，因此它既能用于 200～500W 中小功率的单端正激双管式变换器开关电源，也能用于 800～1500W 中大功率的半桥式和全桥式变换器开关稳压电源。使用 TL494 做控制器的 1000W 全桥变换器硬开关电源电路图早已用于微型计算机稳压电源中。

TL494 的脉宽调制控制原理各级工作波形图如图 3-22 所示。

用 TL494 设计的 PWM 脉宽调制电路如图 3-23 所示。芯片的 5 脚和 6 脚外接电阻 R_{301} 和电容 C_{301}，确定了 TL494 振荡器产生锯齿波的频率 $f=1.1/(R_\mathrm{T}C_\mathrm{T})=25\mathrm{kHz}$。

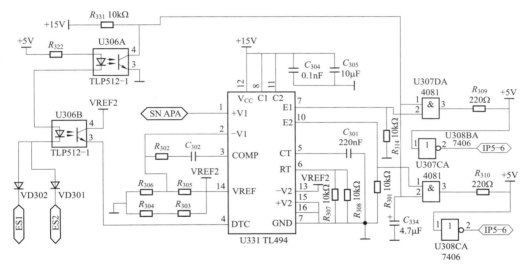

图 3-23　TL494 设计的 PWM 脉宽调制电路

（2）SG3524 集成 PWM 控制器。SG3524 是双端输出式脉宽调制器，工作频率高于 100kHz，工作温度为 0～70℃，适宜构成 100～500W 中功率推挽输出式开关电源。

SG3524 是定频 PWM 电路，为双列直插式集成芯片，采用 DIP-16 型封装。它包括基准电压源、锯齿波振荡器、电压比较器、逻辑输出、误差放大器以及检测和保护等部分，如图 3-24 所示。

1）工作原理。基准电源由 15 端输入 8～40V 的不稳定直流电压，经稳压输出 +5V 基准电压，供片内所有电路使用，并由 16 端输出 +5V 的参考电压供外部电路使用，其最大电流可达 100mA。

锯齿波振荡器通过 7 端和 6 端分别

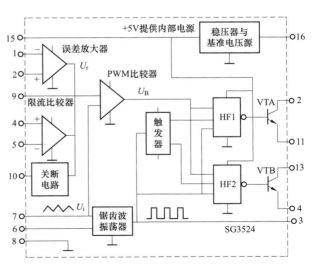

图 3-24　SG3524 的内部方框图

对地接上一个电容 C_T 和电阻 R_T 后，在 C_T 上输出频率为 $f=\dfrac{1.18}{R_T C_T}$ 的锯齿波。比较器反向输入端输入直流控制电压 U_c，同相输入端输入锯齿波电压 U_{sa}。当改变直流控制电压大小时，比较器输出端电压 U_B 即为宽度可变的脉冲电压，送至两个或非门组成的逻辑电路。振荡器频率由 SG3524 的 6 脚、7 脚外接电容器 C_T 和外接电阻器 R_T 决定，其值为

$$f=\frac{1.18}{R_T C_T}$$

　2）应用电路。用 SG3524 可以构成不同用途的开关电源，与其他的控制电路配合，可构成各种设备如 PC 机的开关电源。图 3-25 是用 SG3524 构成的双端推挽输出式 +5V、5A 开关电源的电原理图，管脚 6 和管脚 7 对地分别接有 R_5（2kΩ）和 C_2（0.02μF），可计算出其振荡频率约为 30kHz。+5V 输出电压经取样电阻器 R_1（5kΩ）、R_2（5kΩ）分压后获得 +2.5V 的取样电压，送至误差放大器反相输入端；+5V 基准电压由采样电阻器 R_3（5kΩ）、R_4（5kΩ）分压成 +2.5V 电压，接同相输入端。当 U_o 上升时，SG3524 内部误差电压 U_r 将上升，U_B 的脉冲宽度将变窄，经输出电路迫使 U_o

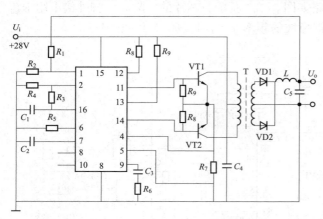

图 3-25　+5V、5A 开关电源的原理图

下降，从而达到稳压目的。R_8（1kΩ）、R_9（1kΩ）是内部 VTA、VTB 的负载电阻器，推挽式功率输出电路由 VT1、VT2 组成。T 为高频变压器。过流检测电阻器 R_7（0.1Ω）经管脚 4、5 引入过电流保护电路，其大小决定着输出电流的极限值。VD1、VD2 均采用肖特基二极管（BYW51）组成全波整流器。L（1mH）为滤波电感器，C_5（1500μF）为滤波电容器。C_3（100pF）、R_6（51kΩ）是误差放大器的频率补偿元件。市电经电源变压器和整流滤波电路，得到设计要求的未稳压的直流电并从 U_i 处输入，该电源即可正常运行，输出电压为 5V，提供电流可达 5A 的稳定直流电压。

三、其他电路

电力电子系统在发生故障时可能会发生过电流、过电压，造成开关器件的永久性损坏。过电流、过电压保护包括器件保护和系统保护两个方面：①检测开关器件的电流、电压，保护主电路中的开关器件，防止过电流、过电压损坏开关器件；②检测系统电源输入、输出以及负载的电流、电压，实时保护系统，防止系统崩溃而造成事故。

1. 过电压保护电路

直流开关电源中开关稳压器的过电压保护包括输入过电压保护和输出过电压保护。

（1）输入过电压保护。开关电源所使用的未稳压直流电源（如蓄电池和整流器）的电压如果过高，令使开关稳压器不能正常工作，甚至令损坏内部器件，因此，有必要使用输入过电压保护电路。用晶体管和继电器所组成的输入过电压保护电路如图 3-26 所示。

在图 3-26 所示电路中，当输入直流电源的电压高于稳压二极管的击穿电压值时，稳压管击穿，有电流流过电阻 R，使晶体管 VT 导通，继电器动作，动断触点断开，切断输入。

其中稳压管的稳压值 $U_z = E_{max} - U_{BE}$。输入电源的极性保护电路可以跟输入过电压保护结合在一起，构成极性保护鉴别与过电压保护电路。

（2）输出过电压保护。输出过电压保护在开关电源中是至关重要的。特别对输出为 5V 的开关稳压器来说，它的负载是大量的高集成度的逻辑器件。如果在工作时，开关稳压器的开关三极管突然损坏，输出电位就可能立即升高到输入未稳压直流电源的电压值，瞬时造成很大的损失。常用的方法是晶闸管短路保护，最简单的过电压保护电路如图 3-27 所示。

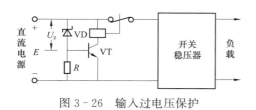

图 3-26　输入过电压保护　　　　　图 3-27　输出过电压保护

当输出电压过高时，稳压管被击穿，触发晶闸管导通，把输出端短路，造成过电流，通过熔丝或电路保护器将输入切断，保护了负载。这种电路的响应时间相当于晶闸管的开通时间，约为 $5\sim10\mu s$。它的缺点是动作电压是固定的，温度系数大，动作点不稳定。另外，稳压管存在着参数的离散性，型号相同但过电压启动值却各不相同，给调试带来了困难。

2. 过电流保护电路

过电流保护是一种电源负载保护，可以避免发生包括输出端子上的短路在内的过负载输出电流对电源和负载的损坏。图 3-28 所示是典型的过电流保护电路。电路中，电阻 R_1 和 R_2 对 U 进行分压，电阻 R_2 上分得的电压 $U_{R2} = \dfrac{R_2}{R_1 + R_2}U$，负载电流 I_o 在检测电阻 R_D 上的电压为 $R_D I_o$，电压 U_{R_D} 和 U_{R_2} 进行比较，如果 $U_{R_D} > U_{R_2}$，A 输出控制信号，这控制信号使脉宽变窄，输出电压下降，从而使输出电流减小。

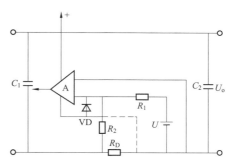

图 3-28　过电流保护电路

3. 软启动电路

开关电源的输入电路一般采用整流和电容滤波电路。输入电源未接通时，滤波电容器上的初始电压为零。在输入电源接通的瞬间，滤波电容器快速充电，产生一个大的冲击电流。在大功率开关电源中，输入滤波电容器的容量很大，冲击电流可达 100A 以上，如此大的冲击电流会造成电网开关的跳闸或者击穿整流二极管。为防止这种情况的发生，在开关电源的输入电路中增加软启动电路，可防止冲击电流的产生，保证电源正常地进入工作状态。

❖【任务实施】

一、认识 DC-DC 变换电路

1. 降压斩波器

降压斩波器的电路如图 3-17 所示，由高频开关管（如 IGBT 等）、电感 L 和电容 C 组成，是一种对输入输出电压进行降压变换的直流斩波器，即输出电压低于输入电压。工作过程如前所述，串接的电感一般较大，以使负载电流连续切脉动小。

　　2. 升压斩波器

　　升压斩波器的电路如图 3－18 所示，由全控型器件 V（如 IGBT 等）、电感 L 和电容 C 组成，是一种对输入输出电压进行升压变换的直流斩波器，实现能量从低压侧电源向高压侧负载的传递。

二、控制电路调试（PWM 控制器 TL494 与 SG3524）

　　控制电路以 SG3524 为核心构成，它采用恒频脉宽调制控制方案，内部包含有精密基准源、锯齿波振荡器、误差放大器、比较器、分频器和保护电路等，如图 3－29 所示。调节 U_r 的大小，在 A、B 两端可输出两个幅度相等、频率相等、相位相差、占空比可调的矩形波（即 PWM 信号）。它适用于各开关电源、斩波器的控制。

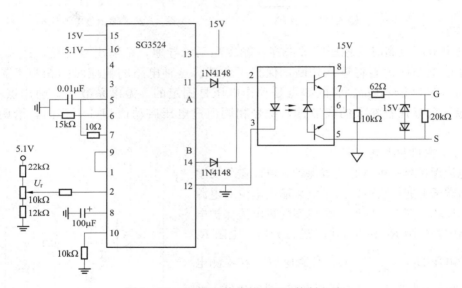

图 3－29　SG3524 构成的 PWM 控制电路

　　控制与驱动电路的测试如下：

　　(1) 通电前的检查完毕后，启动 DJK20 控制电路电源开关。

　　(2) 调节 PWM 脉宽调节电位器改变 U_r，用双踪示波器分别观测 SG3525 的第 11 脚与第 14 脚的波形，观测输出 PWM 信号的变化情况，并填入表 3－3。

表 3－3　　　　　　　　　　　　　　　SG3525 的第 11 脚与第 14 脚的波形

U_r (V)	1.4	1.6	1.8	2.0	2.2	2.4	2.5
11 (A) 占空比（%）							
14 (B) 占空比（%）							
PWM 占空比（%）							

　　(3) 用示波器分别观测 A、B 和 PWM 信号的波形，记录其波形、频率和幅值，并填入表 3－4。

表 3 - 4　　　　　　　　　　　　　　SG3525 的第 11 脚与第 14 脚的波形

观测点	A（11 脚）	B（14 脚）	PWM
波形类型			
幅值 A（V）			
频率 f（Hz）			

（4）用双踪示波器的两个探头同时观测 11 脚和 14 脚的输出波形，调节 PWM 脉宽调节电位器，观测两路输出的 PWM 信号，测出两路信号的相位差，并测出两路 PWM 信号之间最小的死区时间。

三、DC - DC 变换电路调试

斩波电路的输入直流电压 U_i 由三相调压器输出的单相交流电经 DJK20 挂箱上的单相桥式整流及电容滤波后得到。接通交流电源，观测 U_i 波形，记录其平均值（注：本装置限定直流输出最大值为 50V，输入交流电压的大小由调压器调节输出）。

按下列实验步骤依次对典型直流斩波电路进行测试。

（1）切断电源，根据 DJK20 上的主电路图，利用面板上的元器件连接好相应的斩波实验线路，并接上电阻负载，负载电流最大值限制在 200mA 以内。将控制与驱动电路的输出 V - G、V - E 分别接至 V 的 G 和 E 端。

（2）检查接线正确，尤其是电解电容的极性是否已连接正确后，接通主电路和控制电路的电源。

（3）用示波器观测 PWM 信号的波形、U_{GE} 的电压波形、U_{CE} 的电压波形及输出电压 U_o 和二极管两端电压 U_{VD} 的波形，注意各波形间的相位关系。

（4）调节 PWM 脉宽调节电位器改变 U_r，观测在不同占空比（α）时 U_i、U_o 和 α 的数值，并填入表 3 - 5 中，从而画出 $U_o = f(\alpha)$ 的关系曲线。

表 3 - 5　　　　　　　　　　　PWM 脉宽调节 U_i、U_o 关系

U_r（V）	1.4	1.6	1.8	2.0	2.2	2.4	2.5
占空比 α（%）							
U_i（V）							
U_o（V）							

四、任务实施标准

降压斩波器和升压斩波器任务实施标准见表 3 - 6。

表 3 - 6　　　　　　　　　　降压斩波器和升压斩波器任务实施标准

项目名称：＿＿＿＿＿＿　　　　姓名：＿＿＿＿＿＿　　　　考核时限：90 分钟

序号	内容	配分	等级	评分细则	得分
1	控制电路调试	30	10	示波器使用	
			10	操作和测试方法	
			10	波形和数据记录	
2	DC/DC 电路接线	10	10	接线正确	

续表

序号	内容	配分	等级	评分细则	得分
3	DC/DC 电路调试	40	10	示波器使用	
			20	操作和测试方法	
			10	波形和数据记录	
4	安全生产	10	10	安全文明生产，符合操作规程	
			5	经提示后能规范操作	
			0	不能文明生产，不符合操作规程	
5	拆线整理现场	10	10	现场整理干净，设施及桌椅摆放整齐	
			5	经提示后能将现场整理干净	
			0	不合格	
6	加分			调试过程中每解决 1 个具有同学借鉴价值的实际问题扣 5～10 分	
合计					

⌛ 【拓展知识】

一、软开关技术

1. 问题的提出

基于当今电力电子装置的发展趋势，新型的电力电子设备要求小型、轻量、高效，并且要良好的电磁兼容性，而决定设备体积、质量、效率的因素通常又取决于滤波电感、电容和变压器设备的体积和质量。解决这一问题的主要途径就是提高电路的工作频率，这样可以减少滤波电感、变压器的匝数和铁芯尺寸，同时较小的电容容量也可以使电容的体积减小。但是，提高电路工作频率会引起开关损耗和电磁干扰的增加，开关的转换效率也会下降。因此，不能仅仅简单地提高开关工作频率。软开关技术就是针对以上问题而提出的，它是以谐振辅助换流手段，解决电路中的开关损耗和开关噪声问题，可使电路的开关工作频率得以提高。

2. 软开关的基本概念

在开关转换过程中，硬开关由于电压、电流均不为零，出现了电压、电流的重叠，导致开关转换损耗的产生；同时由于电压和电流的变化过快，也会使波形出现明显的过冲产生开关噪声。开关转换损耗随着开关频率的提高而增加，使得电路效率下降，最终阻碍效率的进一步提高。硬开关的开关过程如图 3 - 30 所示。

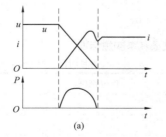 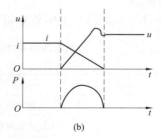

图 3 - 30　硬开关的开关过程

（a）硬开关的开通过程；（b）硬开关的关断过程

如果在原来的开关电路中增加很小的电感、电容等谐振元件，构成辅助换流网络，在开关过程前后引入谐振过程，使开关开通前电压先降为零，或关断前电流先降为零，开关器件在零电压或零电流条件下完成导通与关断的过程，可使开关器件的功率损耗大大降低。软开关过程通过电感 L 和电容 C 的谐振，使开关器件中的电流（或其两端电压）按正弦或准正弦规律变化，当电流过零时，使器件关断，或者当电压下降为零时，使器件导通。开关器件在零电压或零电流条件下完成导通与关断的过程，将使器件的开关损耗在理论上为零，具有这样开关过程的开关称为软开关。软开关的开关过程如图 3 - 31 所示。

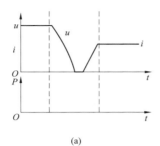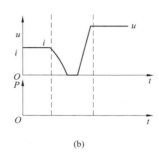

(a)　　　　　　　　　　　　　　(b)

图 3 - 31　软开关的开关过程

（a）开通过程；（b）关断过程

3. 软开关电路简介

根据开关元件开通和关断时电压电流状态，软开关可分为两大类，即零电压开关（ZVS）和零电流开关（ZCS）。一般，一种软开关电路或者属于 ZVS 电路，或者属于 ZCS 电路。零电压关断是与开关并联的电容能使开关关断后电压上升延缓，从而降低关断损耗。零电流开通是与开关相串联的电感能使开关开通后电流上升延缓，降低了开通损耗。简单地利用并联电容实现零电压关断和利用串联电感实现零电流开通一般会产生电路造成总损耗增加、关断过电压增大等负面影响，因此是得不偿失的。

根据软开关技术发展的历程可以将软开关电路分成准谐振电路、零开关 PWM 电路和零转换 PWM 电路。每一种软开关电路都可以用于降压型、升压型等不同电路，可以从基本开关单元导出具体电路。

（1）准谐振电路。准谐振电路中电压或电流的波形为正弦半波，因此称为准谐振。

1）分类。准谐振电路为最早出现的软开关电路，可以分为零电压开关准谐振电路（Zero - Voltage - Switching Quasi - Resonant Converter，ZVS QRC）、零电流开关准谐振电路（Zero - Current - Switching Quasi - Resonant Converter，ZCS QRC）、零电压开关多谐振电路（Zero - Voltage - Switching Multi - Resonant Converter，ZVS MRC），用于逆变器的谐振直流环节（Resonant DC Link）。准谐振电路的基本开关单元如图 3 - 32 所示。

2）特点：①谐振电压峰值很高，要求器件耐压必须提高；②谐振电流有效值很大，电路中存在大量无功功率的交换，电路导通损耗加大；③谐振周期随输入电压、负载变化而改变，因此电路只能采用脉冲频率调制（Pulse Frequency Modulation，PFM）方式来控制。

（2）零开关 PWM 电路。这种电路引入了辅助开关来控制谐振的开始时刻，使谐振仅发生于开关过程前后。

1）分类。零开关 PWM 电路可以分为零电压开关 PWM 电路（Zero - Voltage - Switc-

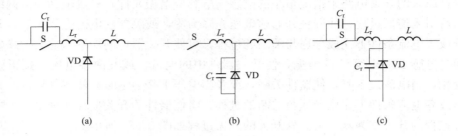

图 3-32　准谐振电路的基本开关单元

（a）零电压开关准谐振电路的基本开关单元；（b）零电流开关准谐振电路的基本开关单元；

（c）零电压开关多谐振电路的基本开关单元

hing PWM Converter，ZVS PWM）和零电流开关 PWM 电路（Zero - Current - Switching PWM Converter，ZCS PWM），其基本开关单元如图 3-33 所示。

2）特点：①电压和电流基本上是方波，只是上升沿和下降沿较缓，开关承受的电压明显降低；②电路可以采用开关频率固定的 PWM 控制方式。

（3）零转换 PWM 电路。这种电路采用辅助开关控制谐振的开始时刻，但谐振电路是与主开关并联的。

1）分类。零转换 PWM 电路可以分为零电压转换 PWM 电路（Zero - Voltage - Transition PWM Converter，ZVT PWM）和零电流转换 PWM 电路（Zero - Current Transition PWM Converter，ZVT PWM），其基本开关单元如图 3-34 所示。

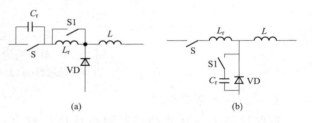

图 3-33　零开关 PWM 电路的基本开关单元

（a）零电压开关 PWM 电路的基本开关单元；

（b）零电流开关 PWM 电路的基本开关单元

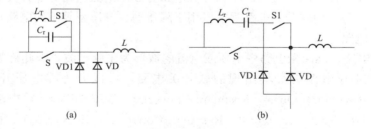

图 3-34　零转换 PWM 电路的基本开关单元

（a）零电压转换 PWM 电路的基本开关单元；（b）零电流转换 PWM 电路的基本开关单元

2）特点：①电路在很宽的输入电压范围内和从零负载到满载都能工作在软开关状态；②电路中无功功率的交换被削减到最小，使电路效率有了进一步提高。

二、有源功率因数校正器

为了减小 AC - DC 变流电路输入端谐波电流造成的噪声和对电网产生的谐波污染，以保障电网供电质量，提高电网的可靠性，同时，也为了提高输入端功率因数，以达到节能的效果，必须限制 AC-DC 电路的输入端谐波电流分量。

1. 提高 AC-DC 电路输入端功率因数的方法

（1）无源滤波器。在整流器和电容之间串联一个滤波电感，或在交流侧接入谐振滤波器。其主要优点是简单，成本低，可靠性高，电噪声小；主要缺点是尺寸、重量大，难以得到高功率因数（一般可提高到 0.9 左右），工作性能与频率、负载变化及输入电压变化有关，电感和电容间有大的充放电电流等。

（2）有源滤波器（或称有源功率因数校正器）。在整流和负载之间接入一个 DC-DC 开关变换器，应用电流反馈技术，使输入端电流波形跟踪交流输入正弦电压波形，可以使输入端电流接近正弦。从而使输入端总谐波畸变小于 5%，而功率因数提高到 0.99 或更高。由于这个方案中应用了有源器件，故称为有源功率因数校正，简称 APFC。

目前该技术已广泛用于 AC-DC 开关电源、交流不间断电源、荧光灯电子镇流器及其他电子仪器中。

2. 功率因数校正的基本原理

下面以升压变换器的有源功率因数校正器（PFC）为例解释其工作原理。

从原理上说，任何一种 DC-DC 变换器拓扑，如降压变换器、升压变换器等，都可以用作 PFC 的主电路，但是由于升压变换器的特殊优点，广泛地应用于 PFC。

升压型有源功率因数校正器原理图如图 3-35 所示。主电路由单相桥式整流器和 DC-DC 升压变换器组成；虚线框内为控制电路，包括电压误差放大器 VA 及基准电压 U_r、电流误差放大器 CA、乘法器 M、脉宽调制器（图中未画出）和驱动器等，负载可以是一个开关电源。主电路中各个功率半导体器件（包括桥式整流器，功率开关管 Vr，输出二极管 D）可以组成一个功率模块，以缩小尺寸，并缩短连接导线。

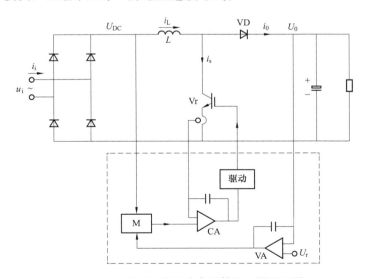

图 3-35 升压型有源功率因数校正器原理图

PFC 的工作原理如下：主电路的输出电压 U_o 和基准电压 U_r 比较后，输入给电压误差放大器 VA，整流电压 U_{DC} 检测值和 VA 的输出电压信号共同加到乘法器 M 的输入端，乘法器 M 的输出则作为电流反馈控制的基准信号，与开关电流 i_s 检测值比较后，经过电流误差放大器 CA 加到 PWM 及驱动器，以控制开关 Vr 通断，从而使输入电流（即电感电流）i_L 的波形与正流电压 U_{DC} 的波形基本一致，使电流谐波大为减少，提高了输入端功率因数。由于功率因数校正器同时保持输出电压恒定，使下一级开关电源设计更容易。

图 3-36 给出了输入电压波形 U_{DC}、U_i 和经过校正的输入电流 i_L、i_i 波形。由图可见，输入电流被 PWM 频率调制，使原来呈脉冲状的波形调制成接近正弦的波形。在图 3-36 所示电路中，在一个开关周期中，当开关 Vr 导通时，$i_o=0$，$i_L=i_s$；当开关 Vr 关断时，$i_s=0$，$i_L=i_o$。i_s 为流过开关 Vr 的电流波形。i_L 为具有高频纹波的输入电流，取每个开关周期的平均值，则可得到较光滑的近似正弦波。

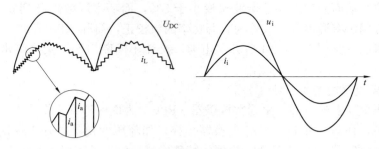

图 3-36　经过校正后的输入电流 i_L、i_i 波形和输入电压 U_{DC}、U_i 波形

项　目　总　结

1. 开关器件 GTR、MOSFET 的图形符号及其开关条件及主要参数。
2. 用万用表判别大功率晶体管的电极和类型的方法。
3. 用万用表判别功率场效应晶体管的电极和类型的方法。
4. 开关器件 GTR、MOSFET 的驱动电路的作用，两管在电路中的保护措施。
5. 识读斩波电路各为何种类型，并概括出两种主要斩波电路在结构组成上的特点。
6. 用 SG3524 构成的双端推挽输出式 +5V、5A 开关电源的电原理图。说出集成块各管脚所接元件的作用。

复　习　思　考

1. 什么叫整流？什么叫逆变？什么叫有源逆变和无源逆变？
2. 简述降压斩波电路工作原理。
3. 试比较 Buck 电路和 Boost 电路的异同。
4. 根据对输出电压平均值进行控制的方法不同，直流斩波电路可有哪几种控制方式？并简述其控制原理。
5. 画出下列半导体器件的图形符号并标明管脚代号：①普通晶闸管；②单结晶体管；③逆导晶闸管；④可关断晶闸管；⑤功率晶体管；⑥功率场效应晶体管；⑦绝缘门极晶体管；⑧双向二极管；⑨双向晶闸管。
6. 在如图 3-37 所示升压斩波电路中，已知 $E=50V$，负载电阻 $R=20\Omega$，L 值和 C 值极大，采用脉宽调制控制方式，当 $T=40\mu s$，$t_{on}=25\mu s$ 时，计算输出电压平均值 U_0，输出电流平均值 I_0。

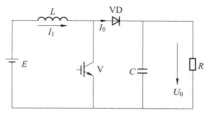

图 3-37 题 6

7. SG3524 控制电路的基本构成有哪些？各个构成有哪些功能？

项目四

交流调压与无级调速器

交流调压是通过变换交流电压幅值（或有效值）来实现的。它广泛应用于电炉的温度控制，灯光调节，风机、异步电动机软启动，调速和静止无功补偿器等场合，也可以用以调节整流变压器一次侧电压。采用晶闸管组成的交流电压控制电路可以很方便地调节电压幅值（有效值）。

本项目学习以电风扇无级调速器为例的相位控制改变输出电压电路，如图 4-1 所示。在知识拓展中学习电炉的频率控制改变输出功率（电压）的电路。同时，交流调压、调功及晶闸管交流开关也是中级维修电工职业资格考核的内容。

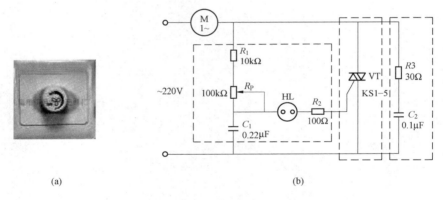

(a)　　　　　　　　　　　　　(b)

图 4-1　电风扇无级调速器

(a) 电风扇无级调速器；(b) 电风扇无级调速器电路原理图

【学习目标】

（1）认识双向晶闸管。

（2）学会选用和检测双向晶闸管的方法。

（3）认识单相调压电路，学会电阻性、电感性负载时单相交流调压电路的工作原理及波形分析。

（4）认识三相调压电路，学会电阻性、电感性负载时三相交流调压电路的工作原理及波形分析。

（5）学会电风扇无级调速器电路的安装与调试技能。

（6）在小组合作实施项目过程中培养与人合作的精神。

【教学导航】

	知识重点	(1) 单相调压电路电阻性、电感性负载时的工作原理及波形分析 (2) 三相调压电路电阻性、电感性负载时的工作原理及波形分析
	知识难点	选择主电路晶闸管的方法
教	推荐教学方式	任务驱动，理论实际相结合
	建议学时	6 学时
	推荐学习方法	任务驱动，理论实际相结合
学	必须掌握的理论知识	(1) 单相调压电路电阻性、电感性负载时的工作原理及波形分析。 (2) 三相调压电路电阻性、电感性负载时的工作原理及波形分析
	必须掌握的技能	(1) 万用表测试双向晶闸管的好坏。 (2) 学会选择主电路晶闸管的方法

任务七　电风扇无级调速器

【任务目标】

(1) 观察双向晶闸管的外形，认识各种器件的外形、端子及型号。

(2) 通过测试，会判别双向晶闸管器件的端子，判断双向晶闸管器件的好坏，并能通过原理说明原因。

(3) 掌握交流调压电路的工作原理，学会分析输入、输出波形的方法及相关电量的计算。

【任务描述】

电风扇无级调速器在日常生活中随处可见。图 4-1 (a) 所示是常见的电风扇无级调速器。旋动旋钮便可以调节电风扇的速度；图 4-1 (b) 所示为电路原理图。

如图 4-1 (b) 所示，调速器电路由主电路和触发电路两部分构成，在双向晶闸管的两端并接 RC 元件，是利用电容两端电压瞬时不能突变，作为晶闸管关断过电压的保护措施。本任务通过对主电路及触发电路的分析使学生能够理解调速器电路的工作原理，进而学会分析交流调压电路的方法。

【相关知识】

一、单相交流调压电路

(一) 控制方式

晶闸管组成的交流电压电路的控制方式有以下两种。

(1) 相位控制改变输出电压。通过控制晶闸管的触发角 α 的大小从而改变负载接通交流电压的时间，达到调压的目的。这种调压电路的电压输出波形如图 4-2 所示。由图可以看出，输出的电压波形不再是完整的正弦波，因此其谐波分量较

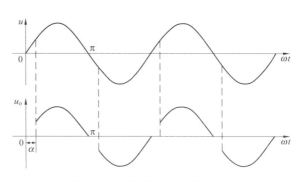

图 4-2　相位控制改变输出电压

大，电路的功率因数会随着输出电压的降低而降低，但输出交流电的频率不变。

这种交流调压电路的控制方便、体积小、投资少，因此广泛应用于需调温的工频加热、灯光调节及风机、泵类负载的异步电动机调速等。相位控制交流调压又称相控调压，是交流调压中的基本控制方式，应用最为广泛。

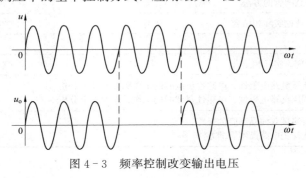

图 4-3　频率控制改变输出电压

（2）频率控制改变输出电压。频率控制采用了"零"触发的控制方式，即晶闸管的触发角 $\alpha=0°$ 时，将负载与电源接通一个或几个完整的工频周期，然后再断开几个工频周期，即控制一个循环周期内导通的工频周期数，从而通过控制负载电压有效值的大小来达到调压的目的。电路输出电压波形如图 4-3 所示。

周波控制采用了"零"触发的控制方式几乎不产生谐波污染。但负载上电压变化剧烈，故不适合异步电动机调速，常用于大容量、热惯性时间常数大的需要调节功率的场合。

（二）调压类型

交流调压，如果按所变换的电源相数不同，可分为单相交流调压器和三相交流调压器。单相交流调压按负载的性质不同可以分为电阻性负载和电感性负载。

1. 电阻性负载

图 4-4 为电阻性负载单相交流调压主电路，在电源 u 的正半周内，晶闸管 V1 承受正向电压，当 $\omega t=\alpha$ 时，触发 V1 使其导通，则负载上得到缺 α 角的正弦半波电压，当电源电压过零时，V1 管电流下降为零而关断。在电源电压 u 的负半周，V2 晶闸管承受正向电压，当 $\omega t=\pi+\alpha$ 时，触发 V2 使其导通，则负载上又得到缺 α 角的正弦负半波电压。负载上电压及触发脉冲的波形如图 4-5 所示。持续这样的控制，在负载电阻上便得到每半波缺 α 角的正弦电压。改变 α 角的大小，便改变了输出电压有效值的大小。

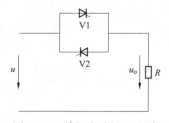

图 4-4　单相交流调压电路

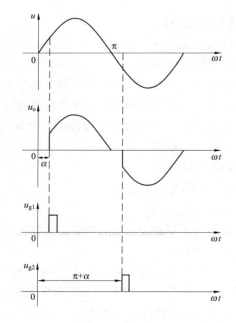

图 4-5　电阻性负载单相交流调压电路工作波形

设 $u=\sqrt{2}U\sin\omega t$，则负载电压的有效值为

$$U_{o} = \sqrt{\frac{1}{\pi}\int_{\alpha}^{\pi}\left[\sqrt{2}U\sin(\omega t)\right]^{2}\mathrm{d}(\omega t)} = U\sqrt{\frac{1}{2\pi}\sin 2\alpha + \frac{\pi - \alpha}{\pi}} \qquad (4-1)$$

负载电流的有效值为

$$I_{o} = \frac{U_{o}}{R} = \frac{U}{R}\sqrt{\frac{1}{2\pi}\sin 2\alpha + \frac{\pi - \alpha}{\pi}} \qquad (4-2)$$

从式（4-1）中可以看出，随着 α 角的增大，U_{o} 逐渐减小，当 $\alpha = \pi$ 时，$U_{o} = 0$。因此，单相交流调压器对于电阻性负载，其电压的输出调节范围为 $0 \sim U$，控制角 α 的移相范围为 $0 \sim \pi$。

2. 电感性负载

图 4-6 所示为感性负载单相交流调压主电路，与电阻负载输出电压不同点在与 V1 管导通后，由于电感的储能效应，在电源电压过零时 V1 管不会立即关断。其负载上电压及触发脉冲的波形如图 4-6（b）所示。

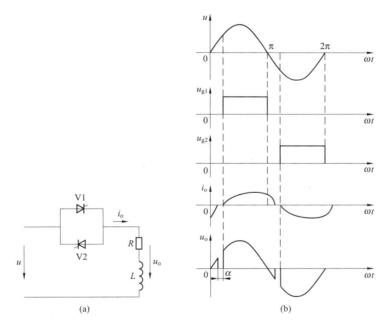

图 4-6　感性负载单相交流调压电路及波形
(a) 电路；(b) 波形

由图 4-6（b）可知，晶闸管的导通角 θ 的大小，不但与控制角有关，而且与负载阻抗角有关。一个晶闸管导通时，其负载电流 i_{o} 的表达式为

$$i_{0} = \frac{\sqrt{2}U}{Z}\left[\sin(\omega t - \varphi) - \sin(\alpha - \varphi)\mathrm{e}^{\frac{\alpha - \omega t}{\tan\varphi}}\right] \qquad (4-3)$$

$$\alpha \leqslant \omega t \leqslant \alpha + \theta$$

$$Z = \sqrt{R^{2} + (\omega L)^{2}}$$

$$\varphi = \arctan\frac{\omega L}{R}$$

当 $\omega t = \alpha + \theta$ 时，$i_{o} = 0$。将此条件代入式（4-3），可求得导通角 θ 与控制角 α、负载阻

抗角 φ 之间的定量关系表达式为

$$\sin(\alpha+\theta-\varphi)=\sin(\alpha-\varphi)e^{-\frac{\theta}{\tan\varphi}} \qquad (4-4)$$

针对交流调压器，其导通角 $\theta \leqslant 180°$，再根据式（4-4），可绘出 $\theta=f(\alpha,\varphi)$ 曲线，如图 4-7 所示。

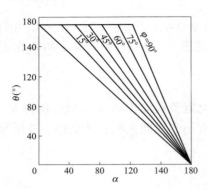

图 4-7　单相交流调压电路
以 φ 为参变量时 θ 与 α 的关系

下面分别就 $\alpha>\varphi$、$\alpha=\varphi$、$\alpha<\varphi$ 三种情况来讨论调压电路的工作情况。

（1）当 $\alpha>\varphi$ 时，由式（4-4）可以判断出导通角 $\theta<180°$，正负半波电流断续。α 越大，θ 越小，波形断续越严重。

（2）当 $\alpha=\varphi$ 时，由式（4-4）可以计算出每个晶闸管的导通角 $\theta=180°$。此时，每个晶闸管轮流导通 $180°$，相当于两个晶闸管轮流被短接，负载电流处于连续状态，输出完整的正弦波。

（3）当 $\alpha<\varphi$ 时，电源接通后，在电源的正半周，如果先触发 V1，则根据式（4-4）可判断出它的导通角 $\theta>180°$。如果采用窄脉冲触发，当 V1 的电流下降为零而关断时，V2 的门极脉冲已经消失，V2 无法导通。到了下一周期，V1 又被触发导通重复上一周期的工作，结果形成单向半波整流现象，如图 4-8 所示，回路中出现很大的直流电流分量，无法维持电路的正常工作。

解决上述失控现象的办法是：采用宽脉冲或脉冲列触发，以保证 V1 管电流下降到零时，V2 管的触发脉冲信号还未消失，V2 可在 V1 电流为零关断后接着导通。但 V2 的初始触发控制角 $\alpha+\theta-\pi>\varphi$，即 V2 的导通角 $\theta<180°$。从第二周开始，由于 V2 的关断时刻向后移，因此 V1 的导通角逐渐减小，V2 的导通角逐渐增大，直到两个晶闸管的导通角 $\theta=180°$ 时达到平衡。

根据以上分析，当 $\alpha\leqslant\varphi$ 并采用宽脉冲触发时，负载电压、电流总是完整的正弦波，改变控制角 α，负载电压、电流的有效值不变，即电路失去交流调压作用。在感性负载时，要实现交流调压的目的，则最小控制角 $\alpha=\varphi$（负载的功率因素角），所以 α 的移相范围为 $\varphi\sim180°$。

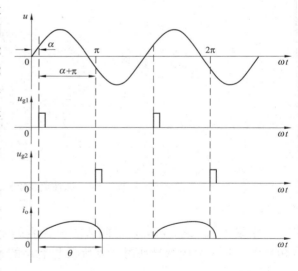

图 4-8　感性负载窄脉冲触发时的工作波形

【例 4-1】　由晶闸管反并联组成的单相交流调压器，电源电压有效值 $U_{\circ}=230V$。

（1）电阻负载时，阻值在 $1.15\sim2.3\Omega$ 之间变化，预期最大的输出功率为 230kW，计算晶闸管所承受的电压的最大值以及输出最大功率时晶闸管电流的平均值和有效值。

（2）如果负载为感性负载，$R=2.3\Omega$，$\omega L=2.3\Omega$，求控制角范围和最大输出电流的有效值。

解 （1）当 $R=2.3\Omega$ 时，如果触发角 $\alpha=0$，负载电流的有效值为

$$I_0 = \frac{U_0}{R} = \frac{230}{2.3} = 100(\text{A})$$

此时，最大输出功率满足要求。流过晶闸管电流的有效值 I_V 为

$$I_V = \frac{I_0}{2} = \frac{100}{2} = 50(\text{A})$$

输出最大功率时，由于 $\alpha=0$，$\theta=180°$，负载电流连续，所以负载电流的瞬时值为

$$i_0 = \frac{\sqrt{2}U_0}{R}\sin(\omega t)$$

此时晶闸管电流的平均值为

$$I_{dt} = \frac{1}{2\pi}\int_0^\pi \frac{\sqrt{2}U_0}{R}\sin(\omega t)\mathrm{d}(\omega t) = \frac{\sqrt{2}U_0}{\pi R} = \frac{1.414 \times 230}{3.1415 \times 2.3} = 45(\text{A})$$

$R=1.15\Omega$ 时，由于电阻减小，如果调压电路向负载送出原先规定的最大功率保持不变，则此时负载电流的有效值计算如下。

由 $P_0 = I^2 R = 230\text{kW}$，得 $I_0 = 1414\text{A}$。因为 I_0 大于 $R=2.3\Omega$ 时的电流，所以 $\alpha>0$，晶闸管电流的有效值为

$$I_V = \frac{I_0}{2} = \frac{1414}{2} = 707(\text{A})$$

加在晶闸管上正、反向最大电压为电源电压的最大值，即

$$\sqrt{2} \times 230 = 325.3(\text{V})$$

（2）电感性负载的功率因数角为

$$\varphi = \arctan\frac{\omega L}{R} = \arctan\frac{2.3}{2.3} = \frac{\pi}{4}$$

最小控制角为

$$\alpha_{min} = \varphi = \frac{\pi}{4}$$

故控制角的范围为 $\pi/4 \leqslant \alpha \leqslant \pi$，最大电流发生在 $\alpha_{min}=\varphi=\pi/4$ 处，负载电流为正弦波，其有效值为

$$I_o = \frac{U_o}{\sqrt{R^2 + (\omega L)^2}} = \frac{230}{\sqrt{2.3^2 + 2.3^2}} = 70.7(\text{A})$$

二、三相交流调压电路

1. 三相全波相位控制的星形连接调压电路

用三只双向晶闸管作开关元件，分别接至负载就构成了三相调压电路。负载可以是星形连接也可以是三角形连接，图 4-9 所示为星形连接调压电路。通过控制触发脉冲的相位控制角 α，便可以控制加在负载上的电压的大小。对于这种不带中性线的调压电路，为使三相电流构成通路，使电流连续，任意时刻至少要有两个晶闸管同时导通。为了调节电压，需要控制触发脉冲的相位角 α。为此对触发电路的要求是：

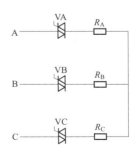

图 4-9　星形连接三相调压电路

（1）三相正（或负）触发脉冲依次间隔120°，而每一相正、负触发脉冲间隔180°。

（2）为了保证电路起始工作时能两相同时导通，以及在感性负载和控制角较大时仍能保持两相同时导通，和三相全控桥式整流电路一样，要求采用双脉冲或宽脉冲（大于60°）触发。

（3）为了保证输出三相电压对称可调，应保持触发脉冲与电源电压同步。

（4）对双向晶闸管而言，一般采用一、三象限触发。

1）$\alpha=0°$。在 A 相电压正半周的零起点处发出脉冲 u_{gA+}，触发双向晶闸管 VA，而后依次每隔60°产生脉冲 u_{gC-}、u_{gB+}、u_{gA-}、u_{gC+}、u_{gB-}、u_{gA+}，分别触发晶闸管 VA、VB、VC 的正、负脉冲。在这种情况下，晶闸管相当于一个二极管。忽略其管压降，此时调压电路相当于一般的三相交流电路，加到负载上的电压是电源相电压，波形如图 4-10（a）所示。

2）$\alpha=30°$。这时每个晶闸管都自零点滞后 30°触发导通，其波形如图 4-10（b）所示。波形中 $0°\leqslant\omega t\leqslant30°$时，VA 没有触发导通，A 相没有电压输出；VB 原已触发导通，B 相输出负电压；VC 原也已触发导通，C 相输出正电压。$30°\leqslant\omega t\leqslant60°$时，VA 在 $\omega t=30°$时得到触发而导通，此时 VA、VB、VC 全部导通，A 相负载输出电源相电压波形。$60°\leqslant\omega t\leqslant90°$时，VA、VB 仍导通，分别输出正、负电压，但在 $\omega t=60°$时，C 相电压过零而使 VC 关断，故 A 相负载上的电压为 $(u_A-u_B)/2$，即为 A、B 相线电压的一半，所以电压波形出现缺口。$90°\leqslant\omega t\leqslant120°$时，VC 得到触发而导通，此时三个晶闸管都导通，A 相负载输出电源相电压波形 $120°\leqslant\omega t\leqslant150°$时，VA、VC 仍导通，分别输出正、负电压，但在 $\omega t=120°$时，B 相电压过零使 VB 关断，故 A 相负载上的电压为 $(u_A-u_C)/2$，即为 A、C 相线电压的一半，所以电压波形升高一块。$150°\leqslant\omega t\leqslant180°$时，三个晶闸管又全部导通，A 相负载又输出电源的相电压波形。$\omega t=180°$时，A 相电压过零使 VA 关断，A 相没有电压输出。负半周的分析方法与正半周完全相同，A 相负载获得与正半周对称的电压波形。

3）$\alpha=60°$。这时每个晶闸管都自零点滞后 60°触发导通，其波形如图 4-10（c）所示。波形中当 $0°\leqslant\omega t\leqslant60°$时，VA 没有触发导通，A 相没有电压输出，VB、VC 原已触发导通，B 相输出负电压，C 相输

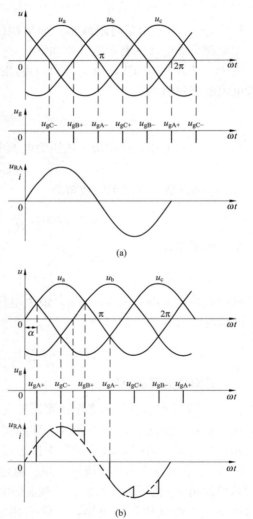

图 4-10　不同控制角 α 时 A 相负载上的电压波形（一）

（a）$\alpha=0°$；（b）$\alpha=30°$

出正电压。当$60°≤ωt≤90°$时，VA 在 $ωt=60°$时得到触发而导通，而 C 相电压此时正好过零点而使 VC 关断，VB 继续导通，故 A 相负载上的电压为$(u_A-u_B)/2$，即为 A、B 相线电压的一半。$90°≤ωt≤120°$时，VA、VB 继续导通，VC 没有触发而继续关断，故 A 相负载上的电压继续为 A、B 相线电压的一半。$120°≤ωt≤180°$时，VA 仍然导通，但在 $ωt=120°$时，VC 得到触发而导通，同时 B 相电压过零点而使 VB 关断，故 A 相负载上的电压为$(u_A-u_C)/2$，即为 A、C 相线电压的一半。$ωt=180°$时，A 相电压过零点使 VA 关断，A 相没有电压输出。负半周的分析方法与正半周完全相同，负载上获得与正半周对称的电压波形。

4）$α=90°$。波形如图 4-10（d）所示。波形中当 $0°≤ωt≤90°$时，VA 没有触发导通，A 相没有电压输出。当 $90°≤ωt≤120°$时，VA 在 $ωt=90°$时得到触发而导通，VB 原已导通，而 C 相电压此时已过零，VC 关断且尚未触发，故 A 相负载上的电压为$(u_A-u_B)/2$，即为 A、B 相线电压的一半。当 $120°≤ωt≤150°$时，VA 继续导通，$ωt=120°$时，B 相电压虽然过零，但由于 VC 没有触发继续关断，而 $u_A>u_B$，故 VB 仍承受负电压，在原负脉冲触发导通后继续导通，故 A 相负载上的电压继续为 A、B 相线电压的一半。当 $150°≤ωt≤180°$时，在 $u_A=u_B$ 时，即 $ωt=150°$，流过 VB 的电流等于零，VB 关断，VC 正好在此时被触发导通，VA 通过负载和 VC 构成回路而维持导通，故 A 相负载上的电压为 A、C 相线电压的一半。在 $180°≤ωt≤210°$时，VC 继续导通，$ωt=180°$时，A 相电压虽然过零，但由于此时 VB 继续关断，而 $u_A>u_C$，故 VA 仍承受正电压在原正脉冲触发导通后继续导通，故 A 相负载上的电压为 A、C 相线电压的一半。当 $ωt=210°$时，$u_A=u_C$，流过 VA 的电流等于零，VA 关断，A 相没有电压输出。负半周的分析方法与正半周完全相同，负载上获得与正半周对称的电压波形。

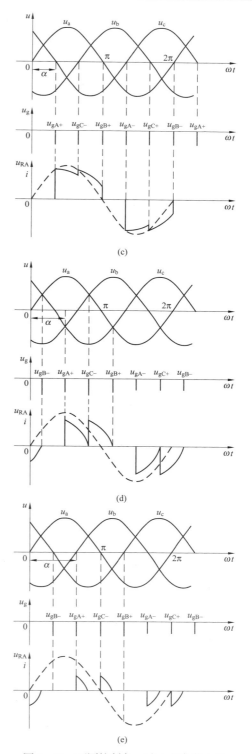

图 4-10 不同控制角 $α$ 时 A 相负载上的电压波形（二）
（c）$α=60°$；（d）$α=90°$；（e）$α=120°$

5）$\alpha=120°$。波形如图 4-10（e）所示。波形中当 $0°\leqslant\omega t\leqslant120°$ 时，VA 没有触发导通，A 相没有电压输出。当 $120°\leqslant\omega t\leqslant150°$ 时，VA 在 $\omega t=120°$ 时得到触发而导通，B 相电压虽已过零点，但由于 VC 关断尚未触发，且 $u_A>u_B$，VB 承受负电压在原负脉冲触发导通后继续导通，故 A 相负载上的电压为 A、B 相线电压的一半。$150°\leqslant\omega t\leqslant180°$ 时，VB 在 $u_A=u_B$（即 $\omega t=150°$）时关断，而此时 VC 没有触发继续关断，所以 VA 因没有电流通路而关断。故在此期间，A 相负载上电压为零。$180°\leqslant\omega t\leqslant210°$ 时，VC 在 $\omega t=180°$ 触发而导通，在设计时采用双脉冲或宽度大于 $60°$ 的宽脉冲，A 相的原正脉冲此时还存在，再因 $u_A>u_C$，故 VA 被触发而再次导通。故 A 相负载上的电压为 A、C 相线电压的一半。$\omega t=210°$ 时，$u_A=u_C$，流过 VA 的电流等于零，VA 关断，A 相负载输出电压为零。负半周的分析方法与正半周完全相同，负载上获得与正半周对称的电压波形。

6）$\alpha=150°$。根据电压波形分析可知，当 $\alpha\geqslant150°$ 时，三个晶闸管不能构成导通条件，所以这种由三个双向晶闸管构成的三相星形连接调压电路的最大移相范围为 $150°$。控制角 α 由 $0°$ 变化至 $150°$ 时，输出的交流电压可以连续地由最大调节至零。

随着 α 的增大，电流的不连续程度增加，每相负载上的电压已不是正弦波，但正、负半周对称。因此，这种调压电路输出的电压中只有奇次谐波，以三次谐波所占比重最大。由于这种线路没有中性线，故无三次谐波通路，减少了三次谐波对电源的影响。

三相交流调压电路带电感性负载时，分析工作很复杂，因为输出电压与电流存在相位差，在线电压或相电压过零瞬间，晶闸管将继续导通，负载中仍有电流流过，此时晶闸管的导通角 θ 不仅与控制角 α 有关，而且与负载功率因数角 φ 有关。如果负载是感应电动机，则功率因数角 φ 还要随电动机运行情况的变化而变化，这将使波形更加复杂。

但从实验波形可知，三相感性负载的电流波形与单相感性负载时的电流波形的变化规律相同，即当 $\alpha\leqslant\varphi$ 并采用宽脉冲触发时，负载电压、电流总是完整的正弦波；改变控制角 α，负载电压、电流的有效值不变，即电路失去交流调压作用。要实现交流调压的目的，则最小控制角 $\alpha=\varphi$，在相同负载阻抗角 φ 的情况下，α 越大，晶闸管的导通角越小，流过晶闸管的电流也越小。

2．其他三相调压电路形式

单相交流调压适用于单相容量小的负载，当交流功率调节容量较大时通常采用三相交流调压电路，如三相电热炉、电解与电镀等设备。三相交流调压的电路有多种形式，负载可连接成三角形或星形。常用三相调压电路形式，输出电压，电路特点见表 4-1。

表 4-1　　　　　　　　　　　常用三相调压电路形式及特点

名称	线路图	输出电压波形（电阻负载）	特点
三相 YN 连接			实际上为三个单相调压器的组合，只需有一个晶闸管导通，负载上就有电流通过。 　中性线上有三次谐波通过，在 $\alpha=90°$ 时谐波电流最大，在三柱式变压器中引起发热和噪声，对线路和电网均带来不利影响，因而工业上应用较少。 　触发移相范围 $180°$，可用单窄脉冲（电阻负载）触发。 　晶闸管承受峰值电压为 $\sqrt{2/3}U_1$（U_1 为电源线电压）

续表

名称	线路图	输出电压波形（电阻负载）	特点
三相 Y 连接		$\alpha=0°$　$\alpha=30°$　$\alpha=60°$　$\alpha=90°$　$\alpha=120°$　$\alpha=150°$	可任意选用负载形式（星形或三角形连接法）。 输出谐波分量低，没有三次谐波电流，对邻近通信干扰小，因而应用较广。 因没有中性线，所以必须保证电路中有两个晶闸管同时导通，负载中才有电流通过，因而必须是双脉冲或宽脉冲（＞60°）触发。 要求移相范围为150°。 晶闸管承受峰值电压为$\sqrt{2}U_1$。 适用于输出接变压器一次侧，而变压器二次侧
三相 负载 D 连接		$\alpha=0°$　$\alpha=30°$　$\alpha=60°$　$\alpha=90°$　$\alpha=120°$　$\alpha=180°$	实际上也由三个单相调压器组合而成，每相电流波形与单相交流调压器相同，其线电流三次谐波分量为零。 触发移相范围为180°。 晶闸管承受峰值电压为$\sqrt{2}U_1$。 负载必须为三个单相负载，不能接成星形或三角形，故应用较少
三相 晶闸管 D 连接		$\alpha=0°$　$\alpha=30°$　$\alpha=60°$　$\alpha=90°$　$\alpha=120°$　$\alpha=210°$	由三个晶闸管组成，线路简单，节约晶闸管元件。 三相负载由单个负载组成，不能接成星形或三角形。 晶闸管放在负载后面，可减小电网浪涌电压的冲击。 电流波形存在正负半周不对称的情况，谐波分量大，对通信干扰大，增加了对滤波的要求。移相范围为210°。 晶闸管承受峰值电压为$\sqrt{2}U_1$
三相 半波 Y 连接		$\alpha=0°$　$\alpha=30°$　$\alpha=60°$　$\alpha=90°$　$\alpha=120°$　$\alpha=210°$	只用三个晶闸管和三个二极管组成，简化控制，降低成本。 每相中电压和电流正、负不对称。 电路谐波分量大，除有奇次谐波外，还有偶次谐波，使电动机输出转矩减小，对通信等干扰大。 移相范围为210°，晶闸管承受峰值电压为$\sqrt{2}U_1$。 适用于调压范围不大，小容量的场合

【任务实施】

一、认识双向晶闸管外形、型号的含义

1. 双向晶闸管外形

双向晶闸管的外形如图 1 - 7 所示。多数的小型塑封双向晶闸管，面对印字面、引脚朝下，则从左向右的排列顺序依次为主电极 1、主电极 2、控制极（门极）。但是也有例外，所以有疑问时应通过检测做出判别。

2. 双向晶闸管型号的含义

（1）国产双向晶闸管。国产双向晶闸管用 KS（新标准）或 3CTS（旧标准）表示。如：KS100 - 12 表示额定电压为 1200V、额定电流为 100A 的双向晶闸管；3CTS1 表示额定电压为 400V、额定电流为 1A 的双向晶闸管。

（2）国外双向晶闸管。TRIAC（TRIode ACsemiconductor switch）是双向晶闸管的统称。各个生产商有其自己产品命名方式。

二、双向晶闸管和单结晶体管简单测试

（1）将万用表置于 R×100 挡或 R×1k 挡，测量双向晶闸管的主电极 T1、主电极 T2 之间的正、反向电阻应近似无穷大（∞），测量主电极 T1 与控制极（门极）G 之间的正、反向电阻也应近似无穷大（∞）。如果测得的电阻都很小，则说明被测双向晶闸管的极间已击穿或漏电短路，性能不良，不宜使用。

（2）将万用表置于 R×1 挡或 R×10 挡，测量双向晶闸管主电极 T1 与控制极（门极）G 之间的电阻，若读数在几十欧至一百欧之间，则为正常，且测量 G、T1 极间正向电阻（见图 1 - 18）时的读数要比反向电阻稍微小一些。如果测得 G、T1 极间的正、反向电阻均为无穷大（∞），则说明被测晶闸管已开路损坏。

（3）测试双向晶闸管并记录数据。将万用表置于 R×100 挡或 R×1k 挡，测量双向晶闸管的主电极 T1、主电极 T2 之间的正、反向电阻，再将万用表置于 R×1 挡或 R×10 挡，测量双向晶闸管主电极 T1 与控制极（门极）G 之间的正、反向电阻，并应将所测数据填入自制表中，以判断被测晶闸管的好坏。

三、认识单相交流调压电路

本任务采用 KCO5 晶闸管集成移相触发器。该触发器适用于双向晶闸管或两个反向并联晶闸管电路的交流相位控制，具有锯齿波线性好、移相范围宽、控制方式简单、易于集中控制、有失去交流保护、输出电流大等优点。

单相晶闸管交流调压器的主电路由两个反向并联的晶闸管组成，如图 4 - 11 所示。图中电阻 R 用 D42 三相可调电阻，将两个 900Ω 接成并联接法，晶闸管则利用 DJK02 上的反桥元件，交流电压、电流表由 DJK01 控制屏上得到，电抗器 L_d 从 DJK02 上得到，用 700mH。

四、触发电路调试

1. 触发电路接线

用两根导线将电源控制屏的交流电压接到触发电路模块的"外接 220V"。

单相交流调压触发电路采用 KCO5 集成晶闸管移相触发器。该集成触发器适用于触发双向晶闸管或两个反向并联晶闸管组成的交流调压电路，具有失去交流保护、输出电流大等优点，是交流调压的理想触发电路。单相交流调压触发电路原理图 4 - 12 所示。

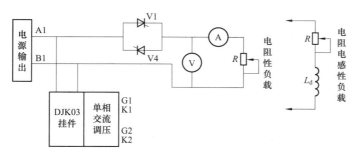

图 4 - 11　单相交流调压主电路原理图

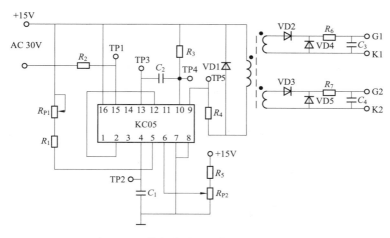

图 4 - 12　单相交流调压触发电路原理图

　　同步电压由 KC05 的 15、16 脚输入，在 TP2 点可以观测到锯齿波，电位器 R_{P1} 调节锯齿波的斜率，电位器 R_{P2} 调节移相角度，触发脉冲从第 9 脚经脉冲变压器输出。

　　电位器 R_{P1}、R_{P2} 均已安装在挂箱的面板上，同步变压器二次侧已在挂箱内部接好，所有的测试信号都在面板上引出。

　　2. 触发电路调试

　　按下"启动"按钮，打开触发电路板的电源开关，用示波器观察"TP1"～"TP5"端及脉冲输出的波形。调节电位器 R_{P1}，观察锯齿波斜率是否变化，调节 R_{P2}，观察输出脉冲的移相范围如何变化，移相能否达到 170°，记录上述过程中观察到的各点电压波形。

　　五、单相交流调压电路调试

　　1. 单相交流调压电路接线

　　按图 4 - 11 将两个晶闸管反向并联而构成交流调压器，将触发器的输出脉冲端 G1、K1、G2 和 K2 分别接至主电路相应晶闸管的门极和阴极，接上电阻性负载或电感负载。

　　2. 单相交流调压电路调试

　　（1）电阻负载。用示波器观察负载电压 u、晶闸管两端电压 u_T 的波形。调节单相调压触发电路上的电位器 R_{P2}，观察并记录在不同 $\alpha = 0°$、30°、60°、90°、120°、150°、180°时的波形。

　　(2)电阻电感负载。将电感 L 与电阻 R 串联成电阻电感负载。按下"启动"按钮,用示波器同时观察负载电压 U_1 和负载电流 I_1 的波形。调节 R 的数值,使阻抗角为一定值,观察在不同 α 角时波形的变化情况,记录 $\alpha>\varphi$、$\alpha=\varphi$、$\alpha<\varphi$ 三种情况下负载两端的电压 u 和流过负载的电流 i 的波形。

六、项目实施标准

单相交流调压电路调试的实施标准表见 4-2。

表 4-2　　　　　　　　　　单相交流调压电路调试项目实施标准

项目名称: _____　　　　姓名: _____　　　　考核时限: 45分钟

序号	内容	配分	等级	评分细则	得分
1	触发电路调试	15	5	示波器使用	
			10	调试方法	
2	单相交流调压电路接线	15	15	接线正确	
3	单相交流调压电路调试	50	5	示波器使用	
			5	操作和测试方法	
			5	波形和数据记录	
4	安全生产	10	10	安全文明生产,符合操作规程	
			5	经提示后能规范操作	
			0	不能文明生产,不符合操作规程	
5	拆线整理现场	10	10	现场整理干净,设施及桌椅摆放整齐	
			5	经提示后能将现场整理干净	
			0	不合格	
6	加分			调试过程中每解决 1 个具有同学借鉴价值的实际问题扣 5～10 分	
		合计			

七、注意事项

　　(1)触发脉冲是从外部接入 DJK02 面板上晶闸管的门极和阴极,此时,应将所用晶闸管对应的正桥触发脉冲或反桥触发脉冲的开关拨向"断"的位置,并将 U_{lf} 及 U_{lr} 悬空,避免误触发。

　　(2)由于 G、K 输出端有电容影响,故观察触发脉冲电压波形时,需将输出端 G 和 K 分别接到晶闸管的门极和阴极(或者也可用约 100Ω 左右阻值的电阻接到 G、K 两端,来模拟晶闸管门极与阴极的阻值),否则,无法观察到正确的脉冲波形。

⌛ 【拓展知识】

一、交流过零调功电路

1. 调功器的工作原理

　　图 4-13 所示为过零触发单相交流调功和三相交流调功电路。交流电源电压 u 以及 V1 和 V2 的触发脉冲 u_{g1}、u_{g2} 的波形分别如图 4-14 所示。由于各晶闸管都是在电压 u 过零时加触发脉冲的,因此就有电压 u_o 输出。如果不触发 V1 和 V2,则输出电压 $u_o=0$。由于是

电阻性负载，因此当交流电源电压过零时，原来导通的晶闸管因其电流下降到维持电流以下而自行关断，这样使负载得到完整的正弦波电压和电流。由于晶闸管是在电源电压过零的瞬时被触发导通的，这就可以保证大大减小瞬态负载浪涌电流和触发导通时的电流变化率 di/dt，从而使晶闸管由于 di/dt 过大而失效或换相失败的概率大大减少。

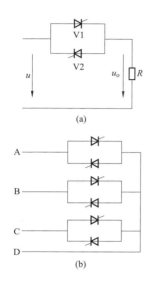

图 4-13　交流调功

（a）单相；（b）三相

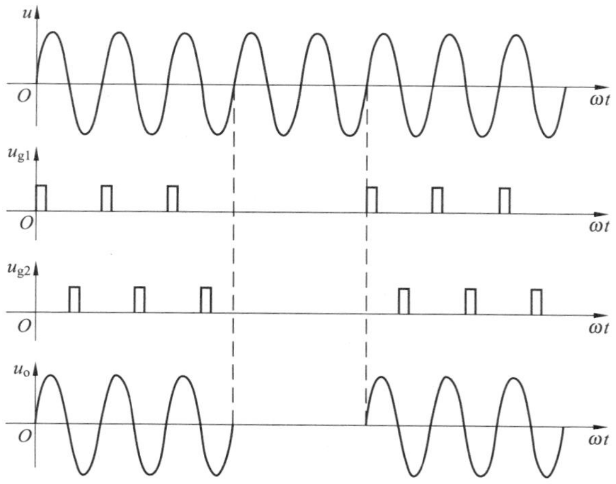

图 4-14　单相交流零触发开关电路的工作波形

如设定运行周期 T_C 内的周波数为 n，每个周波的频率为 $50Hz$，周期为 T（20ms），则调功器的输出功率 S_2（kVA）为

$$S_2 = \frac{nT}{V_C}P_N = k_z P_N \qquad (4-5)$$

$$S_N = U_{2N}I_{2N} \times 10^{-3} \qquad (4-6)$$

$$k_z = \frac{nT}{T_C} = \frac{n}{T_C f}$$

式中　T_C——设定运行周期应大于电源电压一个周波的时间且远远小于负载的热时间常数，一般取 1s 左右就可满足工业要求；

　　　T——电源的周期，ms；

　　　n——调功器运行周期内的导通周波数；

　　　S_N——额定输出容量（晶闸管在每个周波都导通时的输出容量），kVA；

　　U_{2N}——每相的额定电压，V；

　　I_{2N}——每相的额定电流，A；

　　　k_z——导通比；

　　　f——电源的频率。

由输出功率 P_2 的表达式可见，控制调功电路的导通比就可实现对被调对象（如电阻炉）的输出功率的调节控制。

2. 调功电路实例

单相晶闸管过零调功电路如图 4-15 所示，图中，由两只晶闸管反并联组成交流开关，该电路是一个包括控制电路在内的单相过零调功电路。由图可见，负载是电炉，而过零触发电路由锯齿波发生器、信号综合、直流开关、同步电压与过零脉冲触发五个环节组成。该电路的工作原理简述如下：

（1）锯齿波是由单结晶体管 BT、R_1、R_2、R_3、R_{W1} 和 C_1 组成的张弛振荡器产生的，然后经射极跟随器（V1、R_4）输出。

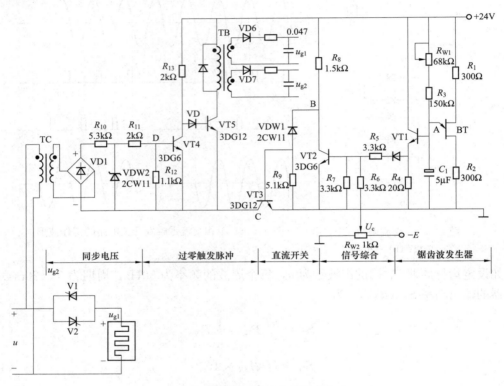

图 4-15　单相晶闸管过零调功电路

（2）控制电压 U_c 与锯齿波电压进行电流叠加后送到 VT2 的基极，合成电压为 U_s。当 $U_s>0$ 时，VT2 导通；$U_s<0$ 时，VT2 截止。

（3）由 VT2、VT3 以及 R_8、R_9、VDW1 组成一个直流开关，当 VT2 的基电压 $U_{BE2}>0$（0.7V）时，VT2 导通，VT3 的基极电压 U_{BE3} 接近零电位，VT3 截止，直流开关阻断。当 $U_{BE2}<0$ 时，VT2 截止，由 R_8、VDW1 和 R_9 组成的分压电路使 VT3 导通，直流开关导通。

（4）由同步变压器 TC、整流桥 VD1 及 R_{10}、R_{11}、VDW2 组成一个削波同步电源，这个电源与直流开关的输出电压共同去控制 VT4 与 VT5。只有在直流开关导通期间，VT4、VT5 集电极和发射极之间才有工作电压，两个管子才能工作。在此期间，同步电压每次过零时，VT4 截止，其集电极输出一个正电压，使 VT5 由截止转导通，经脉冲变压器输出触发脉冲，而此脉冲使晶闸管 VD6（VD7）在需要导通的时刻导通。

在直流开关（VT3）导通期间输出连续的正弦波，控制电压 U_c 的大小决定了直流开关导通时间的长短，也就决定了在设定周期内电路输出的周波数，从而实现对输出功率的调节。显然，控制电压 U_c 越大，导通的周波数越多，输出的功率就越大，电阻炉的温度也就越高；反之，电阻炉的温度就越低。利用这种系统就可实现对电阻炉炉温的控制。

由于图 4-16 所示的温度调节系统是手动的开环控制，因此炉温波动大，控温精度低。故这种系统只能用于对控温精度要求不高且热惯性较大的电热负载。当控温精度要求较高、较严时，必须采用闭环控制的自动调节装置。

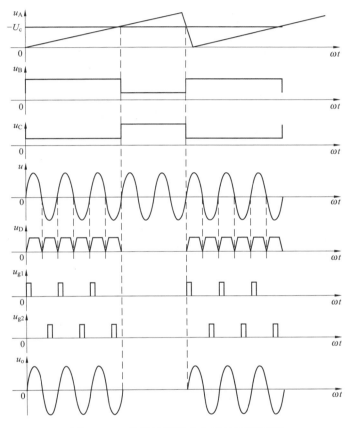

图 4-16　单相过零调功电路的工作波形

二、晶闸管交流开关应用电路

1. 晶闸管交流开关的基本形式

晶闸管交流开关的基本形式有三种，如图 4-17 所示。如图 4-17（a）所示为普通晶闸管反并联的交流开关，当 S 合上时，靠 VD1、VD2 分别给晶闸管 VT1、VT2 提供触发电压，使管子可靠触发，负载上得到的基本上是正弦电压；如图 4-17（b）所示采用双向晶闸管，为Ⅰ+、Ⅲ-触发方式，线路简单，但工作频率比反并联电路低；如图 4-17（c）所示只用一只普通晶闸管，管子不受反压。由于串联元件多，压降损耗较大。

2. 固态开关

固态开关也是一种晶闸管交流开关，是近年来发展起来的一种固态无触点开关，简称 SSS。它包括固态继电器（简称 SSR）和固态接触器（简称 SSC），是一种以双向晶闸管为基础构成的无触点开关组件。

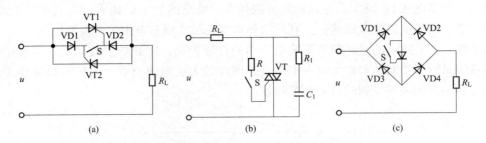

图 4-17　晶闸管的 3 种交流开关形式

（a）普通晶闸管反并联；（b）采用双向晶闸管；（c）只用一只普通晶闸管

常用固态开关的三种电路如图 4-18 所示。如图 4-18（a）所示为光电双向晶闸管耦合器非零电压开关。如图 4-18（b）所示为光电晶闸管耦合的零电压开关。如图 4-18（c）所示为零电压接通与零电流断开的理想无触点开关。

固态开关一般采用环氧树脂封装，具有体积小、工作频率高的特点，适用于频繁工作或潮湿、有腐蚀性及易燃的环境中。

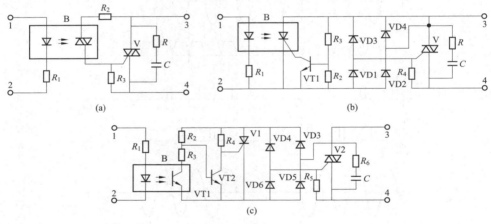

图 4-18　3 种固态开关的电路

（a）非零电压开关；（b）零电压开关；（c）零电压接通与零电流断开开关

3. 晶闸管交流开关在电动机控制中的应用

（1）电动机的正反转控制。如图 4-19 所示采用了 5 组反并联的晶闸管来实现无触点的切换。图中晶闸管 1～6 供给电动机定子正相序电源，而晶闸管 7～10 及 1、4 则供给电动机定子反相序电源，从而可使电动机正、反向旋转。

（2）电动机的反接制动与能耗制动。当电动机要进行耗能制动时，可根据制动电路的形式不对称地控制某几个晶闸管工作。如仅使 1、2、6 三个元件导通，其他元件都不工作，这样就可使电动机定子绕组中流过直流电流，而对旋转着的电动机产生制动转矩，所以调压调速系统具有良好的制动特性。

三、静止无功补偿器（SVC）

电能质量是评价电力系统运行性能优劣的指标，其中电压的稳定性尤为重要。电力系统运行中，必须确保各输配电线路的母线电压稳定在允许的偏差范围之内，目前大多数国家规定的电压允许变化范围一般为$+5\%\sim-10\%$。

电压稳定与否主要取决系统中无功功率的平衡。如果用电负荷的无功需求波动较大，而电网的无功功率来源及其分布不能及时调控，就会导致线路电压超出允许极限。另外从负荷侧看，电力系统多由输配电线、变压器、发电机等构成，其内阻抗主要呈感性，使得负载无功功率的变化对电网电压的稳定性带来极为不利的影响，因此电力系统的无功补偿和电压调整是保证电网安全、优质、经济运行的重要措施。

电力系统为保持电压稳定而进行的电压调整过程，其实就是电网无功功率的补偿与再分配的过程。采用无功补偿方式实现调压，一般都需要有能提供

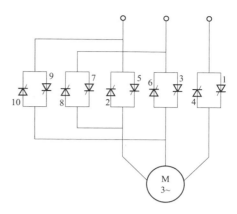

图 4 - 19　晶闸管交流调压调速系统
可逆运行和制动原理图

无功功率的设备。在工业配电系统中，以往多采用电容器组实现功率补偿，用常规接触器进行电容投切。但是常规接触器投切式补偿电容的方法只能进行有级调节，并且受机械开关动作时间限制，响应速度慢，不能满足对波动较频繁的无功负荷补偿要求。此时可以用电力电子器件与储能元件构成静止无功补偿装置（Static Var Compensator，SVC），其显著特点是能快速、平滑、无级地调节容性或感性无功功率，实现动态补偿。

静止无功补偿器有两种基本类型，即晶闸管可控电抗器（Thyristor Controlled Reactor，TCR）和晶闸管投切电容器（Thyristor Switched Capacitor，TSC）。

1. 晶闸管可控电抗器（TCR）

TCR 主要起可变电感的作用，实现感性无功功率的快速、平滑调节。当然也可在 TCR 两端并联一定的电容器组，以满足系统对一定容性无功的要求。

图 4 - 20（a）为 TCR 的简化单相电路，其中电抗器 L 通过反并联晶闸管构成的双向开关与交流电源 u_s 相连。此时电路可视为交流调压器带纯电感负载的情况，为确保两晶闸管在正、负半周内可靠、对称导通，避免偶次谐波和直流分量，应采用宽脉冲或脉冲列触发。

不同晶闸管移相触发角 α 下电感电流 i_L 及其基波 i_{Lf} 不同。图 4 - 20（b）所示为 $\alpha=0$ 时的电源电压 u_s 与 i_L 波形，此时电感电流为正弦波，其有效值为 $I_L=I_{Lf}=\dfrac{U_s}{\omega L}$。由于纯电感负载的功率因数角 $\varphi=90°$，故在 $0\leqslant\alpha\leqslant90°$ 范围内双向晶

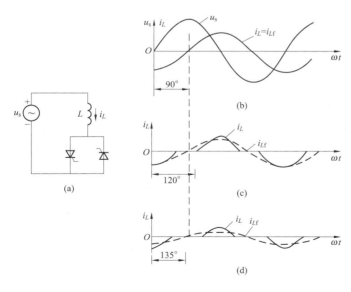

图 4 - 20　TCR 单相原理图及电压、电流波形
（a）简化单相电路；（b）$0\leqslant\alpha\leqslant90°$；（c）$\alpha=120°$；（d）$\alpha=135°$

闸管处于失控状态，已不能通过 α 变化来改变 I_L 大小。

如果 $\alpha > 90°$，电感中电流 i_L 将受到控制，即随着 α 角的增大，电感电流基波分量 I_{Lf} 相应减小，如图 4-20（c）、（d）所示。在电感电流可控条件下，电抗器等效电感值 $L = \dfrac{U_r}{\omega L_{Lf}}$ 随之可控，继而 TCR 吸收的感性无功功率 $Q = U_r L_{Lf} = \dfrac{U_r^2}{\omega L}$ 也可平滑调节，其规律是：$\alpha = 180°$ 时，$Q = 0$；$\alpha = 90°$ 时，$Q_L = Q_{Lmax}$。

从图 4-20（c）、（d）还可看出，当 $\alpha > 90°$ 后，i_L 已非正弦，除基波 i_{Lf} 外，还含 3、5、7、9 等奇次谐波，其大小与 i_{Lf} 正比，并随 α 变化。为了防止 3 及 3 的倍数次谐波对交流系统的影响，常将三相 TCR 作三角形连接，使这类谐波经三相电感环流而不注入交流电网。为消除其他奇次谐波，可在 TCR 上并联电容吸收，此时还可提供一定程度容性无功。

2. 晶闸管投切电容器（TSC）

TSC 是利用反并联或双向晶闸管构成的交流无触点开关将若干组电容器投入、切出到交流母线上，其原理性示意图如图 4-21 所示。图中晶闸管采用过零触发方式，与电容器串联的小电感用于抑制电容投入电网时可能出现的冲击电流。在实际应用中通常采用三相电路，可以星形连接，也可以三角形连接。而电容器一般分为几组，可以根据电网对无功的需求改变投入电容器的容量，使 TSC 成为分级可调的动态无功补偿装置。

TSC 运行时，应选择交流电源电压和电容器预充电电压相等时刻，触发导通相应晶闸管进行电容投入，使电容电压不突变，不产生冲击电流。理想情况是电容器预充电至电源峰值电压，此时电源电压变化率为零，可使投入时电容电流为零，图 4-22 给出了 TSC 理想投切时刻原理图。设投入前电容器上端电压 u_C 已由上次最后导通的 V1 充至电源电压 u_s 的正峰值，故本次导通应选出 u_s 与 u_C 相等的 t_1 时刻使 V2 触发导通，电容电流开始建立。以后每半周期在过零点处轮流触发 V1、V2。需要切除电容时，选择 i_C 降为零的 t_2 时刻撤除触发脉冲，V2 关断、V1 也不再导通，u_C 则保持 V2 导通结束时的电源电压负峰值，为下次投入电容作准备。

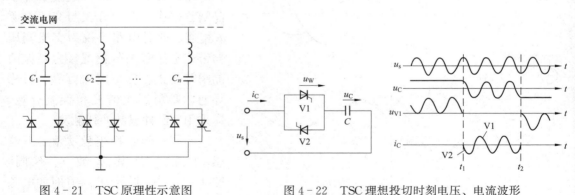

图 4-21　TSC 原理性示意图　　　　　　　图 4-22　TSC 理想投切时刻电压、电流波形

项　目　总　结

1. 双向晶闸管。选用和检测双向晶闸管的方法。

2. 单相调压电路的组成，电阻性、电感性负载时单相交流调压电路的工作原理，输入、输出波形。

3. 三相调压电路的组成，电阻性、电感性负载时三相交流调压电路的工作原理，输入、输出波形。

4. 过零触发单相交流调功电路的组成，其工作原理，输入、输出波形。

<h2 style="text-align:center">复　习　思　考</h2>

1. 双向晶闸管有哪几种触发方式？使用时要注意什么问题？

2. 双向晶闸管有哪几种常用的触发电路？

3. 图 4 - 23 所示为单相晶闸管交流调压电路，$U_2 = 220V$，$L = 5.516mH$，$R = 1\Omega$，试求：

（1）控制角的移相范围。

（2）负载电流的最大有效值。

（3）最大输出功率和功率因数。

4. 一台 220V、10kW 的电炉，采用晶闸管单相交流调压，现使其工作在 5kW，试求电路的控制角 α、工作电流及电源侧功率因数。

5. 某单相反并联调功电路，采用过零触发，$U_2 = 220V$，负载电阻 $R = 1\Omega$；在设定的周期 T 内，控制晶闸管导通 0.3s，断开 0.2s。试计算送到电阻负载上的功率与晶闸管一直导通时所送出的功率。

6. 采用双向晶闸管的交流调压器接三相电阻负载，如电源线电压为 220V，负载功率为 10kW，试计算流过双向晶闸管的

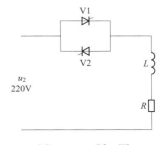

图 4 - 23　题 3 图

最大电流。如使用反并联连接的普通晶闸管代替双向晶闸管，则流过普通晶闸管的最大有效电流为多大？

7. 试以双向晶闸管设计家用电风扇调压调速实用电路。如手边只有一个普通晶闸管与若干二极管，则电路将如何设计？

项目五

谐振变频与感应加热电源

感应加热电源技术具有快速、清洁、节能、易于实现自动化和在线生产、生产效率高等特点，损耗极低，不产生任何物理污染，是一种绿色环保型加热工艺，同时还能根据加热电源频率的高低不同在工件加热表面及深度上有高度灵活的选择性。感应加热电源技术的发展依赖于电力电子技术及电力电子器件的发展。目前，主要由晶闸管、功率 MOS 晶体管、绝缘栅双极型晶体管 IGBT 及串联谐振逆变和并联谐振逆变技术组成低频、中频、高频、超音频感应加热电源。

图 5-1 所示为实际中频感应加热现场。图 5-2 为中频感应加热电源的组成框图。

本项目以认识 IGBT 中频感应加热电源为项目驱动，将该项目分解成认识绝缘栅双极型晶体管和中频感应加热电源两个学习任务。

图 5-1　感应加热设备实物

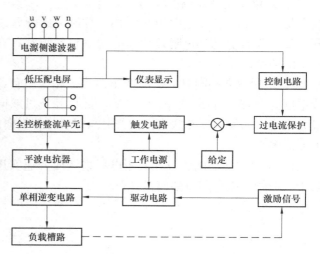

图 5-2　中频感应加热电源的组成

【学习目标】

（1）认识绝缘栅双极型晶体管外形、型号的含义。

（2）能分析绝缘栅双极型晶体管的工作原理。

（3）熟悉绝缘栅双极型晶体管的驱动和保护电路。

（4）能对绝缘栅双极型晶体管简单测试。

（5）了解中频感应加热装置的基本原理及应用。

（6）熟悉中频感应加热装置的组成。

（7）掌握单相串、并联谐振逆变电路的工作原理。

（8）了解常用的中频感应加热装置的使用注意事项。

（9）了解复杂电力电子装置的安装调试方法。

（10）在项目实施过程中，培养团队合作精神，强化安全意识和职业行为规范。

（11）熟悉中频感应加热装置的安装、调试，简单的故障维修方法。

【教学导航】

教	知识重点	（1）绝缘栅双极型晶体管的结构、工作原理 （2）中频感应加热电源的工作原理 （3）单相串、并联谐振电路工作原理
	知识难点	单相串、并联谐振电路工作原理
	推荐教学方式	由工作任务入手，通过对 IGBT 中频感应加热电源的认识和分解学习，让学生从外到内、从直观到抽象、从应用到原理逐渐理解所要学习的知识重点
	建议学时	6 学时
学	推荐学习方法	任务驱动，理论与实践结合
	必须掌握的理论知识	（1）三相桥式全控整流电路的工作原理、数值计算 （2）绝缘栅双极型晶体管的工作原理、特性参数 （3）谐振逆变电路的工作原理
	必须掌握的技能	用万用表测试 IGBT 的好坏

任务八　认识绝缘栅双极型晶体管

【任务目标】

（1）观察普通绝缘栅双极型晶体管的外形，认识该器件的外形结构、端子及型号。

（2）通过测试，会判别器件的端子、判断器件的好坏，并能通过原理说明原因。

（3）通过对器件型号的认识，掌握器件的基本参数。

【任务描述】

中频感应加热电源是一种应用广泛的电力电子装置，该装置主要由三相桥式整流电路、触发电路、并联谐振逆变电路、保护电路几部分组成。在前面的学习任务中，已经认识了三相桥式整流电路以及晶闸管等电路及元件的原理和特性。本任务中主要认识学习绝缘栅双极型晶体管 IGBT，为分析由并联谐振电路组成的中频感应加热电源和其他电力电子电路打下基础。

【相关知识】

一、认识绝缘栅双极型晶体管

绝缘栅双极型晶体管（Insulated Gate Bipolar Transistor，IGBT）是一种综合了功率场效应管 MOSFET 和电力晶体管 GTR 的优点而产生的一种新型复合器件，它不但具有 MOSFET 的开关频率高、电压驱动及驱动功率小和 GTR 的导通压降小、耐压高及通流能力强的特点，同时还具有输入阻抗高、无二次击穿、安全工作区宽、热稳定性好和驱动电路简单的优点。这使得 IGBT 成为近年来电力电子领域中尤为瞩目的电力电子器件。随着 IG-BT 制造技术的成熟，在电动机控制、中频电源和开关电源，以及要求快速、低损耗的领域应用广泛。

1. IGBT 的结构和工作原理

（1）结构。绝缘栅双极晶体管（IGBT）本质上是一个场效应晶体管，只是在 MOSFET漏极和漏区之间多了一个 P 型层。根据国际电工委员会的文件建议，其各部分名称基本沿用场效应晶体管的相应命名，源极引出的电极端子（含电极端）称为发射极 E，漏极引出的电极端（子）称为集电极 C。IGBT 的结构、等效电路和图形符号如图 5-3 所示。

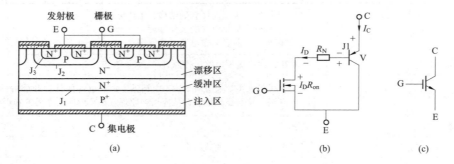

图 5-3 IGBT 的结构等效电路和图形符号
(a) 内部结构断面示意图；(b) 简化等效电路；(c) 电气图形符号

图 5-3 (a) 所示为一个 N 沟道增强型绝缘栅双极晶体管结构，N^+ 区称为源区，附于其上的电极称为源极。P^+ 区称为漏区。器件的控制区为栅区，附于其上的电极称为栅极。沟道在紧靠栅区边界形成。在漏、源之间的 P 型区（包括 P^+ 和 P 区，沟道在该区域形成）称为亚沟道区（Subchannel region）。而在漏区另一侧的 P^+ 区称为漏注入区（Drain injector），它是 IGBT 特有的功能区，与漏区和亚沟道区一起形成 PNP 双极晶体管，起发射极的作用，向漏极注入空穴，进行导电调制，以降低器件的通态电压。附于漏注入区上的电极称为漏极。

（2）工作原理。在 IGBT 的栅极 G 和发射极 E 之间加正驱动电压时，PNP 晶体管的集电极 C 与基极之间成低阻状态而使得晶体管导通，则 IGBT 导通；若 IGBT 的栅极和发射极之间电压为 0V，则 MOSFET 截止，切断 PNP 晶体管基极电流的供给，使得晶体管截止，则 IGBT 关断。因此，IGBT 与 MOSFET 一样也是电压控制型器件，在栅极 G 和发射极 E间施加十几伏的直流电压时，只有微安级的漏电流流过，基本上不消耗功率。

2. IGBT 的特性

（1）静态特性。IGBT 的静态特性包括转移特性和输出特性等，特性曲线图如图 5-4所示。

1）转移特性。如图 5-4 (a) 所示描述的是集电极电流 I_C 与栅射极电压 U_{GE} 间的关系，与 MOSFET 转移特性类似。$U_{GE(th)}$ 为 IGBT 的开启电压，随温度升高而略有下降，在 $+25℃$ 时，$U_{GE(th)}$ 的值一般为 $2\sim6V$。

2）输出特性。图 5-4 (b) 所示为对称的 N 沟道 IGBT 正向输出特性，描述了以栅极电压 U_{GE} 为参变量时，集电极电流 I_C 与集电极电压 U_{CE} 之间的关系曲线。输出特性曲线区域分为三个区域，即正向阻断区、有源区和饱和区，分别与 GTR 的截止区、放大区和饱和区相对应。

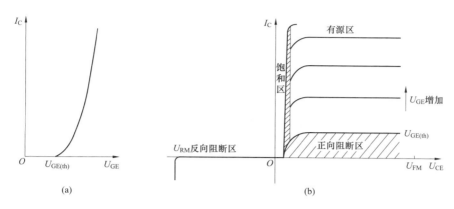

图 5-4　IGBT 的静态特性

（a）转移特性；（b）输出特性

（2）动态特性。IGBT 的动态特性也称作 IGBT 的开关特性，特性如图 5-5 所示，包括开通过程和关断过程两个方面。

IGBT 在开通过程中，大部分时间是作为 MOSFET 来运行的，只是在集射电压 U_{CE} 下降过程后期，PNP 晶体管由放大区至饱和区，又增加了一段延缓时间，使集射电压波形变为两段。IGBT 在关断过程中，集电极电流的波形变为两段，因为 MOSFET 关断后，PNP 晶体管中的存储电荷难以迅速消除，造成集电极电流较长的尾部时间。

3. IGBT 的主要参数

（1）最大集射极间电压 U_{CES}。集射极击穿电压 U_{CES} 决定了器件的最高工作电压，它由内部 PNP 晶体管的击穿电压确定，具有正的温度系数。

（2）最大栅射极电压 U_{GES}。IGBT 是电压控制器件，靠加在栅极的电压信号来控制 IGBT 的导通和关断，而 IGBT 对栅极的电压控制信号相当敏

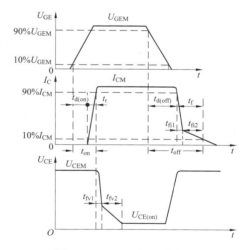

图 5-5　IGBT 的开关特性

感，只有电压在额定电压值很小的范围内，才能使 IGBT 导通而不致损坏，故应将栅射极电压限制在 20V 以内，一般取 15V 左右为宜。

（3）最大集电极电流 I_C 和峰值电流 I_{CM}。最大集电极电流为 IGBT 的额定电流，表征其电流容量。I_C 主要受结温限制，限制 I_{CM} 主要是为了避免发生擎住效应。只要不超过额定结温，IGBT 可以工作在比连续电流额定值大的峰值电流范围内，通常峰值电流为额定值的 2 倍左右。

（4）最大集电极功耗 P_{CM}。最大集电极功耗即正常工作温度下允许的最大耗散功率。如果 IGBT 栅极与发射极之间的电压即驱动电压 U_{GE} 过低，则 IGBT 不能稳定正常地工作；如果过高，超过栅极-发射极之间的耐压 U_{GES}，则 IGBT 可能永久性损坏。同样，如果加在

IGBT 集射极间的电压 U_{CE} 超过集射极之间的耐压 U_{CES}，流过 IGBT 集电极-发射极的电流 I_C 则超过集电发极允许的最大电流 I_{CM}，导致 IGBT 的结温超过其结温的允许值，IGBT 可能会永久性损坏。

二、IGBT 的驱动电路

IGBT 的驱动条件与它的静态和动态特性密切相关。栅极的正偏压 $+V_{GE}$、负偏压 $-V_{GE}$ 和栅极电阻 R_G 的大小，对 IGBT 的通态电压、开关时间、开关损耗、承受短路能力以及 $\mathrm{d}V_{CE}/\mathrm{d}t$ 等参数都有不同程度的影响。门极驱动条件与器件特性的关系如表 5 - 1 所示。

表 5 - 1 IGBT 的驱动条件与主要特性

主要特性	$+V_{GE}$ 上升	$-V_{GE}$	R_G 上升
$V_{CE(sat)}$	减小	—	—
t_{on}、E_{on}	减小	—	增加
t_{off}、E_{off}	—	减小	增加
开通浪涌电压	增加	—	减小
关断浪涌电压	—	增加	减小
$\mathrm{d}V_{CE}/\mathrm{d}t$	误触发	增加	减小
电流限制值	增加	—	减小

1. IGBT 对驱动电路的要求

（1）提供适当的正反向电压，使 IGBT 能可靠地开通和关断。当正偏压增大时，IGBT 通态压降和开通损耗均下降，但若 U_{GE} 过大，则负载短路时其 I_C 随 U_{GE} 增大而增大，对其安全不利，使用中选 $U_{GE} \ll 15\mathrm{V}$ 为好。负偏电压可防止由于关断时浪涌电流过大而使 IGBT 误导通，一般选 $U_{GE} = -5\mathrm{V}$ 为宜。

（2）IGBT 的开关时间应综合考虑。快速开通和关断有利于提高工作频率，减小开关损耗，但在大电感负载下，IGBT 的开频率不宜过大，因为高速开断和关断会产生很高的尖峰电压，可能造成 IGBT 自身或其他元件击穿。

（3）IGBT 开通后，驱动电路应提供足够的电压、电流幅值，使 IGBT 在正常工作及过载情况下不致退出饱和而损坏。

（4）GBT 驱动电路中的电阻 R_G 对工作性能有较大的影响。R_G 较大，有利于抑制 IGBT 的电流上升率及电压上升率，但会增加 IGBT 的开关时间和开关损耗；R_G 较小，会引起电流上升率增大，使 IGBT 误导通或损坏。R_G 的具体数据与驱动电路的结构及 IGBT 的容量有关，一般在几欧至几十欧，小容量的 IGBT 的 R_G 值较大。

（5）驱动电路应具有较强的抗干扰能力及对 IGBT 的保护功能。IGBT 的控制、驱动及保护电路等应与其高速开关特性相匹配。另外，在未采取适当的防静电措施情况下，G—E 不能开路。

2. 实用 IGBT 驱动电路

（1）直接驱动法。阻尼滤波门极驱动电路如图 5 - 6 所示。一般要求双电源供电方式，输入信号经整形器整形后进入放大级，放大级采用有源负载方式以提供足够的门极电流。为消除可能出现的振荡现象，IGBT 的栅射极间接入了 RC 网络组成的阻尼滤波器。此种驱动电路适用于小容量的 IGBT。

（2）间接驱动电路。光耦合器门极驱动电路如图5－7所示，使信号电路与门极驱动电路进行隔离。驱动电路的输出级采用互补电路的形式，以降低驱动源的内阻，同时加速IGBT的关断过程。

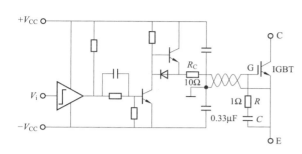

图5－6　阻尼滤波门极驱动电路

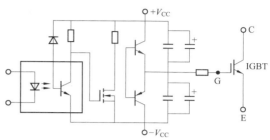

图5－7　光耦合器门极驱动电路

脉冲变压器直接驱动IGBT的电路如图5－8所示，适用于小容量IGBT的驱动。

（3）混合集成驱动电路。相对于分立元件驱动电路而言，集成化模块驱动电路抗干扰能力强，集成化程度高，速度快，保护功能完善，可实现IGBT的最优驱动。如高速型集成模块EXB840，最大开关频率达40kHz，能驱动75A、1200V的IGBT管。

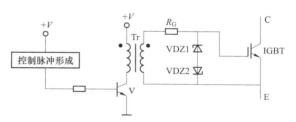

图5－8　脉冲变压器直接驱动IGBT的电路

三、IGBT的保护电路

1. IGBT栅极的保护

IGBT的栅射极驱动电压U_{GE}的保证值为±20V，如果在它的栅极与发射极之间加上超出保证值的电压，则可能会损坏IGBT，因此，在IGBT的驱动电路中应当设置栅压限幅电路。

2. 集电极与发射极间的过电压保护

过电压的产生主要有两种情况，一种是施加到IGBT集射极间的直流电压过高，另一种为集电射极上的浪涌电压过高。针对以上情况，可采取如下措施：

（1）在选取IGBT时，进行降额设计。另外，可在检测出这一过压时分断IGBT的输入，保证IGBT的安全。

（2）在电路设计时调整IGBT驱动电路的R_g，使di/dt尽可能小。

（3）尽量将电解电容靠近IGBT安装，以减小分布电感。

（4）根据情况加装缓冲保护电路，旁路高频浪涌电压。

3. IGBT的过电流保护

IGBT的过电流保护电路可分为两类，一类是低倍数的（1.2～1.5倍）的过载保护，一类是高倍数（可达8～10倍）的短路保护。对于过载保护不必快速响应，可采用集中式保护；对于短路保护，通常采取的保护措施有软关断和降栅压两种。

【任务实施】

一、认识绝缘栅双极型晶体管IGBT外形

IGBT的外形图如图5－9所示。

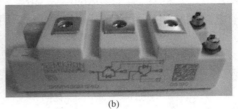

(a)   (b)

图 5 - 9   IGBT 的外形图

(a) 单管 IGBT 外形；(b) IGBT 模块外形

1. 单管 IGBT

单管 IGBT 的外形图如图 5 - 9 （a）所示。目前主要采用 TO - 220/TO - 247 和 TO - 252 等封装形式，管脚从左往右依次为栅极 G、集电极 C、发射级 E。

2. IGBT 模块

IGBT 模块包括半桥模块、全桥模块、三相全桥模块等，封装形式也很多，如 14 封装、6 封装、2 封装，不同封装形式对应的管脚数不同。图 5 - 9 （b）所示为 SKM145GB124D 型 IGBT 模块，额定电流 145A，额定电压 1200V，具有 2 个单元。

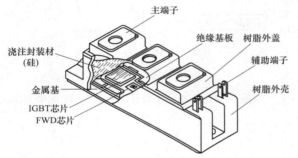

图 5 - 10   端子台一体构造的 IGBT 模块

图 5 - 10 为图 5 - 9 所示模块的端子台一体构造结构，是通过采用外壳与外部电极端子的一体成型构造，以达到减少部件数量和降低内部配线电感的目的。

IGBT 模块的电路构造实例见表 5 - 2。

表 5 - 2   IGBT 模块的电路构造实例

名称	IGBT 模块示例		特征
	外观	等效电路	
1 in 1	1MBI600S - 120		产品中分别内置有 1 个 IGBT 和 1 个 FWD（二极管）。作为具有电流额定量大的产品，经常通过并列连接后用于更大容量的区域
2 in 1	2MBI450UE - 120		产品中分别内置有 2 个 IGBT 和 2 个 FWD。一般以 3 台为一组使用，构成 PWM 变频器。另外，也经常并列使用电流额定量大的产品

续表

名称	IGBT 模块示例		特征
	外观	等效电路	
6 in 1	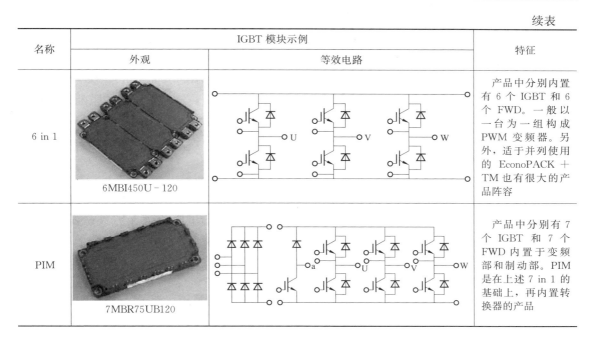 6MBI450U－120		产品中分别内置有 6 个 IGBT 和 6 个 FWD。一般以一台为一组构成 PWM 变频器。另外，适于并列使用的 EconoPACK ＋ TM 也有很大的产品阵容
PIM	7MBR75UB120		产品中分别有 7 个 IGBT 和 7 个 FWD 内置于变频部和制动部。PIM 是在上述 7 in 1 的基础上，再内置转换器的产品

二、IGBT 的型号及含义

对于 IGBT 的命名，每个公司的命名规则都不太相同。下面以西门子系列 BSM100GB120DN2 为例说明该公司产品型号中各组成部分所代表的含义：

BSM——带反并联续流二极管（FWD）的 IGBT 模块；

BYM——二极管模块；

100——$t_c＝80℃$ 时的额定电流；

GA ——1 单元模块；

GB ——2 单元模块（半桥模块）；

GD ——6 单元模块；

GT ——3 单元模块；

GP ——7 单元模块（功率集成模块）；

GAL——斩波模块（斩波二极管靠近集电极）；

GAR——斩波模块（斩波二极管靠近发射极）；

120——额定电压×10，即额定电压为 1200V；

DL ——低饱和压降；

DN2——高频型；

DLC——带（EmCon）二极管的低饱和压降。

三、IGBT 的简单测试

1. 判断 IGBT 的方法

（1）判断极性。检测前先将 IGBT 管 3 只管脚短路放电，避免影响检测的准确度。将万用表拨在 R×1kΩ 挡，用万用表测量时，若某一极与其他两极阻值为无穷大，调换表笔后该极与其他两极的阻值仍为无穷大，则判断此极为栅极（G）。

其余两极再用万用表测量，若测得阻值为无穷大，调换表笔后测量阻值较小。在测量阻值较小的一次中，则判断红表笔接的为集电极（C），黑表笔接的为发射极（E）。

（2）判断好坏。将万用表拨在 R×10kΩ 挡，用黑表笔接 IGBT 的集电极（C），红表笔接 IGBT 的发射极（E），此时万用表的指针在零位。用手指同时触及一下栅极（G）和集电极（C），这时 IGBT 被触发导通，万用表的指针摆向阻值较小的方向，并能停住指示在某一位置。然后再用手指同时触及一下栅极（G）和发射极（E），这时 IGBT 被阻断，万用表的指针回零。此时即可判断 IGBT 是好的。如果测得 IGBT 管 3 个引脚间电阻均很小，则说明该管已击穿损坏；若测得 IGBT 管 3 个引脚间电阻均为无穷大，说明该管已开路损坏。实际维修中 IGBT 管多为击穿损坏。

2. 检测 IGBT 模块的办法

（1）静态测量。针对本项目中所介绍的 SKM145GB124D 型 IGBT 模块，把万用表放在 R×100Ω 挡，测量黑表笔接 1 端子、红表笔接 2 端子，显示电阻应为无穷大；表笔对调，显示电阻应在 400Ω 左右。用同样的方法，测量黑表笔接 3 端子、红表笔接 1 端子，显示电阻应为无穷大；表笔对调，显示电阻应在 400Ω 左右。若符合上述情况，表明此 IGBT 的两个单元没有明显的故障。

（2）动态测试。把万用表的挡位放在 R×10k 挡，用黑表笔接 4 端子，红表笔接 5 端子，再用黑表笔通过电阻与 3 端子瞬时接触时，电阻表示数应为 300～400Ω，表明此 IGBT 单元是完好的。用同样的方法测试 1、2 端子间的 IGBT，若符合上述的情况表明，该 IGBT 也是完好的。

四、任务实施标准

认识绝缘栅双极型晶体管的任务实施标准见表 5-3。

表 5-3 　　　　　　　　　　认识绝缘栅双极型晶体管的任务实施标准

项目名称：＿＿＿＿＿＿　　　姓名：＿＿＿＿＿＿　　　考核时限：<u>90 分钟</u>

序号	内容	分值	等级	计分细则	得分
1	认识器件	20	10	认识 IGBT，能说明 IGBT 的工作原理	
			10	能说明 IGBT 的型号及含义	
2	判断 IGBT 的极性和好坏	35	5	万用表使用	
			10	测试方法	
			10	极性判断，判断错一个扣 5 分	
			10	好坏判断，判断错一个扣 5 分	
3	检测 IGBT 模块	25	10	测试方法	
			15	判断模块中 IGBT 好坏，判错一个扣 5 分，全错 0 分	
4	安全生产	10	10	安全文明生产，符合操作规程	
			5	经提示后能规范操作	
			0	不能文明生产，不符合操作规程	
5	拆线整理现场	10	10	现场整理干净，设施及桌椅摆放整齐	
			5	经提示后能将现场整理干净	
			0	不合格	
6				合计	

任务九　中频感应加热电源

💬 【任务目标】

（1）了解中频感应加热装置的基本原理及应用。

（2）掌握中频感应加热装置的组成。

（3）掌握逆变的基本概念，掌握单相串、并联谐振逆变电路的工作原理。

（4）掌握触发电路与主电路电压同步的概念以及实现同步的方法。

（5）了解常用的中频感应加热装置的使用注意事项。

（6）熟悉中频感应加热装置的安装、调试，以及简单的故障维修方法。

（7）在项目实施过程中，培养团队合作精神，强化安全意识和职业行为规范。

🛠 【任务描述】

中频感应加热电源是一种利用整流电路将交流电整流为直流电，经电抗器平波后，成为一个恒定的直流电流源，再经单相逆变电路，把直流电流逆变成一定频率（一般为1000～8000Hz）的单相中频电流的装置。因此，中频感应加热电源由可控或不可控整流电路、逆变电路和一些控制保护电路组成。整流电路已经在项目二中的任务四中做过介绍，已经知道交流电是如何转换为可变直流电的方法。那么，逆变电路又是如何将整流电路输出的直流电逆变成一定频率的交流电，逆变电路对触发电路有什么要求，针对这些问题，下面来介绍相关知识。

📖 【相关知识】

一、中频感应加热电源概述

1. 感应加热的原理

感应加热是根据电磁感应原理，利用涡流对置于交变磁场中的工件进行加热。高频交变电流通过线圈产生交变的磁场，当磁场内磁力线通过待加热金属工件时，交变的磁力线穿透金属工件形成回路，故在其横截面内产生感应电流，此电流称为涡流（亦称傅科电流），可使待加热工件局部瞬时迅速发热，进而达到工业加热的目的。

2. 感应加热中的三种效应和穿透深度

感应加热过程中存在着三种效应，即集肤效应、邻近效应和圆环效应。

感应加热设备（电源）就是综合利用此三种效应的设备。高频交变电流通过导体时，由于集肤效应的影响，电流只在导体表面层通过，表面层的深度与导体的性质和电流频率的高低有关，通常将此表面层的深度或厚度定义为穿透深度。工程上规定，当导体某一深处的电流密度为其表面电流密度的 $1/e = 0.368$ 时，该深度就定以为穿透深度 Δ。

工程上穿透深度 Δ 与电阻率 ρ 的平方根成正比，与电流频率 f 及导体的相对磁导率的 μ_r 平方根成反比。电流频率越高，穿透深度越小，集肤效应越明显。当 ρ 和 μ_r 确定以后，可以通过改变频率来控制穿透深度，达到工艺要求。

中频感应加热电源需要的交流电频率为500Hz～10kHz。加热深度、厚度为3～10mm，多用于较大工件、大直径轴类、大直径厚壁管材、大模数齿轮等工件的加热、退火、回火、调质和表面淬火及较小直径的棒材红冲、煅压等。

3. 感应加热电源的组成

感应加热电源的组成见图 5 - 2。本任务中主要介绍逆变电路相关部分的内容。中频感应加热电源的逆变电路主要由绝缘栅双极型晶体管 IGBT、感应线圈和补偿电容共同组成。为了提高电路的功率因数，需要调协电容器向感应加热负载提供无功能量。根据电容器与感应线圈的连接方式可以把逆变器分为以下两种：

(1) 串联逆变器：电容器与感应线圈组成串联谐振电路。

(2) 并联逆变器：电容器与感应线圈组成并联谐振电路。

二、逆变的基本概念和换流方式

1. 逆变的基本概念

无源逆变电路是将直流电转换为频率、幅值固定或可变的交流电并直接供给负载的电路。逆变电路的输出与电网的交流电无关。若无特殊说明，逆变电路一般多指无源逆变电路。

2. 逆变电路分类

(1) 按相数分：有单相逆变器、三相逆变器。

(2) 按输入直流电源的特点分：有电压型逆变器、电流型逆变器。

(3) 按电路结构特点分：有半桥式、全桥式和推挽式等。

3. 换流方式

在电力电子变换电路中，电流从一个支路向另一个支路转移的过程称为换流（或换相）。换流方式可分为以下几种：

(1) 器件换流。利用全控型器件的自关断能力进行换流。采用 GTO、MOSFET、IGBT、GTR 等全控型器件，利用全控型器件的自关断能力进行换流，称为硬开关换流；如果利用电容或电抗器造成电压或电流的谐振条件，在电压或电流的过零时刻关断器件，可以极大地减少器件的开关损耗，这种方式称为软开关换流方式，也是本任务要重点介绍的内容。

(2) 电网换流。利用电网电压自动过零并变负的性能换流。该换流方式简单，常应用于交流电网供电的电路中，如整流电路、有源逆变电路和 AC/AC 变流器等。

(3) 负载换流。由负载谐振提供换流电压的方式称为负载换流。

(4) 强迫换流。附加换流电路，在换流时产生一个反向电压关断晶闸管。

4. 逆变电路的工作原理

(1) 电压型逆变电路。若直流输入电源为恒压源，即直流电源端有大容量滤波电容器，则在逆变器工作过程中，直流侧电压基本不变，这样的逆变器称为电压型逆变器。电压型逆变器主要有单相半桥、单相全桥、三相半桥、三相全桥几种结构形式。

1) 电压型单相半桥逆变电路及其工作波形如图 5 - 11 所示。V1 和 V2 栅极信号在一周期内半周正偏、半周反偏，两者互补，输出电压 u_o 为矩形波，幅值为 $U_m = U_d/2$；V1 或 V2 导通时，i_o 和 u_o 同方向，直流侧向负载提供能量；VD1 或 VD2 导通时，i_o 和 u_o 反向，电感中储能向直流侧反馈。VD1、VD2 称为反馈二极管，它又起着使负载电流连续的作用，又称续流二极管。

单相半桥逆变电路的优点是结构简单，使用器件少。缺点是输出交流电压幅值小，为 $U_d/2$，且直流侧需两电容器串联，控制两者电压均衡。一般用于几千瓦以下的小功率逆变

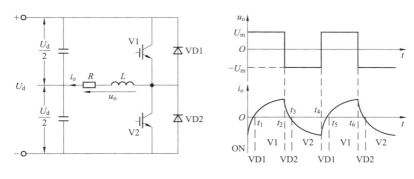

图 5-11 电压型单相半桥逆变电路及其工作波形

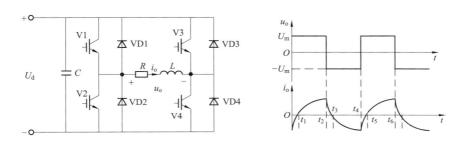

图 5-12 电压型单相全桥逆变电路及其工作波形

电源。

2）电压型单相全桥型逆变电路及其工作波形如图 5-12 所示，其中桥臂 V1、V4 作为一对，桥臂 V2、V3 作为一对，成对的两个桥臂同时导通，两队桥臂交替各导通 $180°$。

V1、V4 导通时，V_2、V_3 断开，输出电压 u_o 为 U_d，输出为正；反之，V1、V4 断开，V2、V3 导通时，输出 u_o 为 $-U_d$，输出为负，这样就把直流电变换成交流电。

单相全桥逆变电路输出电压 u_o、输出电流 i_o 波形和半桥电路形状相同，但幅值增加 1 倍。改变两组开关的切换频率，可以改变输出交流电的频率。

单相全桥逆变电路是单相逆变电路中应用最多的。三相半桥和三相全桥电压型逆变电路在此不作介绍。

3）电压型逆变电路的基本特点如下：

a. 直流侧为电压源或并联有大电容，相当于电压源。直流侧电压基本无脉动，直流回路呈现低阻抗。

b. 由于直流电压源的钳位作用，输出电压为矩形波，与负载阻抗角无关，交流侧输出电流波形和相位因负载阻抗情况的不同而不同。

c. 当交流侧为阻性和感性负载时，需要提供无功功率，直流侧电容起缓冲无功能量作用。为了给交流侧向直流侧反馈的无功能量提供通道，逆变桥各臂都并联反馈二极管。

（2）电流型逆变电路。若输入直流电源为恒流源，即逆变电路直流侧有大容量滤波电抗器，则在逆变器工作过程中，直流侧电流基本不变，可近似看成直流电流源，这样的逆变器称为电流型逆变器。电流型逆变电路的基本特点如下：

1）直流侧串联有大电感，相当于电流源。直流侧电流基本无脉动，直流回路呈现高阻抗。

2）电路中开关器件的作用只是改变直流电流的流通路径，与负载阻抗角无关，交流侧输出电压波形和相位侧因负载阻抗情况的不同而不同。

3）当交流侧为阻感负载时，需要提供无功功率，直流侧电感起缓冲无功能量的作用，由于反馈无功能量时直流电流并不反向，因此不必给开关器件反并联二极管。

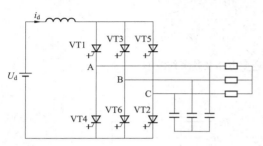

图 5 - 13　电流型三相桥式逆变电路

4）在电流型逆变电路中，采用半控型器件的电路较多应用在晶闸管中频逆变电源中，一般采用负载换流方式。器件换流的电流型三相逆变器如图 5 - 13 所示。

与三相电压型逆变电路基本工作方式不同，三相电流型桥式逆变电路采用的是 120°导电方式，每个臂一周期内导电 120°，按 VT1～VT6 的顺序每隔 60°依次导通。这样，每时刻上下桥臂组各有一个臂导通，在上下桥臂组内依次换流，称为横向换流。

电流型逆变电路输出电流波形和负载性质无关，是正负脉冲各 120°的矩形波，如图 5 - 14 所示。从波形图中可以看出，输出电流波形和三相桥式可控整流电路在大电感负载下的交流输入电流波形相同，因此它们的谐波分析表达式也相同，输出线电压波形和负载性质有关，大体为正弦波，但叠加了一些脉冲，这是由于逆变器中的换流过程而产生的。

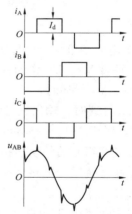

图 5 - 14　电流型三相桥式
逆变电路工作波形

三、单相谐振逆变电路

在前面提到的换流方式中有一种叫做负载谐振换流，当负载与换流电容器构成的 RLC 电路满足谐振条件时，就可以在电压或电流的过零时刻关断器件，这类逆变器称为谐振型逆变电路。

根据负载谐振形式的不同，可以将感应加热电源逆变器分为串联谐振式逆变器和并联谐振式逆变器两种逆变结构。串、并联谐振逆变电路由于所接的负载谐振电路不同，所以表现出来的特性也不相同，串并联谐振逆变器特点见表 5 - 4。

表 5 - 4　　　　　　　　　　　　　　串并联谐振特点比较

逆变器	串联谐振逆变器	并联谐振逆变器
特点	结构简单	结构较复杂
	控制较简单	控制相对复杂
	可采用不控整流	需采用可控整流
	不宜空载，需加空载保护	可以空载
	无短路保护能力，需加短路保护	拓扑本身具有短路保护能力

续表

逆变器	串联谐振逆变器	并联谐振逆变器
特点	开关器件同时流过有功和无功电流	开关器件只流过有功电流
	不需平波电感，体积较小，成本低	需平波电感，体积较大，成本高
	启动容易，可以自励或他励工作	启动困难，启动时间长
	功率器件反并联二极管，无需外接二极管	需要大功率高频二极
	需高耐压谐振电容，尤其是 Q 值较大时	没有高压危险
	对负载槽路布线工艺要求比较低，不会影响功率和效率	负载槽路布线工艺要求比较高，感应器和补偿容的引线不能过长

1. 电流型并联谐振式逆变电路

（1）电路结构。图 5-15 所示为单相桥式电流型并联谐振逆变电路。L_T 用来限制晶闸管开通时的 di/dt，各桥臂的 L_T 之间不存在互感。VT1～VT4 以 1000～5000Hz 的中频轮流导通，可以在负载得到中频电流。并联电容 C 主要为了提高功率因数。同时，电容 C 和 R、L 可以构成并联谐振电路，因此，这种电路也叫并联谐振式逆变电路。采用负载换流方式时，要求负载电流要超前电压一定的角度。负载一般是电磁感应线圈，用来加热线圈的导电材料。

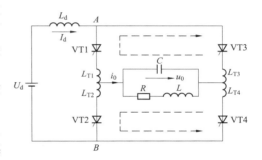

图 5-15　电流型并联谐振逆变电路

（2）工作原理。一般情况下，该电路输出电压的基波频率接近负载谐振的频率，故负载对基波呈高阻态，对高次谐波呈低阻态，谐波在负载电路上产生的压降很小，因此，负载的电压波形接近于正弦波。

电流型并联谐振逆变电路工作波形如图 5-16 所示。在交流电流的一个周期中，该电路有两个导通阶段和两个换流阶段。t_1～t_2 之间为晶闸管 VT1 和 VT4 稳定导通阶段，负载电流 $i_o = I_d$，近似为恒定值，t_2 时刻以前在电容 C 上建立左正右负的电压。在 t_2 时刻触发 VT2 和 VT3，由于 t_2 时刻之前 VT2 和 VT3 的电压均为 u_o，而 t_2 时刻 u_o 为正值，所以触发 VT2 和 VT3 开通。由于存在换流电抗器 L_T，使 VT1 和 VT4 不能立即关断，电流有一个减小的过程，VT2 和 VT3 的电流有一个增大的过程，进入换流阶段。即 t_2 时刻后，4 个晶闸管全部导通。负载电容电压经过两个并联的放电回路放电（L_{T1}～VT1～C～VT3～L_T 和 L_{T2}～VT2～VT4～L_{T4}～C），如图 5-15 中的虚线所示。在放电过程中，VT1 和 VT4 的电流减小到零而关断，换流结束，称 $t_\gamma = t_4 - t_2$ 为换流时间。i_o 在 t_3 时刻过零，t_3 时刻位于 t_2 和 t_4 的中间位置。

由晶闸管的性质可知，晶闸管在电流减小到零后，需要一段时间才能恢复其正向阻断能力，因此，在 t_4 时刻换流结束后，还要使 VT1 和 VT4 承受一段反向电压时间 t_β 才能保证晶闸管可靠关断。$t_\beta = t_5 - t_4$ 应大于晶闸管的关断时间 t_q。为了保证可靠换流，应在负载电压 u_o 过零前 $t_\delta = t_5 - t_2$ 时刻（t_δ 称为触发引前时间）触发 VT2 和 VT3。

之后的分析过程和前面类似，t_4～t_6 之间为 VT2 和 VT3 的稳定导通阶段，经过 t_6 后又进入了 VT2 和 VT3 导通向 VT1 和 VT4 导通的换流阶段。

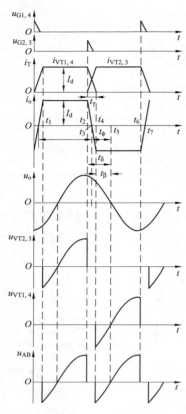

图 5-16　电流型并联谐振
逆变电路工作波形

（3）参数分析。如果忽略换流过程，输出电流可以近似的看成矩形波，将输出电流 $i_\circ$ 展开成傅里叶级数为

$$i_\circ = \frac{4I_d}{\pi}\left(\sin\omega t + \frac{1}{3}\sin3\omega t + \frac{1}{5}\sin5\omega t + \cdots\right) \quad (5-1)$$

其中基波电流的有效值为

$$I_{o1} = \frac{4I_d}{\sqrt{2}\pi} = 0.9I_d \quad (5-2)$$

忽略电抗器 L_d 的损耗，则直流电压 U_d 为

$$U_d = \frac{1}{\pi}\int_{-\beta}^{\pi-(\gamma+\beta)} u_{AB}\mathrm{d}\omega t = \frac{1}{\pi}\int_{-\beta}^{\pi-(\gamma+\beta)}\sqrt{2}U_0\sin\omega t\,\mathrm{d}\omega t$$

$$= \frac{2\sqrt{2}U_0}{\pi}\cos\left(\beta + \frac{\gamma}{2}\right)\cos\frac{\gamma}{2}\cdots \quad (5-3)$$

由于一般情况下 γ 值较小，因此可近似的认为

$$U_d = \frac{2\sqrt{2}}{\pi}U_0\cos\varphi \quad (5-4)$$

在上述分析中，假设负载参数和逆变电路的工作频率都是固定的，但当该逆变电路应用在中频感应加热电源中时，其负载的参数会随时间或工况而变化，固定的工作频率往往无法保证晶闸管的反向时间大于关断时间，可能导致逆变失败。为了保证电路正常工作，必须使工作频率能适应负载的变化而自动调整，这种控制方式称为自励方式，即逆变电路的触发信号取自负载端。与自励方式相对应，固定工作频率的控制方式称为他励方式。自励方式存在着启动问题，因为系统未投入时负载没有输入信号，解决这一问题的方法，一种是先用他励方式，系统工作后再转入自励方式；另一种方法是附加预充电启动电路，即预先给电容器充电，启动时将电容能量释放到负载上，形成衰减振荡，然后系统检测出振荡信号实现自励。

2. 电压型串联谐振式逆变电路

（1）电路结构。通常对功率因数较低的感性负载都采用串联电容的方式进行功率因数补偿，从而构成了负载换流串联式谐振逆变器。如图 5-17 所示，该电路图中 R、L 为负载等效电阻和电感，C 为补偿电容，VD1～VD4 为续流二极管。

（2）工作原理。分析电路可知，谐振时，电流谐振角频率 $\omega_g = \omega_0 = 1/\sqrt{LC}$，电感和电容阻抗互相抵消，即电路阻抗为纯阻性质。依据逆变器的触发频率 ω_g 与谐振频率 ω_0 的关系，负载电流可以有断续、临界和连续三种情况。

1）$\omega < \omega_0$，谐振过程电流断续。这时各管的导通情况和电路内电流、电压的主要波形、晶闸管及负载两端的电压、逆变器的传输功率如图 5-18 所

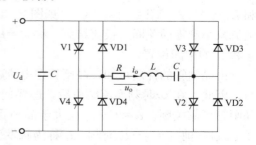

图 5-17　电压型串联谐振逆变电路

示。由图 5-18 可以看出，逆变器只有在 $t_0 \sim t_1$ 和 $t_3 \sim t_4$ 两段时间内负载电流和负载电压同相，有传输功率，能量由电源送至负载；而在 $t_1 \sim t_2$ 和 $t_4 \sim t_5$ 两段时间内负载电流和负载电压反向，负载将能量送回电源；在 $t_2 \sim t_3$ 和 $t_5 \sim t_6$ 两段时间内，电流截止，电源和负载间无能量传输。在一个周期内，电源向负载传输的能量为三部分的代数和，其值不太大。负载功率小的原因是这种工作状态是断续工作，要想增大功率输出，必须提高频率，使电流连续。

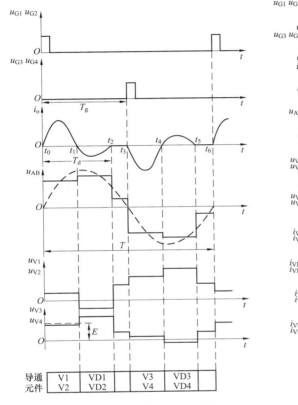

图 5-18　$\omega < \omega_0$ 时的各管的导通
情况和电路内电流、电压的主要波形

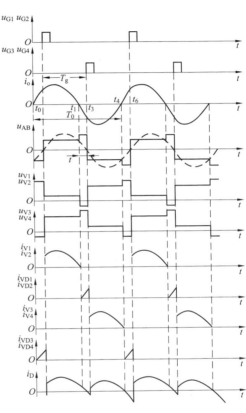

图 5-19　$\omega > \omega_0$ 时的各管的导通情况
和电路内电流、电压的主要波形

2）$\omega > \omega_0$，谐振过程电流连续。为了提高输出功率，必须充分利用电力半导体器件的能力，消灭电流断续区间，尽量缩减能量回馈电源的时间。电流连续时，由于从负载把能量送回直流电源的时间（$t_1 \sim t_3$）减小了（在晶闸管关断时间允许的情况下尽量短），每一个周期内负载得到能量将增加，逆变器输出功率和电流都上升很快。直到负载电阻上功率消耗增加到与直流电源输入的功率相等，达到平衡。

由以上分析可以看出，随着触发频率的增加，逆变器的输出功率增加。因此，可以通过改变逆变器触发频率的办法调节输出功率。

需要强调指出的是，当采用晶闸管作为开关器件时，虽然触发频率 ω_g 可以大于负载谐振频率 ω_0，但是逆变器的输出频率 ω 必须低于谐振频率 ω_0（逆变器的输出频率 ω 是触发频率 ω_g 的一半），负载才能呈容性，才能具备换流条件。串联逆变器中的补偿电容实质上起到的是换流电容的作用。

如果选用诸如 IGBT、SIT、VMOS、SITH 等具有自关断能力的电力半导体器件作逆变开关，则 ϕ 角便可以随意，而且逆变器既可工作在输出电流超前电压的状态，也可工作在输出电流滞后输出电压的状态。只是当电流超前电压时，换流瞬间逆变开关器件将承受浪涌电流冲击；而当电流滞后于电压时，换流瞬间逆变开关器件则可能承受浪涌电压的冲击。电流与电压的相位差越大，这两种冲击也越大。只有当逆变器的输出电流和电压同相时，逆变开关器件在换流瞬间才不会受浪涌冲击。因此，一般在选用具有自关断能力的电力半导体器件作逆变开关的装置中，都设法使逆变器工作在功率因数为 1，即电流、电压同相位状态。严格的同相在工程上是做不到的，但是电流、电压间 φ 角尽可能小是必要的。功率的调节通常采用可控整流电路，通过调节直流电压来调整功率。在设计这种装置的逆变控制电路时，必须注意下列几点。

1) 逆变器上、下桥臂开关器件的驱动波形必须遵循先关断、后开通，导通脉冲窄、关断脉冲宽的原则。换言之，上、下桥臂开关器件的导通脉冲之间，必须有一死区时间，该时间的长短，决定于所选器件的关断时间，死区时间一般应比器件所需的关断时间长 1.5～2 倍。

2) 允许他励工作，可以通过调节他励频率调节功率，但要使换流瞬间的浪涌电流或电压冲击被抑制在器件允许的范围。

3) 采用自励工作方式时，反馈信号可以选用 $-U_c$、$-I_h$ 或逆变桥信号。当工作频率高时，逆变控制电路中的元件的信号传输延迟时间不容忽略，一般都要采取时间补偿措施。如果选择相位超前于 U_{ab} 的信号作反馈，能较易实现时间补偿，因而不用 U_c、I_h，而用它们的倒相信号作反馈。对抗干扰能力、电位隔离、驱动功率等要求，与对并联逆变控制电路的要求一样。

(3) 参数分析。串联逆变器的负载电路就是串联谐振电路，它由电容器 C、电感 L 和电阻 R 串联组成。谐振时，串联电路各参数关系如下：

谐振频率

$$f_0 = \frac{1}{2\pi\sqrt{LC}} \tag{5-5}$$

谐振时等效阻抗

$$R_D = Z_{(x=0)} = R \tag{5-6}$$

串联电路电流

$$I_{H0} = I_{H0(\omega=\omega_0)} = \frac{U_{ab}}{R} \tag{5-7}$$

电感 L 上电压

$$U_{L0} = j\omega_0 L I_{H0} = j\omega_0 L \frac{U_{ab}}{R} jQU_{ab} \tag{5-8}$$

电容器 C 上电压

$$U_{C_0} = \frac{1}{j\omega_0 C} \times \frac{U_{ab}}{R} = -jQU_{ab} \tag{5-9}$$

特征阻抗

$$X_{\mathrm{T}} = X_{C(\omega_0)} = \omega_0 L = \frac{L}{\sqrt{LC}}\sqrt{\frac{L}{C}} \tag{5-10}$$

负载有功功率

$$P_0 = I_{\mathrm{H}_0}^2 R = \frac{U_{\mathrm{ab}}^2}{R} \tag{5-11}$$

电容器的无功功率

$$Q_C = I_{\mathrm{H}_0} U_C = Q\frac{U_{\mathrm{ab}}^2}{R} = QP_0 \tag{5-12}$$

电感的无功功率

$$Q_L = I_{\mathrm{H}_0} U_L = QP_0 \tag{5-13}$$

式中，串联电路的品质因数 Q

$$Q = \frac{\omega_0 L}{R} = \frac{1}{\omega_0 CR}$$

四、逆变触发电路

逆变触发电路与整流触发电路不同，以并联逆变电路为例，由前面的工作原理分析可知，逆变触发电路必须满足以下要求：

（1）为使逆变桥可靠换流工作，要求并联谐振逆变器两路触发脉冲必须有一定的重叠区输出，即电压过零之前发出触发脉冲，超前时间 $t_\delta = \varphi/\omega$。

（2）在感应炉中，感应线圈的等效电感 L 和电阻 R 随加热时间而变化，振荡回路的谐振频率 f_0 也是变化的，为了保证工作过程中，$f > f_0$ 且 $f \approx f_0$，要求触发脉冲的频率随之自动改变，并要求频率自动跟踪。

（3）为了触发可靠，输出的脉冲前沿要陡，有一定的幅值和宽度。

（4）必须有较强的抗干扰能力。

要满足以上要求的触发电路，只能用自励式的，即采用频率自动跟踪。实现的方法较多，下面介绍一种常见的电路——频率自动跟踪电路。

所谓自动跟踪，是指保持负载电压 u_0 过零前产生的控制脉冲的时间不变，保持超前时间 t_β 为恒值。图 5-20 所示为频率自动跟踪电路的电路原理图，图 5-21 所示为波形图。

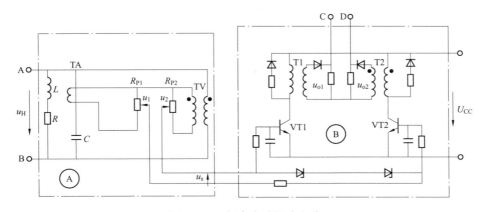

图 5-20　频率自动跟踪电路

由逆变电路的分析可知，逆变电路只要超前时间 t_β 大于熄灭角对应的时间 t_μ（忽略重

叠角对应的时间），逆变电路可以安全运行。由波形分析得到

$$\beta = \arctan U_{2m}/U_{1m}$$

$$t_\beta = \beta/\omega \quad (\omega = 2\pi/T)$$

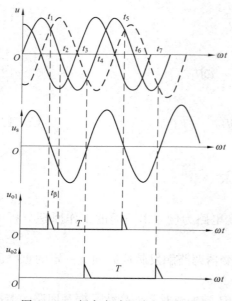

上式表明，若改变 U_{1m} 或 U_{2m} 的值，即可改变超前角 β，从而改变超前时间 t_β。在合成信号 u_s 正负半波的过零点分别产生脉冲列 u_{o1} 和 u_{o2}。它们都超前 u_1 的零点一段时间 t_β。用 u_{o1} 触发逆变电路的 VT2、VT4，用 u_{o2} 触发逆变电路的 VT1、VT3，负载输出电压波形近似正弦波即

$$u_o = U_{om}\sin\omega t$$

上式表明，信号 u_1 可以取自负载电压 u_O。u_2 可用电流互感器的负载电位器 R_{P1} 的端电压得到。图 5-20 中的 A 部分，TV 是电压互感器，TA 是电流互感器，适当调节 R_{P1}、R_{P2} 的位置，可以获得需要的 t_β 值。而 R_{P1}、R_{P2} 的位置一旦确定，t_β 值维持不变。图中的 B 部分，是脉冲形成电路，将正弦信号 u_s 转换为两列相位互差 180°的脉冲 u_{o1} 和 u_{o2}，脉冲经过后续电路的整形和功率放大后，可以作为逆变电路晶闸管的触发信号。

图 5-21 频率自动跟踪电路波形图

五、逆变主电路的启动与保护

1. 并联逆变电路的启动

如前所述，由于并联逆变电路需要频率自动跟随，所以逆变器工作于自励状态，逆变触发脉冲的控制信号取自负载。当逆变器尚未投入运行时，无从获得控制信号，如何建立第一组逆变触发脉冲，以启动逆变器，是逆变器可靠地由启动转到稳定运行。此外，逆变器在启动以后，一般都能够适应任何实际负载，而在启动时则不然，因此也有的把启动问题归结为负载适应性问题。

并联逆变器的启动方法很多，基本上可分为两类：它励启动（共振法）和自励启动（阻尼振荡法）。

（1）它励启动。它励启动是先让逆变触发器发出频率与负载谐振回路的谐振频率相近的脉冲，去触发逆变桥晶闸管，使负载回路逐渐建立振荡。待振荡建立后，就由它励转成自励工作。采用这种方法的线路简单，只需一可调频多谐振荡器和它励-自励转换电路，因而可降低装置的造价。但工作中，必须预知负载的谐振频率，并且在更换负载时，要重新校正启动频率，使之和负载谐振频率相近。这种启动方式较适于作为通频带宽的负载（谐振频率 Q 值低的负载）启动用。一般，对 $Q\leqslant 2$ 的负载最适用。对于 Q 值高，即通频带窄、共振区小的负载，将要求更精确地校正启动频率，若 Q 值高使得共振区小的和逆变器启动时的引前角可以比拟时，逆变器就不能启动。其原因是它励启动时，负载两端的电压是从零逐渐建立起来的，所以启动时的 di/dt 很小，换流能力差，需要较大的引前角才能启动。

（2）自励启动。自励启动是预先给负载谐振频率回路中的电容器（或电感）充上能量，然后在谐振电路中产生阻尼振荡，从而使逆变器启动。此法线路复杂，启动设备较庞大，但

特别适于负载回路 Q 值高的场合。尤其适用于熔炼负载，因为熔炼负载的品质因数 Q 值比较高，预充电的能量消耗慢，振荡衰减慢，容易启动，如果 Q 值太低，则预充电的能量消耗太快，振荡衰减太快，启动就困难。

为了提高装置的自励启动能力，可以提高触发脉冲形成电路的灵敏度，加大启动电容器的电容量和能量，以及想法在启动过程中使整流器输出的直流能量及时通过逆变器补充到负载谐振电路中去。下面举例加以说明。

图 5-22 所示为目前应用较普遍、效果也较好的启动线路。

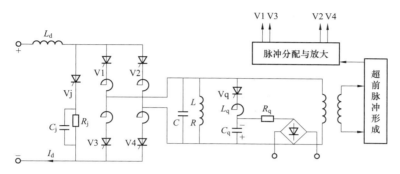

图 5-22　并联逆变器的启动电路

该线路由 Vq、L_q 和 C_q 等元件组成阻尼振荡的能源供给电路。在启动逆变器之前，先由工频电源经整流后，通过 R_q 给 C_q 充电（极性如图 5-22 所示），充电电压最高可为逆变器的直流电源电压。启动时，触发给 Vq，C_q 就会通过谐振回路放电，在谐振回路中引起振荡。C_q 的容量越大，充电电压越高，振荡就越强。谐振回路的振荡电压经变换，形成触发脉冲去触发逆变桥晶闸管，使之启动并转入稳定运行状态。

由 C_q 放电激起的是阻尼振荡，特别是 Q 值低的谐振回路，振荡衰减很快，必须要在第一、二个衰减波内发出触发脉冲。为此，要求逆变触发器具有足够高的灵敏度；另外，为防止振荡衰减，应在逆变桥晶闸管触发后，立即从直流电源取得能量，去补充谐振回路的能量消耗。但在直流电源端串联着大的滤波电抗器 L_d，惯性很大，电流只能由零逐渐增大，这样由整流器向逆变器输送能量就需要一定的时间，为缩短这一滞后时间，本线路中装设了由 Vj、R_j、C_j 组成的预磁化电路。在启动逆变器之前，先触发 Vj，让滤波电抗器流过电流 I_{dj}。使之预先磁化，一旦逆变器启动，电抗器中已建立的电流就会由于 Vj 的关断，被迫流向逆变器，及时地给负载谐振回路补充能量，以保持衰减振荡波幅不致降低，而提高启动的可靠性。预磁化电流 I_{dj} 的大小，决定于直流电源和 R_j。

一般取 $I_{dj}=(0.2\sim0.8)I_d$，谐振回路 Q 值高的取小值。反之则取大值。I_{dj} 太大有可能引起过电流保护误动作，否则大一点有利于启动。当逆变器触发后，C_q 上的电压会使逆变桥直流侧电压瞬时下降到零，甚至变负，这时 C_j 上充的电压就会迫使 Vj 自动关断。逆变器启动以后，振荡回路进入负半波时，Vq 也会被迫关断。因此，启动完毕，启动用的辅助元件都会自动从回路中切除。

启动过程如下：接通整流器和 C_q 的预充电回路的电源后。触发 Vj 建立 I_{dj}。触发 Vq 激起振荡。此后，即自动触发 V1、V3，使 Vj 关断，触发 V2、V4，迫使 Vq 关断。到此。启动过程结束，装置进入正常运行状态。

图 5-23 所示为另一种附加并联启动电路，该电路由 V5、V6、电阻 R_q、电容器 C_q 组成辅助并联电路，此电路的容量比逆变器中的都小。启动开始后的最初几个周期，由电源电路驱动

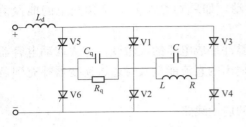

图 5-23　附加并联启动电路

外侧的两对晶闸管工作。换言之，交替触发 V3、V5 和 V2、V6，晶闸管 V1、V4 暂时处于关断状态。按照这种工作方式，在临界启动期间，串联的启动电容器 C_q 使电路具有充分的换向能力。这样，当并联补偿负载回路中建立了足够电流的时候，只要在周期中的适当时刻，触发主逆变器中相应的晶

闸管，启动电路就会自动地退出工作，逆变器随即固定于最终工作状态，交替地触发 V1、V3 和 V2、V4。

电阻 R_q 的作用有两个：一是在进行前述启动以前，先触发 V1、V6 或 V5、V4（只触发一次），使滤波电抗器流过预磁化电流，调节 R_q 即可改变预磁化电流的大小；二是进入启动状态后，不管逆变器的工作频率如何，电阻 R_q 总能使 C_q 两端电压限定在某已知值上，因此，启动电路基本上不受工作频率的干扰。

此线路适用于一切实际负载，其工作频率可达 1.5kHz 左右。

图 5-24 和图 5-25 所示启动电路读者可自行分析。

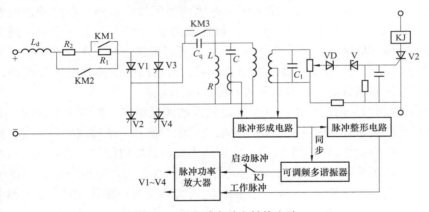

图 5-24　它励启动和转换电路

2. 逆变电路的保护

目前，我国生产的中频电源已得到越来越广泛的应用，而晶闸管因其容量大、体积小，被广泛应用于组成中频电源的三相桥式整流电路和单相桥式逆变电路中。而诸如晶闸管和其他全控型器件一样都有可能在电路中出现大电流、高电压的情况下而损坏，从而影响整个设备的性能和使用。所以保护电路就显得尤为重要。这里以由晶闸管为主要开关器件所组成的逆变电路为重点，简要分析逆变电路的保护问题。

逆变电路在以下情况可能产生过电流：①运行中负载的波动引起过电流；②运行中桥式逆变器的两对桥臂晶闸管换流失败造成逆变失败，所引起的短路电流；③运行中桥式逆变器晶闸管触发脉冲突然丢失，造成桥臂对角线可控硅斜通短路，所引起的短路电流；④其他各种原因引起的过电流。过电流保护的方法有交流进线电抗器限制短路电流，直流快速开关、

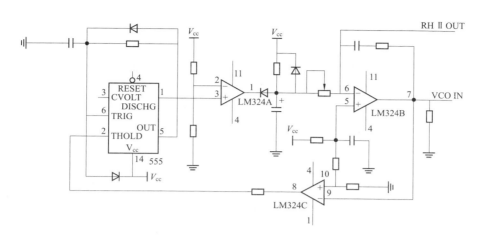

图 5 - 25　重复启动电路

快速熔断器等方法。

　　逆变电路在以下情况可能产生过电压：①由于超前角 α 过大在整流电压 U_d 恒定时，造成中频电压 U_c 过高。负载感应线圈突然开路造成过电压；②晶闸管在导通与关断时产生的尖峰过电压；③来自外部因素的浪涌过电压和操作过电压等。针对各种过电压产生的部位不同，在电路中加入不同的附加电路，来消耗过电压存储的电磁能量，从而使过电压的能量不会加到主开关器件上。限制过电压的方法有：在电源交流入口处加接阻容吸收电路及压敏器件；在整流和逆变晶闸管的阳阴极加阻容吸收回路；对晶闸管在关断时产生的尖峰脉冲进行吸收；在逆变桥的输入端加接压敏器件；在控制电路中加入限压调节器；在控制电路中加入过电压保护电路等。

　　以晶闸管中频电源为例，主回路采用 AC - DC - AC 变换，从三相桥式全控整流到单相桥式逆变都选用晶闸管，保护电路可将从电流采样回路和电压采样回路中取进来的电流和电压信号经判断后去控制或封锁整流桥触发脉冲，使得三相全控整流桥工作于有源逆变状态，抑制过电流或过电压，从而起到保护整机的作用。

【任务实施】

一、认识单相并联逆变电路

　　单相并联逆变电路的实验线路如图 5 - 26 所示，逆变电路的 24V 直流电源可由 PE - 13 上得到，只要交替地导通与关断晶闸管 V1、V2，就能在逆变变压器 T1 的二次侧得到交流电压，其频率取决于 V1、V2 交替通断的频率。

　　触发电路由振荡器、4095 及脉冲放大器组成，单相并联逆变电路的主电路工作原理为：假定先触发 V1，则 V1 和 VD1 导通，直流电源经 V1、VD1 接到变压器一次侧绕组 "2"、"1" 端，变压器二次侧感应电压为 "5"（正）、"4"（负）。V1 导通后，C 通过 VD2、V1 及 L_1 很快充电至 48V，极性为下正上负，此电容电压为关断 V1 做好准备。欲关断 V1 时，触发 V2，V2 导通后，电容电压经 V2 给 V1 加上反压，使之关断，电源电压经 V2、VD2 加到变压器一次侧绕组的 "2"、"3" 端，则二次侧感应电压也改向，为 4 正、5 负，同时 C 通过 VD1、V2 充电至 48V，极性为上正下负。当 V1 再次被触发时，电容电压经 V1 给 V2 加上反压，使之关断，这样，在变压器二次侧，即在负载端得到一个交变的电压。

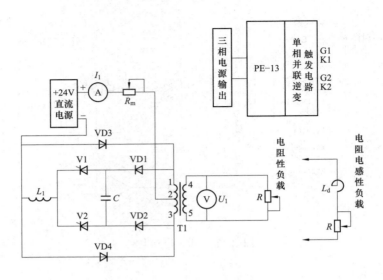

图 5-26　单相并联逆变电路实验接线图

　　换流电容 C 是用来强迫关断晶闸管的,其容量不能太小,否则无法换流;但也不能太大,过大时会增加损耗,降低逆变器的效率。L_1 为限流电感,其作用是限制电容充放电电流。VD1、VD2 为隔离二极管,用来防止电容通过逆变变压器的一次侧绕组放电。VD3、VD4 为限流电感 L_1 提供了一条释放磁能的通路。

　　图 5-26 中的电感、+24V 直流电源、逆变变压器及换流电容均由 PE-13 得到,晶闸管和二极管则利用 PE-25 上取得。电阻 R_m 和 R 为电源控制屏上的可调电阻,均将两个 900Ω 接成并联形式。

二、单相并联逆变触发电路调试

　　用两根导线将 PE-01 电源控制屏的"三相主电路"A、B、C 输出任意两相与 PE-13 的"外接 220V"端连接,按下控制屏上的"启动"按钮,听到控制屏内有交流接触器瞬间吸合,此时"三相主电路输出"应为线电压 220V 的交流电源。打开 PE-13 电源开关,船形开关发光,这时挂件中所有的触发电路都开始工作,用示波器观察"单相并联逆变"上 555 振荡器输出端"1"点的波形,调节 R_P,观察其频率是否连续可调,最后将该点输出频率调节到 100Hz 左右;观察 4095 输出端"2"、"3"点波形的频率是否是"1"点的一半,且"2"、"3"点波形的相位正好相差 180°,观察"4"、"5"点及输出脉冲的波形,确定逆变器触发电路工作是否正常。

三、单相并联逆变主电路调试

　　1. 单相并联逆变电路接电阻性负载

　　(1) 按图 5-26 所示接线,其中限流电阻 R_m 应调整到使主电路电流不大于 0.41A;换流电容 C 由 PE-13 上接入,典型值为 10μF 左右,将触发电路的两路输出脉冲分别接至相对应晶闸管的门极和阴极。

　　(2) 接上电阻性负载,用示波器观察并记录输出电压 U_o、晶闸管两端电压 U_{VT1}、U_{VT2} 及换向电容电压 U_C、限流电感电压 U_{L1} 的波形,并记录输出电压 U_o 和频率 f_o 的数值,缓慢调节触发电路上的 RP 电位器,观察各波形的变化情况。

2. 单相并联逆变器接电阻电感负载

切断电源，将负载改接成电阻电感性负载（电感用控制屏上的700mH），然后重复电阻性负载时的实验步骤并记录相关数据。

四、任务实施标准

中频感应加热电源的任务实施标准见表5-5。

表5-5　　　　　　　　　　中频感应加热电源的任务实施标准

项目名称：_____　　姓名：_____　　考核时限：90分钟

序号	内容	分值	等级	计分细则	得分
1	认识单相并联逆变电路	10	10	能详细说明电路的工作原理	
			5	能简要说明电路的工作原理	
			0	不能说明电路的工作原理	
2	触发电路的调试	35	5	示波器的使用	
			5	接线正确	
			15	操作和测试方法	
			10	波形和数据记录	
3	逆变主电路的调试	35	5	示波器的使用	
			5	接线正确	
			15	操作和测试方法	
			10	波形和数据记录	
4	安全生产	10	10	安全文明生产，符合操作规程	
			5	经提示后能规范操作	
			0	不能文明生产，不符合操作规程	
5	拆线整理现场	10	10	现场整理干净，设施及桌椅摆放整齐	
			5	经提示后能将现场整理干净	
			0	不合格	
6	合计				

🎧【经验拓展】

一、中频感应加热电源的调试

中频感应加热装置的调试是安装完以后、使用以前的必不可少的一项工作，调试时对调试者要求熟练掌握加热装置的工作原理，能在调试过程中，对异常现象及时准确处理，防止损坏设备和出现人身安全事故。调试分为整流电路调试和逆变电路调试。

1. 整流电路的调试

整流电路的调试可以分为三部分：①整流控制电路调试；②整流部分小功率调试；③整流部分大功率调试。

调试需准备的工具：一台20MHz示波器，若示波器的电源线是三芯插头时，注意"地线"千万不能接，示波器外壳对地需绝缘，仅使用一踪探头，示波器的X轴、Y轴均需校准。若无高压示波器探头，应用电阻做一个分压器，以适应600V电压的测量。一个不大于500Ω、不小于500W的电阻性负载。

调试前，先把平波电抗器的一端断开或断开逆变电路末级的输出线，使逆变桥晶闸管无触发脉冲。在整流桥输出端接入一个约 1～2kW 的电阻性负载。控制板上的励磁微调电位器顺时针旋至灵敏最高端，调试过程中发生短路时，可以提供过电流保护。控制板上的电源开关均拨在 ON 位置。用示波器做好测量整流桥输出直流电压波形的准备，把面板上的"给定"电位器逆时针旋到最小。

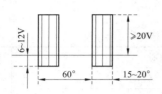

图 5-27　整流电路输出脉冲波形

（1）整流控制电路调试。断开主交吸合线圈，使整流主回路无法受电，接通控制电源。断开中间继电器动断触点处的任意一根线，解除整流继电封锁。旋转功率调节电位器，用示波器观察 6 路功率放大器输出脉冲波形，其波形应符合图 5-27 要求：该脉冲为双窄列脉冲，窄脉冲宽度为 15°～20°（内含 2～4 个列脉冲），正峰大于 20V，反峰在 6～12V 之间，前沿间隔 60°，前沿陡度 90°～120°。各路脉冲应干净、整齐且没有杂波，将功率调节电位器在最大值与最小值之间来回转动，功率放大器脉冲应左右移动，在移动过程中，前沿间隔应保持 60°。检查整流晶闸管上的脉冲，脉冲形状同图 5-27，脉冲必须为正极性。正峰幅值大于 4V，主板功率放大器脉冲必须与指定的晶闸管号一一对应。

（2）整流部分小功率调试。接线如图 5-28 所示。送上三相电源（可以不分相序），检查是否有缺相报警指示，若有，可以检查进线电压是否缺相。把面板上的"给定"电位器顺时针旋大，直流电压波形应该几乎全放开。再把"给定"电位器旋到最小，调节电路板上微调电位器，使电流电压波形全关闭，移相角约 120°。输出直流波形在整个移相范围内应该是连续平滑的。

（3）整流部分大功率调试。将图 5-28 中的灯泡换成 0.5～2Ω 大功率电阻（具体值有设备的容量决定），除掉电路的熔丝，恢复三相主电路，电路如图 5-29 所示。

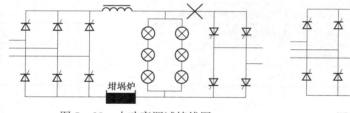

图 5-28　小功率调试接线图

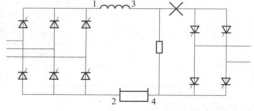

图 5-29　大功率调试接线图

1）将直流电路电流调到 50～100A，测量电流、电压互感器的输出是否正常。检查电阻两端的电压波形，该波形为整流电路输出波形，波形大小整齐，无毛刺干扰波形。

2）整定负偏置。将直流输出电压数值调节为 1/2 额定电流数值的大小，调整过电流保护旋钮，使过电流保护装置动作。此时的电压应该为负值，若为正值，应该调节偏置电位器，使其为负值。再将功率电位器调到最大值，使直流负的电压达到最大值，然后就锁定不动，否则可能烧坏快速熔断器或晶闸管等元件。

3）过电流负偏置调整完以后，继续加大电流到 1.2 倍额定电流，调整过电流保护电位器，使其动作两次。使过电流值稳定，过电流整定完毕。

2. 逆变部分的调试

首先应校准频率表。用示波器测逆变触发脉冲的它励频率（它励频率可以通过频率电位器来调节），调节频率表的微调电位器，使频率表的读数与测得的值一致。

起振逆变器。调节控制板上的频率微调电位器，使其略高于槽路的谐振频率，它励、自励微调电位器旋在中间位置。把面板上的"给定"电位器顺时针稍微旋大，这时它励频率开始扫描，逆变桥进入工作状态。当启动成功后，控制板上电压指示灯会熄灭。可以把给定电位器旋大、旋小反复操作，这样它励信号也反复扫描。若不起振可调整中频变压器的相位。此步骤的调试，也可使控制板的 2、3 路电源开关处于 OFF 位置，此时加上了重复启动功能，电压环也投入工作。

逆变起振后，可进行逆变引前角的整定工作。把逆变电源控制开关打在 ON 位置，调节中频电压微调电位器，使中频电压与直流电压比为 1.2 左右。再把逆变电源控制开关打在 OFF 位置，调节中频电压微调电位器，使中频电压与直流电压的比为 1.5 左右（或更高）。此项调试工作可在较低的中频电压下进行，注意，必须先调 1.2 倍关系，再调 1.5 倍关系，否则顺序反了，会出现互相牵扯的问题。

接着在轻负载下整定电压外环。控制板上的电源开关 3 拨在 OFF 位置，中频电压微调电位器顺时针旋至最大，把"给定"电位器顺时针旋大，逆变桥工作。继续把"给定"电位器顺时针旋至最大，逆时针调节中频电压微调电位器，使输出的中频电压达到额定值。在这项调试中，可见到阻抗调节器起作用的现象，即直流电压不再上升，而中频电压却还能继续随"给定"电位器的旋大而上升。

具体调试步骤如下：

（1）逆变控制电路的调试。断电检查逆变晶闸管和 RC 吸收回路是否正常、可靠，接线有无错误，调频输入回路和负载回路是否正常。如果一切正常，按图 5 - 30 所示接线。这样可以限制逆变失败或短路电流的蔓延，确保调试的安全，防止损坏晶闸管元件。

（2）逆变脉冲的检查。断开主交线圈的接线，利用工频变压器的多余的一组 5V 电压，送到逆变的输入端作为检测信号，用示波器观察脉冲波形，波形应如图 5 - 31 所示。

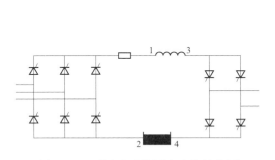 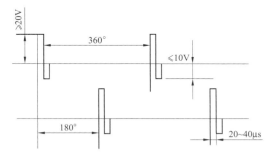

图 5 - 30   逆变电路调试主电路接线图   图 5 - 31   逆变电路输出脉冲波形

检查逆变晶闸管的脉冲，幅值应大于 4V，前沿的陡度为 90°～120°，全部的脉冲应该整齐，没有毛刺干扰。在主板取下一组接线，检查另一组的脉冲是否与晶闸管一一对应。两通道的脉冲不能串扰。确认逆变脉冲正常后，恢复主交线圈，拆除检测输入信号，准备逆变运行调试。

（3）逆变电路小功率调试。把功率电位器调到最小位置，接通控制电源和按下主交"逆变接通"按钮，小心旋转控制电位器按钮，使直流输出电流在 100A 左右。用示波器观察逆变输出波形，如果出现波形，波形应如图 5-32 所示。

在逆变输出的波形中，半个周波有一个缺口，这个缺口称为换相点。换相点一定要出现在顶点的右边，不能出现在顶点的左边或顶点的位置。如果出现在顶点的左边，说明电流或电压的反馈量的极性接错，很容易烧坏晶闸管，调试的时候一定要注意。一旦出现这种情况，应立即停机并且改变反馈量的极性（反馈量的极性接错，一般是启不动）。控制角 α 一般选在 30°～40°之间，如果控制角 α 太小，给晶闸管

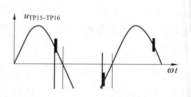

图 5-32　逆变电路输出波形图

的关断时间太小，可能造成逆变的失败；如果控制角 α 太大，晶闸管所承受的 di/dt 太大，也可能造成损坏晶闸管。控制角 α 一定要选择适当，一般选为 30°～40°最好。确定逆变波形正常以后，提高电压到 300V，观察各电压、电流表的读数是否正常。试运行 5min 以后，停机检查 RC 吸收回路，此时的电阻 R 应该有发热现象。

（4）重载启动试验。确认上述情况正常以后，再次开机，用示波器观察逆变的输入波形，正确的波形为大臂波形，如图 5-33 所示。

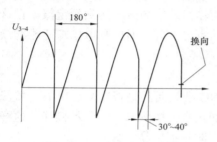

图 5-33　大臂主波波形

大臂波形很重要，调试者应该认真观察，波形应该整齐一致、波形光滑、稳定可靠，没有抖动和毛刺干扰，且换相点在同一水平线。只有确认大臂波形正常以后，才可以进行重载启动试验。

将坩埚炉放于炉中，启动逆变装置。进一步观察中频波形和大臂波形。特别注意启动时候控制角 α 的变化，此时，换相点向过零点移动，会造成控制角 α 变小。此时应减小电流分量，否则可能会造成不能启动或逆变失败。重复进行重载启动试验，成功率在 95% 以上，才可以进行以下操作：过电压、截压整定，拆除大功率负载，将坩埚取出；放入少量炉料进行试运行；将中频电压升高到 780V 左右；调整过电压电位器使过电压保护装置动作。确认保护装置正常以后，再次启动，使装置在 750V 电压做截压运行 30min。如果一切正常可以进行后续操作。

（5）试运行调试。再次将坩埚放入炉内，放开截流保护，重新启动，将直流电流调整到过电流保护值；其过电流保护值应该接近整定的过电流保护值；将功率电位器调到零位；按故障解除按钮，重新启动逆变电路，将直流电流拉到过电流保护值，在整定截流保护值到原来值。一切正常，按正常生产工艺进行加工。在运行过程中，密切注意表的读数、电抗器的响声和中频声，密切注意大臂波形。中频突然加料时，应该运行稳定可靠。

二、中频感应加热电源常见故障处理

1. 无整流电压

当工频电压已加在设备上，启动时无整流输出电压，其原因往往存在于控制电路中。根据电路的工作原理可以知道，产生整流输出电压的条件是整流晶闸管上有移相触发脉冲，其相位应移到 $\alpha=0°\sim90°$之间。由于整流晶闸管与触发器有关，而触发器是由 5 块芯片组装而成的，脉冲的形成由 KJ004 完成，KJ004 不可能同时损坏。例如，没有整流触发电流，触发脉冲不能移相等，往往是给定电压被钳位在零电压附近所造成的。当电位器 RVH、RP

和继电器 K1 不动作，晶闸管 VT3 被击穿和晶闸管 VT2、VT1 被击穿而使 VT3 导通时，都可能产生这样的故障，而 K1 不动作的原因除继电器损坏外，水压继电器没有动作、KM1 联锁触头不好等都可能是原因，可逐一进行检查分析。

2. 整流电压调不高

整流电压调不高时系统输出功率低，严重时还会造成晶闸管损坏，所以发生此故障时要立即停止运行，检查故障原因，切不可勉强继续工作。

当外加工频电源正常时，整流器 6 个桥臂晶闸管都轮流导电，触发脉冲移相到 $\alpha=0°$ 时，整流电压还未达到满电压。整流电压调不高，一定是上述几个条件没有同时得到满足。

（1）当有晶闸管开路或快速熔断器烧断时，整流电压调不高。若此时仍在额定电流下工作，其他几个桥臂的电流负担过大，对器件寿命不利。

（2）移相脉冲触发延迟角调不到 $\alpha=0°$，整流输出电压调不高。若电压给定电位器调正确，则往往是截流截压电路产生了输出，使 α 角移不到 0°，所以电压调不高。截流截压电位器整定值太低，会产生负载时电压调不高的现象。若空载时电压都调不高，则有可能是截流截压电路有元器件的损坏及焊点不良所致（例如晶体管直通、穿透电流太大等，都可能产生这样的故障）。

（3）某一臂晶闸管触发电路故障，或晶闸管性能变劣而不能触发导通，也会造成输出电压调不高，这可以通过检查触发电路是否有合适的脉冲输出、此脉冲是否送到晶闸管上、晶闸管是否能导通来判断。

3. 整流电路不稳定

整流电压不稳定的现象表现为直流电压表不规则摆动，这往往与不规则因素的影响有关。如果空载时直流电压表会发生不规则摆动，其原因可能是触发电路虚焊，使晶闸管不能通电造成的。如空载时直流电压表不发生摆动，逆变器工作后出现电压不稳定现象，则往往是中频的干扰造成，使整流晶闸管在中高频电压作用下发生正向转折是负载时电压不稳定的一个重要原因。无论是什么原因造成整流电压缺相、不平衡时，往往会伴有电抗器 L 发生振动和发出很大杂音等现象。

4. 逆变电路无法启动

设备投入运行的关键性在于逆变启动成功，逆变电路无法启动，在设备故障中占有很大的比例。一般逆变启动失败的故障现象主要有：逆变电路电表无反应，整流电压正常；逆变电路有瞬时反应，电流发生过电流保护动作；整流电压降到零；逆变电路有瞬时反应，过电压保护作用，整流电压降到零。

（1）启动时逆变电路电表无反应，整流电压正常。根据前面的分析可知，逆变启动时首先由启动晶闸管反启动电容预先充好的电压投入负载回路，引起第一个振荡，再由自动调频装置检测这个振荡，并发生信号触发逆变晶闸管。若逆变电路无反应，则可能是：①启动电路没有动作；②反启动电容电压太低甚至为零，没有形成足够强烈的第一次振荡，自动调频电路检测不到这个振荡；③自动调频电路故障，无逆变触发脉冲输出；④形成了第一次振荡，逆变晶闸管也已导通，但整流电路能量补充不足，振荡减幅最终停止。

1）起动电路没有动作，其故障原因有继电器电路的原因、启动电路元器件的原因，可分别进行检查。

2）产生反启动电容电压太低甚至为零的原因，与 KM2 触点接触不好、整流二极管损坏等因素有关，可以用万用表进行检查。如果反启动电容充电足够，但检测不到启动时的衰减振荡波，则与主回路短路有关，应检查有无金属掉在输电母线之上、有无电容发生了击穿、感应炉是否因泄漏造成感应圈短路等。

3) 自动调频电路的故障可用 1000Hz 它励电源进行检查，若它励工作正常，则应检查自动调频信号的传输线有无断线、接触是否良好。

4) 整流电路与逆变电路之间接有滤波电感，限制了整流输出能量的增长速度。为满足启动时逆变电路对能量补充的需要，滤波电感之后接有引流电阻，若此电阻开路，则整流电路在起振时能量输出太小，中频振荡因能量会因补充不足而逐渐衰减到零。

(2) 启动时逆变电路电表有瞬时反应，随后电路发生过电流保护动作。逆变电路电表有瞬时反应，说明电路的中频电压已短时建立，但电路中有故障，故发生了过电流保护动作。产生这种现象原因不在于逆变启动电路，而在于启动以后振荡不能维持，可能由下列情况引起：①电路中的不完全短路；②过电流保护动作整定值或截流动作整定值过低；③一臂逆变晶闸管不导通；④启动时 T 太小；⑤存在干扰。

1) 主电路不完全短路时，启动和第一次振荡能够产生，但随着振荡电压的增加，不完全短路点会击穿而变成完全短路，产生大电流、过电流保护动作，这往往与主电路对地绝缘不好有关。

2) 启动逆变电路时，启动电流比较大，如果截流动作整定值太低，整流电路因截流作用而使电压降低，输往逆变电路的能量不足发补充电路损耗，启动失败，逆变晶闸管没有关断时，保护装置在启动电流的作用下出现保护动作，电路无法启动，这种情况往往出现在重载启动时。

3) 一臂逆变晶闸管不导通时，相当于功率因数很低，启动电流也很大，产生过电流保护动作。这种现象可通过检查逆变晶闸管的导通情况来判断，并可根据逆变电源输出电流的大小来辅助分析。当此电流仅为正常值一半时，可断定逆变触发电路有半边电路无脉冲输。

4) 启动时间 T 不够也会引起逆变电路短路。启动时，电流很大，故换流时间 t_r 较长，因此需要增加 t_r，以保证足够的晶闸管关断时间。如果启动未将调功率因数的电位器调到最大电阻位置，而使 T 增加不够，则可能由于逆变晶闸管换流时未能恢复反向阻断特性而误导通，也会产生短路。

5) 存在干扰，也是启动失败的原因之一。为了增加系统的干扰力，脉冲形成电路接入 2 个电容。在实际应用中，若干扰太大，可将这两个电容值适当增加，并考虑自动调频信号线采用屏蔽线。启动时发生过电压保护动作，有时压敏电阻和阻容电路有火花产生，进行逆变保护时发生过电压保护动作，这种现象说明了电路发生了严重的过电压，逆变电路的电压无法释放，经滤波电抗进入整流电路，使压敏电阻上的电压很大，启动时整流电压很低。若感应电炉接在电路上，系统则不会发生这种现象。若感应电炉短路，负载电路只存在电容，启动电容向负载投入电能后，电路不发生振荡，若逆变晶闸管再被触发，滤波电感中的能量会再次向电容充电，势必产生高电压，引起过电压保护动作，并造成整流电路硒片的过电压击穿。另外，逆变主电路发生短路时，也可能出现阻容放电的现象。

项 目 总 结

1. 掌握绝缘栅双极型晶体管 IGBT 器件和 IGBT 模块的外形、标注的含义。

2. 掌握绝缘栅双极型晶体管 IGBT 的结构、工作原理及重要参数。

3. 了解绝缘栅双极型晶体管 IGBT 的驱动电路和保护电路。

4. 掌握 IGBT 器件及 IGBT 模块的简单测试方法。

5. 分析单相半桥逆变电路和全桥逆变电路的工作原理，画出输入、输出波形，并能根据波形进行简单的电量计算。

6. 分析单相串联谐振逆变电路和单相并联谐振逆变电路的工作原理。

7. 了解逆变对触发电路的要求和常见的触发电路结构、原理。

8. 熟悉逆变电路的启动方式，了解逆变电路保护的配置。

复　习　思　考

1. 无源逆变电路和有源逆变电路有何不同？

2. 换流方式各有哪几种？各有什么特点？

3. 什么是电压型逆变电路？什么是电流型逆变电路？二者各有什么特点。

4. 电压型逆变电路中反馈二极管的作用是什么？为什么电流型逆变电路中没有反馈二极管？

5. 并联谐振式逆变电路利用负载电压进行换相，为保证换相应满足什么条件？

项目六

脉冲宽度调制与变频器

变频器是一种静止的频率变换电路，其产品外观如图 6-1 所示。它可将电网电源的 50Hz 频率交流电变成频率可调的交流电，作为电动机的电源装置，目前在国内外使用广泛。使用变频器，可以节能，提高产品质量，提高劳动生产率等。

图 6-1　变频器

变频器由主电路和控制电路组成，根据变频器的工作原理，将本模块分解成认识变频器和脉宽调制（PWM）型逆变电路两个项目。

【项目目标】
◎

(1) 了解变频器的发展和应用。

(2) 掌握变频器的基本工作原理。

(3) 学会变频器的面板操作、运行、安装与配线及调试。

(4) 掌握脉宽调制（PWM）型逆变电路工作原理。

(5) 在小组合作实施项目过程中培养与人合作的精神。

【教学导航】
◎

教	知识重点	(1) 变频器的主电路结构。 (2) 脉宽调制变频电路概述。 (3) 单相 PWM 变频电路的控制方式。 (4) 三相桥式 PWM 变频电路的控制
	知识难点	PWM 变频电路的控制方式
	推荐教学方式	由工作任务入手，通过变频器的认识和分解学习，让学生从外到内、从直观到抽象、从应用到原理逐渐理解所要学习的知识重点
	建议学时	10 学时

续表

学	推荐学习方法	任务驱动、理实结合、教学做一体化
	必须掌握的理论知识	（1）几种变频器的主电路结构，了解其工作原理。 （2）单极型和双极型 SPWM 变频电路的控制方式。 （3）三相桥式 PWM 变频电路的工作原理
	必须掌握的技能	（1）变频器的面板操作。 （2）变频器的运行。 （3）变频器安装与配线。 （4）变频器的调试

任务十　认识变频器

☑【学习目标】

（1）了解变频器的应用。

（2）熟悉变频器的基本结构。

（3）认识变频器主电路和工作原理。

（4）学会变频器的面板操作、运行、安装与配线及调试。

↯【项目分析】

变频器是一种将电网 50Hz 交流电变成频率可调交流电的装置，自 20 世纪 80 年代被引进中国以来，其应用已逐步成为当代电动机调速的主流。

🕮【相关知识】

一、变频器的用途

变频调速器主要用于交流电动机（异步电动机或同步电动机）转速的调节，由于变频器具有体积小、质量轻、精度高、功能丰富、保护齐全、可靠性高、操作简便、通用性强等优点，因此变频调速是公认的交流电动机最理想、最有前途的调速方案，除了具有卓越的调速性能之外，变频调速还有显著的节能作用，是企业技术改造和产品更新换代的理想调速方式。变频器作为节能应用与速度工艺控制中越来越重要的自动化设备，得到了快速发展和广泛的应用。

1. 变频调速的节能

应用变频调速可以大大提高电机转速的控制精度，使电动机在最节能的转速下运行。风机、泵类负载的节能效果最明显，节电率可达到 20%～60%，这是因为风机、泵类的耗用功率与转速的 3 次方成正比，当需要的平均流量较小时，转速降低其功率按转速的 3 次方下降。因此，精确调速的节电效果非常可观。目前应用较成功的有恒压供水、中央空调、各类风机、水泵的变频调速。

2. 以提高工艺水平和产品质量为目的的应用

变频调速除了在风机、泵类负载上的应用以外，还可以广泛应用于传送、卷绕、起重、挤压、机床等各种机械设备控制领域。它可以提高企业的产成品率，延长设备的正常工作周期和使用寿命，使操作和控制系统得以简化，有的甚至可以改变原有的工艺规范，从而提高整个设备控制水平。

3. 变频调速在电动机运行方面的优势

变频调速很容易实现电动机的正、反转，只需要改变变频器内部逆变管的开关顺序，即可实现输出换相，也不存在因换相不当而烧毁电动机的问题。

变频调速系统启动大都是从低速开始，频率较低，加、减速时间可以任意设定，故加、减速间时比较平缓，启动电流较小，可以进行较高频率的启停。

变频调速系统制动时，变频器可以利用自己的制动回路将机械负载的能量消耗在制动电阻上，也可回馈给供电电网，但回馈给电网需增加专用附件，投资较大。除此之外，变频器还具有直流制动功能，需要制动时，变频器给电动机加上一个直流电压进行制动，无需另加制动控制电路。

4. 变频家电

在普通家庭中，节约电费、提高家电性能、保护环境等受到越来越多的关注，变频家电成为变频器的另一个广阔市场和应用趋势。带有变频控制的冰箱、洗衣机、家用空调等，在节电、减小电压冲击、降低噪声、提高控制精度等方面均有很大的优势。

二、变频器的基本组成

调速用变频器通常由主电路、控制电路和保护电路组成，如图 6 - 2 所示。

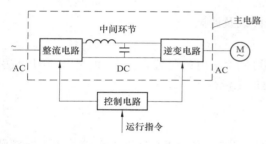

图 6 - 2　变频器基本结构

1. 主电路

主电路包括整流电路、逆变电路和中间环节。

（1）整流电路。整流电路的功能是将外部的工频交流电源转换为直流电，给逆变电路和控制电路提供所需的直流电源。

（2）中间环节。中间环节的功能是对整流电路的输出进行平滑滤波，以保证逆变电路和控制电路能够获得质量较高的直流电源。

（3）逆变电路。逆变电路的功能是将中间环节输出的直流电源转换为频率和电压都任意可调的交流电源。

2. 控制电路

控制电路包括主控制电路、信号检测电路、驱动电路、外部接口电路以及保护电路。控制电路的主要功能是将接受的各种信号送至运算电路，使运算电路能够根据驱动要求为变频器主电路提供必要的驱动信号，并对变频器以及异步电动机提供必要的保护、输出计算结果。

（1）接收的各种信号。包括各种功能的预置信号、从键盘或外接输入端子输入的给定信号、从外接输入端子输入的控制信号及从电压、电流采样电路以及其他传感器输入的状态信号。

（2）进行的运算。包括实时计算出 SPWM 波形各切换点的时刻和进行矢量控制运算或其他必要的运算。

（3）输出的计算结果。即实时地计算出 SPWM 波形各切换点时刻输出至逆变器件模块的驱动电路，使逆变器件按给定信号及预置要求输出 SPWM 电压波，并将当前的各种状态输出至显示器显示和将控制信号输出至外接输出端子。

（4）实现的保护功能。即接受从电压、电流采样电路以及其他传感器输入的信号，结合功能中预置的限值进行比较和判断。若出现故障，则会停止发出 SPWM 信号，或使变频器中止输出和输出报警信号及向显示器输出故障信号。

三、变频器的主电路结构

目前已被广泛地应用在交流电动机变频调速中的变频器是交-直-交变频器，它是先将恒压恒频（Constant Voltage Constant Frequency，CVCF）的交流电通过整流器变成直流电，再通过逆变器将直流电变换成可调的交流电的间接型变频电路。

在交流电动机的变频调速控制中，为了保持额定磁通基本不变，在调节定子频率的同时须同时改变定子的电压。因此必须配备变压变频（Variable Voltage Variable Frequency，VVVF）装置。它的核心部分就是变频电路，其结构框图如图 6-3 所示。

按照不同的控制方式，交-直-交变频器可分成以下 3 种方式。

（1）采用可控整流器调压、逆变器调频的控制方式，其结构框图如图 6-4 所示。在这种装置中，调压和调频在 2 个环节上分别进行，在控制

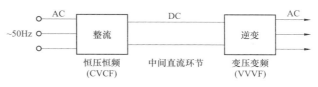

图 6-3　VVVF 变频器主电路结构框图

电路上协调配合，结构简单，控制方便。但是，由于输入环节采用晶闸管可控整流器，当电压调得较低时，电网端功率因数较低。而输出环节多用由晶闸管组成多拍逆变器，每周换相 6 次，输出的谐波较大，因此这类控制方式现在用的较少。

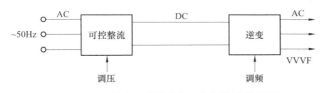

图 6-4　可控整流器调压、逆变器结构框图

（2）采用不可控整流器整流、斩波器调压，再用逆变器调频的控制方式，其结构框图如图 6-5 所示。整流环节采用二极管不可控整流器，只整流不调压，再单独设置斩波器，用脉宽调压，这种方法克服了功率因数较低的缺点，但输出逆变环节未变，仍存在输出谐波较大的缺点。

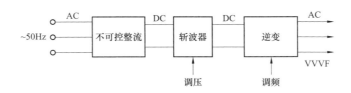

图 6-5　不可控整流器整流、斩波器调压、再用逆变器结构框图

（3）采用不可控制整流器整流、脉宽调制逆变器同时调压调频的控制方式，其结构框图如图 6-6 所示。在这类装置中，用不可控整流，输入功率因数不变；用 PWM 逆变，输出谐波可以减小。PWM 逆变器需要全控型电力半导体器件，其输出谐波减少的程度取决于 PWM 的开关频率；而开关频率则受器件开关时间的限制，采用绝缘双极型晶体管 IGBT 时，开关频率可达 10kHz 以上，输出波形非常逼近正弦波。

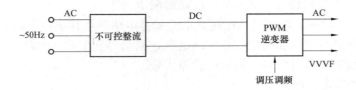

图 6-6　不控制整流器整流、脉宽调制逆变器结构框图

在交-直-交变频器中，当中间直流环节采用大电容滤波时，直流电压波形比较平直，在理想情况下是一个内阻抗为零的恒压源，输出交流电压是矩形波或阶梯波，这类变频器叫做电压型变频器，如图 6-7（a）所示。当交-直-交变频器的中间直流环节采用大电感滤波时，直流电流波形比较平直，因而电源内阻抗很大，对负载来说基本上是一个电流源，输出交流电

图 6-7　变频器结构框图
(a) 电压型变频器；(b) 电流型变频器

流是矩形波或阶梯波，这类变频器叫做电流型变频器，如图 6-7（b）所示。

下面给出几种典型的交-直-交变频器的主电路。

1. 交-直-交电压型变频电路

图 6-8 是一种常用的交-直-交电压型 PWM 变频电路。它采用二极管构成整流器，完成交流到直流的变换，其输出直流电压 U_D 是不可控的；中间直流环节用大电容 C 滤波；电力晶体管 VT1～VT6 构成 PWM 逆变器，完成直流到交流的变换，并能实现输出频率和电压的同时调节。VD1～VD6 是电压型逆变器所需的反馈二极管。

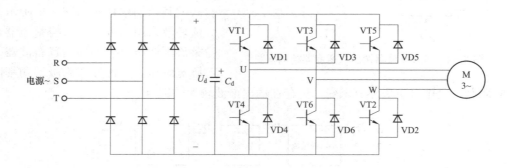

图 6-8　交-直-交电压型 PWM 变频电路

从图 6-8 中可以看出，由于整流电路输出的电压和电流极性都不能改变，因此该电路只能从交流电源向中间直流电路传输功率，进而再向交流电动机传输功率，而不能从直流中间电路向交流电源反馈能量。当负载电动机由电动状态转入制动运行时，电动机变为发电状态，其能量通过逆变电路中的反馈二极管流入直流中间电路，使直流电压升高而产生过电压，这种过电压称为泵升电压。为了限制泵升电压，可给直流侧电容并联一个由电力晶体管 VT0 和能耗电阻 R 组成的泵升电压限制电路，如图 6-9 所示。当泵升电压超过一定数值时，使 VT0 导通，使能量消耗在 R 上。

这种电路可运用于对制动时间有一定要求的调速系统中。

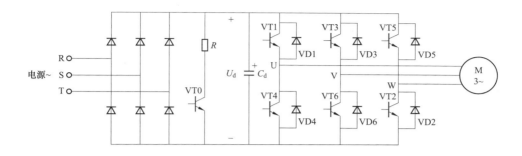

图 6-9 带有泵升电压限制电路的变频电路

在要求电动机频繁快速加减的场合,带有泵升电压限制电路的变频电路耗能较多,能耗电阻 R 也需较大的功率。因此,希望在制动时把电动机的动能反馈回电网。这时,需要增加一套有源逆变电路,以实现再生制动,如图 6-10 所示。

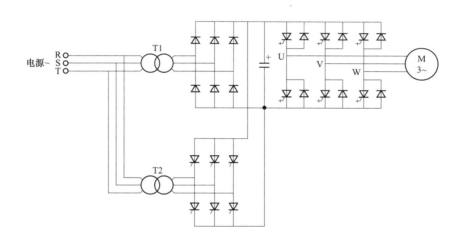

图 6-10 可以再生制动的变频电路

2. 交-直-交电流型变频电路

图 6-11 给出了一种常用的交-直-交电流型变频电路。其中,整流器采用晶闸管构成的可控整流电路,完成交流到直流的变换,输出可控的直流电压 U,实现调压功能;中间直流环节用大电感 L 滤波;逆变器采用晶闸管构成的串联二极管式电流型逆变电路,完成直流到交流的变换,并实现输出频率的调节。

由图 6-11 可以看出,电力电子器件的单向导向性使得电流 I_D 不能反向;而中间直流环节采用的大电感滤波,保证了 I_d 的不变,但可控整流器的输出电压 U_d 是可以迅速反向的。因此,电流型变频电路很容易实现能量回馈。

图 6-12 给出了电流型变频调速系统的电动运行和回馈制动两种运行状态。当可控整流器 UR 工作在整流状态($\alpha < 90°$)、逆变器工作在逆变状态时,电动机在电动状态下运行,如图 6-12(a)所示。这时,直流回路电压 U_d 的极性为上正下负,电流由 U_d 的正端流入

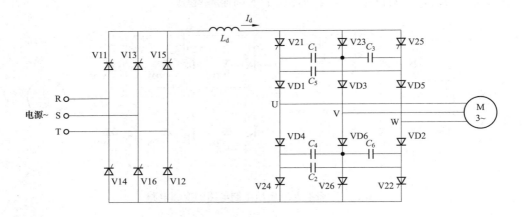

图 6-11　交-直-交电流型变频电路

逆变器，电能由交流电网经变频器传送给电机，变频器的输出频率 $\omega_1 > \omega$，电机处于电动状态。此时如果降低变频器的输出频率，或从机械上抬高电机转速 ω，使 $\omega_1 < \omega$，同时使可控整流器的控制角 $\alpha > 90°$，则异步电机进入发电状态，且直流回路电压 U_d 立即反向，而电流 I_D 方向不变，于是，逆变器变成整流器，而可控整流器 UR 转入有源逆变状态，电能由电机回馈给交流电网，如图 6-12（b）所示。

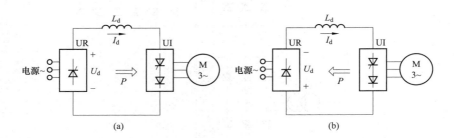

图 6-12　电流型变频器调速系统的两种运行状态
（a）电动运行状态；（b）发电（回馈制动）状态
UR—晶闸管可控整流器；UI—电流型逆变器

　　图 6-13 给出了一种交-直-交电流型 PWM 变频电路，负载为三相异步电动机。逆变器为采用 GTO 作为功率开关器件的电流型 PWM 逆变电路，图 6-13 中的 GTO 用的是反向导电型器件，因此，给每个 GTO 串联了二极管以承受反向电压。逆变电路输出端的电容 C 是为吸收 GTO 关断时所产生的过电压而设置的，它也可以对输出的 PWM 电流波形而起滤波作用。整流电路采用晶闸管而不是二极管，这样在负载电动机需要制动时，可以使整流部分工作在有源逆变状态，把电动机的机械能反馈给交流电网，从而实现快速制动。

　　3. 交-直-交电压型变频器与电流型变频器的性能比较

　　电压型变频器和电流型变频器的区别仅在于中间直流环节滤波器的形式不同，却造成两类变频器在性能上相当大的差异，主要性能比较见表 6-1。

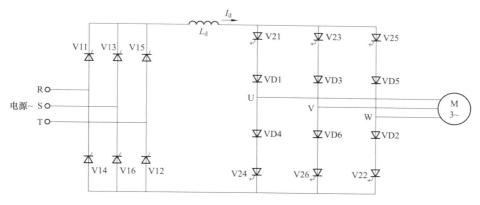

图 6-13　交-直-交电流型 PWM 变频电路

表 6-1　　　　　　　　　　　　　电压型变频器与电流型变频器的性能比较

特点名称	电压型变频器	电流型变频器
储能元件	电容器	电抗器
输出波形的特点	电压波形为矩形波，电流波形近似正弦波	电流波形为矩形波，电压波形为近似正弦波
回路构成上的特点	有反馈二极管； 直流电源并联大容量电容（低阻抗电压源）； 电动机四象限运转需要再生用变流器	无反馈二极管； 直流电源串联大电感（高阻抗电流源）； 电动机四象限运转容易
特性上的特点	负载短路时产生过电流； 开环电动机也可能稳定运转	负载短路时能抑制过电流； 电动机运转不稳定，需要反馈控制
适用范围	适用于作为多台电动机同步运行时的供电电源，但不要求快速调整的场合	适用于一台变频器给一台电机供电的单电机传动，但可以满足快速起制动和可逆运行的要求

【任务实施】

一、变频器的面板操作

不同的生产厂家，生产的变频器其操作面板略有不同，下面以森兰 SB100 系列变频器为例说明其使用过程。

1. 设置运行模式

仔细阅读变频器的面板介绍，掌握在监视模式下显示频率（Hz）、电流（A）、电压（V）的方法，变频器的各种控制方式的设置方法，以及运行命令之间的切换方法。

（1）运行监视模式下，显示频率（Hz）、电流（A）、电压（V）的方法。该状态下按<<键，操作面板可循环显示不同的待机状态参数（由 FC-00～FC-08 定义）。

单位指示灯的各种组合表示的单位见表 6-2。

（2）变频器控制方式的设置。按下"MENU"键至第一级菜单，显示 F0 级参数，然后按"ENTER"键，进入第二级菜单，按动▲/▼键找到 F0-02 参数。根据要求设置相应的数值，按"ENTER"键存储参数。具体设置值见表 6-3。注意：操作面板命令通道时，面板上的◉可改变方向，上电默认为正向。

表 6 - 2　　　　　　　　　　　　　　各种组合表示的单位

显示	单位	显示	单位
●—kW—○—r/min—○—m/s—○ 　A　　　V　　　Hz　　　%	A	●—kW—○—r/min—○—m/s—○ 　A　　　V　　　Hz　　　%	kW
○—kW—●—r/min—○—m/s—○ 　A　　　V　　　Hz　　　%	V	○—kW—●—r/min—●—m/s—○ 　A　　　V　　　Hz　　　%	r/min
○—kW—○—r/min—●—m/s—○ 　A　　　V　　　Hz　　　%	Hz	○—kW—○—r/min—●—m/s—● 　A　　　V　　　Hz　　　%	m/s
○—kW—○—r/min—○—m/s—● 　A　　　V　　　Hz　　　%	%	○—kW—●—r/min—●—m/s—● 　A　　　V　　　Hz　　　%	s 或 ms

表 6 - 3　　　　　　　　　　　　　　控制方式设置

F0 - 02	运行命令通道选择	出厂值	1	更改	×
设定范围	1：操作面板，EXT 灯灭 2：端子，◎有效，EXT 灯亮　　3：端子，◎有效：EXT 灯亮 4：通信，◎无效，EXT 灯闪　　5：通信，◎有效：EXT 灯闪				

　　（3）运行命令之间的切换方法。数字输入 18 "运行命令通道切换到端子或面板"可强制切换运行命令通道，即通过 X1、X2 数字输入端子功能来实现运行命令的相互转换。将参数 F4 - 00（使用 X1 时）或 F4 - 01（使用 X2 时）设置为 18（设置操作方法同上），设定范围见表 6 - 4。

表 6 - 4　　　　　　　　　　　　　运行命令切换设定范围

F4 - 00	X1 数字输入端子功能	出厂值	6
F4 - 01	X2 数字输入端子功能	出厂值	7
设定范围	0：不连接到下列信号 ±1：多段频率选择 1 ±2：多段频率选择 2 ±3：多段频率选择 3 ±4：加减速时间 2 选择 ±5：外部故障输入 ±6：故障复位 ±7：正转点动 ±8：反转点动 ±9：自由停机/运行禁止 ±10：UP/DOWN 增 ±11：UP/DOWN 减 ±12：UP/DOWN 清除 ±13：过程 PID 禁止 ±14：三线式停机指令 ±15：内部虚拟 FWD 端子 ±16：内部虚拟 REV 端子 ±17：加减速禁止 ±18：运行命令通道切换 到端子或面板 ±19：给定频率切换至 AI1 ±20：多段 PID 选择 1 ±21：多段 PID 选择 2		

2. 参数初始化操作

为了实验能顺利进行，在实验开始前要进行参数初始化操作。

(1) 首次使用的变频器，接线及电源检查确认无误后，合上变频器输入侧交流电源的空气开关，给变频器通电，变频器操作面板首先显示"8.8.8.8.8."，当变频器内部的接触器正常吸合后，LED 数码管显示字符变为给定频率时，表明变频器已初始化完毕。如果通电过程出现异常，应断开输入侧空气开关，检查原因并排除异常。

(2) 如果是已用过的变频器，进行参数初始化操作步骤如下：

1) 按下"菜单 MENU"键至第一级菜单，显示 F0 级参数。

2) 按"确认 ENTER"键，进入第二级菜单，按▲/▼键找到 F0 - 11 参数。

3) 按"确认 ENTER"键，进入第三级菜单，按▲/▼键将 F0 - 11 参数的值修改为"11"，按"确认 ENTER"键存储参数。

4) 变频器开始初始化。

参数初始化完成后的变频器所有参数将恢复到出厂时的状态，这时可以进行下一步操作。

3. 参数预置

变频器在运行前，通常要根据负载和用户的要求，给变频器预置一些参数，如上、下限频率及加、减速时间等。

1) 查变频器功能参数一览表，得到所需设置的功能参数。

2) 在监视状态下，按 MENU 键至第一级菜单，按▲/▼键修改菜单号。

3) 按 ENTER 键至第二级菜单，按<<键选择修改位，按▲/▼键修改参数号为所需的功能参数。

4) 按 ENTER 键至第三级菜单，读出原数据。按<<键选择修改位，按▲/▼键更改数据。

5) 按 ENTER 键写入给定。

4. 给定频率的修改

1) 选择 F0 - 02 参数，设定运行方式。

2) 选择频率设定模式参数 F0 - 00。

3) 按▲/▼键修改给定频率，按 ENTER 键存储参数。

二、变频器的运行

1. 试运行

变频器正式投入运行前应试运行。试运行可选择运行频率为 5Hz 点动运行，此时电动机应旋转平稳，无不正常的振动和噪声，能够平滑增速和减速。

1) 点动运行。

a) 按 MENU 键选择 F0 - 02 参数，设置运行命令通道为"操作面板"。

b) 按①键，电动机以"点动运行"旋转，运行频率由参数 F1 - 12 决定，按◎键则电动机停转。

2) 外部点动运行。在端子或通信控制时，通过数字输入 7"正转点动"、8"反转点动"可实现点动运行。

a) 预置点动频率。

b）预置点动加减速时间。

c）按 MENU 键设置运行命令通道为"端子"。

d）保持启动信号，点动运行。

2. 变频器的操作面板运行

操作面板运行就是利用变频器的面板直接输入给定频率和启动信号。

1）预置基频。

2）预置给定频率。

3）按①键，电动机启动。测出相关数值，并填入表 6-5 中。

4）用▲/▼键按表中的频率值改变给定频率，测出各相应转速及电压值并将结果填入表 6-5 中。

表 6-5   各相应转速及电压值

频率（Hz）	60	50	40	30	20	5
转速（r/min）						
输出电压（V）						

运行操作时，应注意事项如下：

1）电源供给必须连接到 R、S、T 端子，如果连接到端子 U、V、W 将导致变频器内部的损坏。连接时不需要考虑相序。

2）不要给任何控制输入端子试用电压。

三、变频器安装与配线

变频器安装可以在电气控制实训柜中或实训配电屏上进行。由于变频器的接线端子不能也不便反复拆装，因此可以将变频器安装在一块绝缘板上，并在板上安装上接线端子线排，然后再变频器的接线端子连接到线排上，由线排向外接线。

如果没有合适的实训柜或配电屏，也可以在实训板上进行，材料可选用家装用的细木工板或纤维压合板。各电气元件可用快攻螺钉进行固定，安装时要根据变频器的安装原理进行区域划分，布线按照电工要求进行。控制电路安装完毕，先不要连接主电路，检查通电无问题后再将主电路接通。连接主电路时要认真核对，以免将输入、输出端接错而造成变频器损坏。下面以森兰 SB100 系列变频器控制的电动机正反转控制电路为例，说明其过程。

（1）先上网下载森兰 SB100 系列变频器的安装方式、安装区域划分及注意事项资料，并认真自学。

（2）阅读变频器的配线方式（变频器的配线在使用说明书有介绍）。

（3）按实训线路接线，如图 6-14 所示。

四、变频器的调试

（1）阅读变频器的调试规则。

（2）通电前检查。

1）检查输入交流电源是否符合规定值。

2）检查输入和输出端子接线是否正确。

3）检查主电路、控制电路的配线是否与接地端或其他端子混接，或自身短路。

4）查看箱内是否有金属或电缆线头等异物遗留，必要时进行清扫。

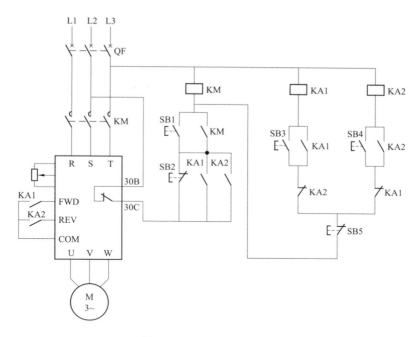

图 6-14　正反转控制电路

5）检查螺钉、导体、端子排等有无松动。

6）确认外部电路操作顺序。

（3）试运行。为了安全起见，把电动机与机械负载的连接器拆开，单独运行电动机。直接带负载运行时，要十分小心，以免发生危险。

1）先把所有操作开关断开（OFF）。

2）把频率设定电位器调到最小值。

3）接通主电源开关电器（此时风扇、面板等控制电路、程序电路通电）。稍等一会儿，查看控制电路、程序电路是否有异常现象，如发热、冒烟、异味等。确定面板上指示灯的发光情况，正常方能进行下一步操作。

4）主电源接通后，触摸面板上的数据显示部分将闪烁，闪烁消失后查看出厂时所设定的参数，以及根据实际情况修改或重新设定数据。

5）给正转或反转指令，首先在几赫兹下进行，查看电动机的旋转方向是否正确。通常，正转（FWD）指令是指电动机旋转为逆时针方向（指轴端）。

6）如果电动机旋转方向反了，不必颠倒主电路的相序，通过调换控制端子（FWD 与 REV）的接线，即可改变旋转方向，也可通过面板设置改变方向。

7）逐渐地加大设定值（通常电位器往右旋转为最小值），查看频率升到最大值时电动机运行情况，测量转速、输出电压。要十分注意的是，变频器出厂时最高频率设定为 50Hz。

8）以上确认终了后，可以停机。查看频率设定电位器的位置，查看加速运行和减速运行是否平滑稳定。

9）试运行结束，断电，接上电动机负载。

（4）运行。

1）接通主电源开关等。

2）确认指示灯正常。

3）在正转或反转指令下，电动机在某一设定频率下运行。

4）在运行中，改变显示的内容或设定可以改变的数据。

5）当正转或反转指令变为断开时，电动机将减速直到停止。为使电动机安全停止，一般应断开动力电源。

五、任务实施标准

变频器的使用、安装与调试任务实施标准见表 6-6。

表 6-6　　　　　　　　　　变频器的使用、安装与调试任务实施标准

任务名称＿＿＿＿＿＿＿＿　　　姓名＿＿＿＿＿＿＿＿　　　考核时间＿＿＿＿＿分钟

序号	内容	分值	等级	计分细则	得分
1	熟悉变频器的面板操作	20	5	是否仔细阅读变频器的面板介绍	
			5	设置方法	
			10	操作方法	
2	变频器的运行	20	5	试运行	
			5	变频器的操作面板运行	
			10	操作方法	
3	变频器安装与配线	25	10	上网下载相关资料	
			15	接线正确	
4	变频器的调试	25	5	上网下载相关资料	
			10	通电前检查	
			10	操作方法	
5	安全生产	5		安全文明生产，符合操作规程	
				经提示后能规范操作	
				不能文明生产，不符合操作规程	
6	拆线整理现场	5		现场整理干净，设施及桌椅摆放整齐	
				经提示后能将现场整理干净	
				不合格	
7	加分				

任务十一　变频器逆变电路

☑ **【学习目标】**

(1) 熟悉 PWM 控制的基本原理。

(2) 掌握脉宽调制（PWM）型逆变电路工作原理。

(3) 学会脉宽调制（PWM）型逆变电路的控制方式。

(4) 在小组合作实施项目过程中培养与人合作的精神。

【任务分析】

PWM 控制技术是变频技术的核心技术之一，1964 年首先把这项技术应用到交流传动中。20 世纪 80 年代，随着全控型电力电子器件、微电子技术和自动控制技术的发展以及各种新的理论方法的应用，PWM 控制技术获得了空前的发展，为交流传动的推广应用开辟了新的局面。那么，什么是 PWM 技术，PWM 控制的基本原理是什么，PWM 逆变电路的工作原理是怎样，PWM 逆变电路采用什么样的控制方式，下面来介绍相关知识。

【相关知识】

一、PWM 控制的基本原理

在采样控制理论中有一个重要结论：冲量（脉冲的面积）相等而形状不同窄脉冲（如图 6 - 15 所示）分别加在具有惯性环节的输入端，其输出响应波形基本相同。也就是说，尽管脉冲形状不同，但只要脉冲的面积相等，其作用的效果基本相同，这就是 PWM 控制的重要理论依据。如图 6 - 16 所示，一个正弦半波完全可以用等幅不等宽的脉冲列来等效，但必须做到正弦半波所等分的 6 块阴影面积与相对应的 6 个脉冲列的阴影面积相等，其作用的效果就基本相同，对于正弦波的负半周，用同样方法可得到 PWM 波形来取代正弦负半波。

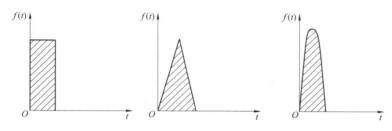

图 6 - 15　形状不同而冲量相同的各种窄脉冲

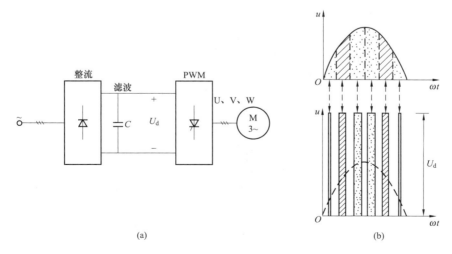

图 6 - 16　PWM 控制的基本原理示意图
（a）原理电路；（b）波形图

在 PWM 波形中，各脉冲的幅值是相等的，若要改变输出电压等效正弦波的幅值，只要按同一比例改变脉冲列中各脉冲的宽度即可，所以 U_d 直流电源如采用不可控整流电路获得，不但可使电路输入功率因数接近于1，而且整个装置控制简单，可靠性高。

下面分别介绍单相和三相PWM型变频电路的控制方法与工作原理。

1. 单相桥式PWM变频电路工作原理

电路如图6-17所示，采用GTR作为逆变电路的自关断开关器件。设负载为电感性，控制方法可以有单极性与双极性两种。

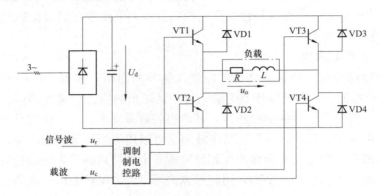

图6-17　单相桥式PWM变频电路

1）单极性PWM控制方式工作原理。按照PWM控制的基本原理，如果给定了正弦波频率、幅值和半个周期内的脉冲个数，PWM波形各脉冲的宽度和间隔就可以准确地计算出来。依据计算结果来控制逆变电路中各开关器件的通断，就可以得到所需要的PWM波形，但是这种计算很繁琐，较为实用的方法是采用调制控制。如图6-18所示，把所希望输出的正弦波作为调制信号u_r，把接受调制的等腰三角形波作为载波信号u_c，对逆变桥VT1～VT4的控制方法是：

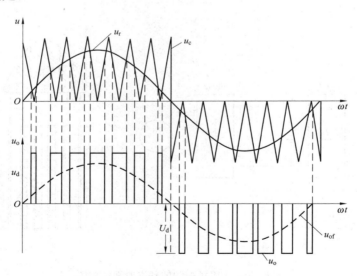

图6-18 单极性PWM控制方式原理波形

a）当u_r正半周时，让VT1一直保持通态，VT2保持断态。在u_r与u_c正极性三角波交点处控制VT4的通断，在$u_r > u_c$各区间，控制VT4为通态，输出负载电压$u_o = U_d$；在

$u_r < u_c$ 和区间，控制 VT4 为断态，输出负载电压 $u_o = 0$，此时负载电流可以经过 VD3 与 VT1 续流。

b）当 u_r 负半周时，让 VT2 一直保持通态，VT1 保持断态。在 u_r 与 u_c 负极性三角波交点处控制 VT3 的通断。在 $u_r < u_c$ 各区间，控制 VT3 为通态，输出负载电压 $u_o = -U_d$。在 $u_r > u_c$ 各区间，控制 VT3 为断态，输出负载电压 $u_o = 0$，此时负载电流可以经过 VD4 与 VT2 续流。

逆变电路输出的 u_o 为 PWM 波形，如图 6‑19 所示，u_{of} 为 u_o 的基波分量。由于在这种控制方式中的 PWM 波形只能在一个方向变化，故称为单极性 PWM 控制方式。

2）双极性 PWM 控制方式工作原理。电路仍然是图 6‑17，调制信号 u_r 仍然是正弦波，而载波信号 u_c 改为正负两个方向变化的等腰三角形波，如图 6‑19 所示。对逆变桥 VT1～VT4 的控制方法是：

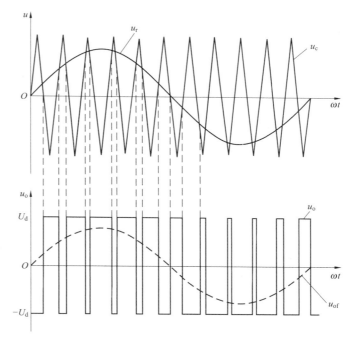

a）在 u_r 正半周，当 $u_r > u_c$ 的各区间，给 VT1 和 VT4 导通信号，而给 VT2 和 VT3 关断信号，输出负载电压 $u_o = U_d$。在 $u_r < u_c$ 的各区间，给 VT2 和 VT3 导通信号，而给 VT1 和 VT4 关断信号，输出负载电压 $u_o = -U_d$。这样逆变电路输出的 u_o 为两个方向变化等幅不等宽的脉冲列。

b）在 u_r 负半周，当 $u_r < u_c$ 的各区间，给 VT2 和 VT3 导通信号，而给 VT1 和 VT4 关断信

图 6‑19　双极性 PWM 控制方式原理波形

号，输出负载电压 $u_o = -U_d$。当 $u_r > u_c$ 的各区间，给 VT1 和 VT4 导通信号，而给 VT2 与 VT3 关断信号，输出负载电压 $u_o = U_d$。

双极性 PWM 控制的输出 u_o 波形如图 6‑19 所示，它为两个方向变化等幅不等宽的脉冲列。这种控制方式特点是：①同一桥上下两个桥臂晶体管的驱动信号极性恰好相反，处于互补工作方式。②电感性负载时，若 VT1 和 VT4 处于通态，给 VT1 和 VT4 以关断信号，则 VT1 和 VT4 立即关断，而给 VT2 和 VT3 以导通信号，由于电感性负载电流不能突变，电流减小感生的电动势使 VT2 和 VT3 不可能立即导通，而是二极管 VD2 和 VD3 导通续流，如果续流能维持到下一次 VT1 与 VT4 重新导通，负载电流方向始终没有变，VT2 和 VT3 始终未导通。只有在负载电流较小无法连续续流情况下，在负载电流下降至零，VD2 和 VD3 续流完毕，VT2 和 VT3 导通，负载电流才反向流过负载。但是不论是 VD2、VD3 导通还是 VT2、VT3 导通，u_o 均为 $-U_d$。从 VT2、VT3 导通向 VT1、VT4 切换情况也类似。

2. 三相桥式 PWM 变频电路的工作原理

三相桥式 PWM 变频电路如图 6-20 所示，本电路采用 GTR 作为电压型三相桥式逆变电路的自关断开关器件，负载为电感性。从电路结构上看，三相桥式 PWM 变频电路只能选用双极性控制方式，其工作原理如下：

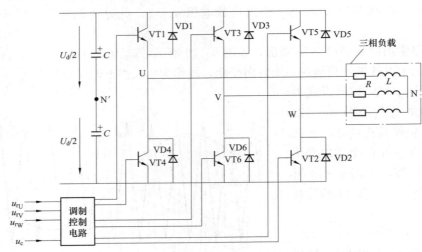

图 6-20　三相桥式 PWM 变频电路

三相调制信号 u_{rU}、u_{rV} 和 u_{rW} 为相位依次相差 120° 的正弦波，而三相载波信号是公用一个正负方向变化的三角形波 u_c，如图 6-20 所示。U、V 相和 W 相自关断开关器件的控制方法相同，现以 U 相为例：在 $u_{rU} > u_c$ 的各区间，给上桥臂电力晶体管 VT1 以导通驱动信号，而给下桥臂 VT4 以关断信号，于是 U 相输出电压相对直流电源 U_d 中性点 N' 为 $u_{UN'} = U_d/2$。在 $u_{rU} < u_c$ 的各区间，给 VT1 以关断信号，VT4 为导通信号，输出电压 $u_{UN'} = -U_d/2$。图 6-21 所示的 $u_{UN'}$ 波形就是三相桥式 PWM 逆变电路 U 相输出的波形（相对 N' 点）。

图 6-20 电路中 VD1～VD6 为电感性负载换流过程提供续流回路，其他两相的控制原理与 U 相相同。三相桥式 PWM 变频电路的三相输出的 PWM 波形分别为 $u_{UN'}$、$u_{VN'}$ 和 $u_{WN'}$，如图 6-21 所示。U、V、W 三相之间的线电压 PWM 波形以及输出三相相对于负载中性点 N 的相电压 PWM 波形，读者可按下列计算式求得

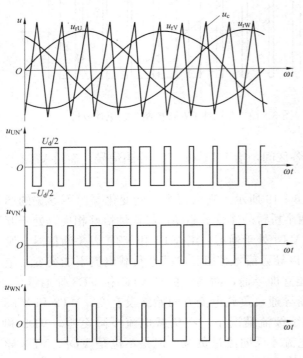

图 6-21　三相桥式 PWM 变频波形

线电压
$$\begin{cases} u_{UV} = u_{UN'} - u_{VN'} \\ u_{VW} = u_{VN'} - u_{WN'} \\ u_{WU} = u_{WN'} - u_{UN'} \end{cases} \quad (6-1)$$

$$\begin{cases} u_{UN} = u_{UN'} - \dfrac{1}{3}(u_{UN'} + u_{VN'} + u_{WN'}) \\[2mm] u_{VN} = u_{VN'} - \dfrac{1}{3}(u_{UN'} + u_{VN'} + u_{WN'}) \\[2mm] u_{WN} = u_{WN'} - \dfrac{1}{3}(u_{UN'} + u_{VN'} + u_{WN'}) \end{cases}$$

相电压　　　　　　　　　　　　　　　　　　　　　　　　　　　　　　　（6-2）

在双极性 PWM 控制方式中，理论上要求同一相上下两个桥臂的开关管驱动信号相反。但实际上，为了防止上下两个桥臂直通造成直流电源的短路，通常要求先施加关断信号，经过 Δt 的延时才给另一个施加导通信号。延时时间的长短主要由自关断功能开关器件的关断时间决定。这个延时将会给输出 PWM 波形带来偏离正弦波的不利影响，所以在保证安全可靠换流前提下，延时时间应尽可能取小。

二、PWM 变频电路的调制控制方式

在 PWM 变频电路中，载波频率 f_c 与调制信号频率 f_r 之比称为载波比 N，即 $N = f_c/f_r$。根据载波和调制信号波是否同步，PWM 逆变电路有异步调制和同步调制两种控制方式。

1. 异步调制控制方式

当载波比 N 不是 3 的整数倍时，载波与调制信号波就存在不同步的调制，就是异步调制三相 PWM，如 $f_c = 10f_r$，载波比 $N = 10$，不是 3 的整数倍。在异步调制控制方式中，通常 f_c 固定不变，逆变输出电压频率的调节是通过改变 f_r 的大小来实现的，所以载波比 N 也随时跟着变化，难以同步。

异步调制控制方式的特点如下：

（1）控制相对简单。

（2）在调制信号的半个周期内，输出脉冲的个数不固定，脉冲相位也不固定，正负半周的脉冲不对称，而且半周期内前后 1/4 周期的脉冲也不对称，输出波形就偏离了正弦波。

（3）载波比 N 越大，半周期内调制的 PWM 波形脉冲数就越多，正负半周不对称和半周内前后 1/4 周期脉冲不对称的影响就越大，输出波形越接近正弦波。因此，在采用异步调制控制方式时，要尽量提高载波频率 f_c，使不对称的影响尽量减小，输出波形接近正弦波。

2. 同步调制控制方式

在三相逆变电路中，当载波比 N 为 3 的整数倍时，载波与调制信号波能同步调制。图 6-22 所示为 $N = 9$ 时的同步调制控制的三相 PWM 变频波形。

在同步调制控制方式中，通常保持载波比 N 不变，若要增高逆变输出电压的频率，必须同时增高 f_c 与 f，且保持载波比 N 不变，保持同步调制不变。

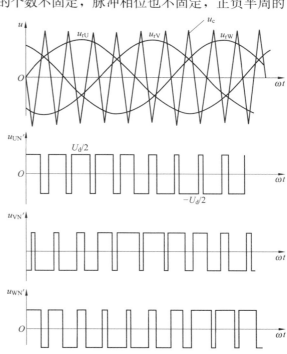

图 6-22　同步调制的三相 PWM 变频波形

同步调制控制方式的特点如下：

（1）控制相对较复杂，通常采用微机控制。

（2）在调制信号的半个周期内，输出脉冲的个数是固定不变的，脉冲相位也是固定的。正负半周的脉冲对称，而且半个周期脉冲排列其左右也是对称的，输出波形等效于正弦。

但是，当逆变电路要求输出频率 f_o 很低时，由于半周期内输出脉冲的个数不变，所以由 PWM 调制而产生 f_o 附近的谐波频率也相应很低，这种低频谐波通常不易滤除，并对三相异步电动机造成不利影响，例如电动机噪声变大、振动加大等。

为了克服同步调制控制方式低频段的缺点，通常采用分段同步调制的方法，即把逆变电路的输出频率范围划分成若干个频率段，每个频率段内都保持载波比为恒定，而不同频率段所取的载波比不同：

1）在输出高频率段时，取较小的载波比。这样载波频率不致过高，能在功率开关器件所允许的频率范围内。

2）在输出频率为低频率段时，取较大的载波比。这样载波频率不致过低，谐波频率也较高且幅值也小，也容易滤除，从而减小了对异步电动机的不利影响。

综上所述，同步调制方式效果比异步调制方式好，但同步调制控制方式较复杂，一般要用微机进行控制。也有的电路在输出低频率段时采用异步调制方式，而在输出高频率段时换成同步调制控制方式，这种综合调制控制方式，其效果与分段同步调制方式相接近。

3. SPWM 波形的生成

SPWM 的控制就是根据三角波载波和正弦调制波用比较器来确定它们的交点，在交点时刻对功率开关器件的通断进行控制。这个任务可以用模拟电子电路、数字电路或专用的大规模集成电路芯片等硬件电路来完成，也可以用计算机通过软件生成 SPWM 波形。

在计算机控制 SPWM 变频器中，SPWM 信号一般由软件加接口电路生成。如何计算 SPWM 的开关电，是 SPWM 信号生成中的一个难点，也是当前人们研究的一个热门课题。

【任务实施】

一、单相正弦波脉宽调制 SPWM 逆变电路

1. 认识单相正弦波脉宽调制 SPWM 逆变电路

在 DJDK-1 型电力电子技术及电机控制装置上的 DJK14 挂件上，可完成单相交-直-交变频实验。

单相正弦波脉宽调制 SPWM 逆变电路路由主电路、驱动电路和控制电路三部分组成。

（1）主电路。主电路如图 6-23 所示。由 4 个 IGBT 及 LC 滤波电路组成，左侧为 0～200V 的直流电压输入，右侧输出经 LC 低通滤波后的正弦波信号。

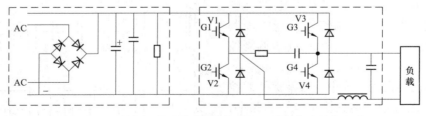

图 6-23 单相正弦波脉宽调制 SPWM 逆变电路的主电路

（2）驱动电路。驱动电路如图 6-24 所示。IGBT 专用驱动电路 M57962L 具有驱动、隔离、保护等功能。

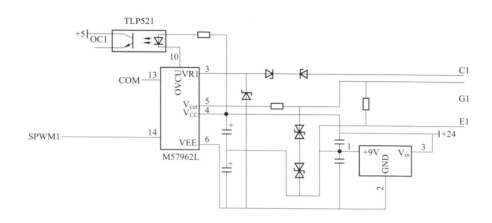

图 6-24 单相正弦波脉宽调制 SPWM 逆变电路的驱动电路

（3）过电流保护电路。过电流保护电路如图 6-25 所示。

（4）控制电路。控制电路由两片 8038 及外围元器件等组成，如图 6-26 所示。其中一片 8038 产生一路锯齿波，另一片产生一路频率可调的正弦波，调节正弦波频率调节电位器可调节正弦波的频率。

为了能比较清晰的观测到 SPWM 信号，锯齿波的频率分为两挡，可通过开关进行切换：当开关拨到运行侧时，输出频率为 10kHz 左右，可减少输出谐波分量；当开关拨到测试侧，输出 400Hz 左右，方便用普通示波器观测 SPWM 信号。

2. 单相正弦波脉宽调制 *SPWM* 逆变控制电路调试

主电路不接直流电源，打开控制电源开关，并将 DJK14 挂箱左侧的开关拨到"测试"位置。

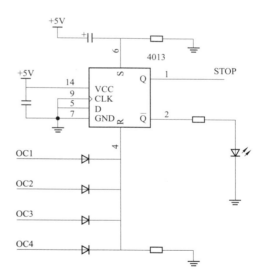

图 6-25 单相正弦波脉宽调制 SPWM
逆变电路过电流保护电路

（1）观察正弦调制波信号 U_r 的波形，测试其频率可调范围，并记录。

（2）观察三角载波 U_c 的波形，测试其频率，并记录。

（3）改变正弦调制波信号 U_r 的频率，再测量三角载波 U_c 的频率，判断是同步调制还是异步调制，并记录。

（4）比较"PWM＋"、"PWM－"、"SPWM1"、"SPWM2"的区别，仔细观测同一相上下两管驱动信号之间的死区延迟时间。

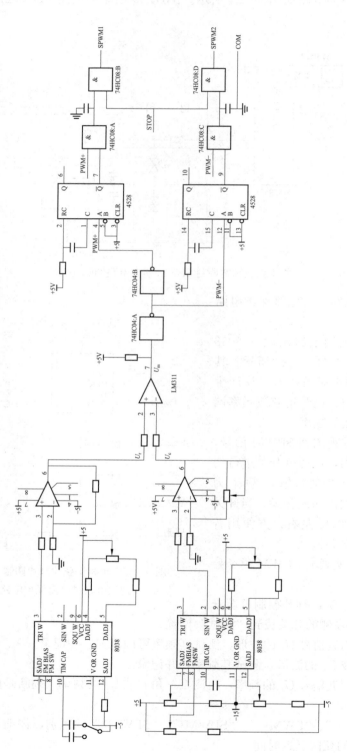

图 6 − 26 单相正弦波脉宽调制 SPWM 逆变电路过电流保护电路

3. 单相正弦波脉宽调制 SPWM 逆变电路调试

(1) 观察 SPWM 波形。为了便于观察 SPWM 波,面板上设置了"测试"和"运行"选择开关,在"测试"状态下,三角载波 U_c 的频率为 180Hz 左右,此时可较清楚地观察到异步调制的 SPWM 波,通过示波器可比较清晰地观测,但在此状态下不能带负载运行,因载波比 N 太低,不利于设备的正常运行。在"运行"状态下,三角载波 U_c 频率为 10kHz 左右,因波形的宽窄快速变化致使无法用普通示波器观察到 SPWM 波形,通过带储存的数字示波器的存储功能也可较清晰地观测 SPWM 波形。

将 DJK14 挂箱面板左侧的开关拨到"测试"位置,用示波器观察测试点波形。

(2) 带电阻及电阻电感性负载。将 DJK14 挂箱面板左侧的开关拨到"运行"位置,将正弦调制波信号 U_r 的频率调到最小,选择负载种类:

1) 将输出接灯泡负载,然后将主电路接通。由控制屏左下侧的直流电源(通过调节单相交流自耦调压器,使整流后输出直流电压保持为 200V)接入主电路,由小到大调节正弦调制波信号 U_r 的频率,观测负载电压的波形,记录其波形参数(幅值、频率)。

2) 接入 DJK06 给定及实验器件和 DJK02 上的 100mH 电感串联组成的电阻电感性负载,然后将主电路接通由 DJK09 提供的直流电源(通过调节交流侧的自耦调压器,使输出直流电压保持为 200V),由小到大调节正弦调制波信号 U_r 的频率观测负载电压的波形,记录其波形参数(幅值、频率)。

(3) 带电动机负载(选做)。主电路输出接 DJ21‑1 电阻启动式单相交流异步电动机,启动前必须先将正弦调制波信号 U_r 的频率调至最小,然后将主电路接通由 DJK09 提供的直流电源,并由小到大调节交流侧的自耦调压器输出的电压,观察电动机的转速变化,并逐步由小到大调节正弦调制波信号 U_r 的频率,用示波器观察负载电压的波形,并用转速表测量电动机的转速的变化,并记录。

二、三相正弦波脉宽调制 SPWM 电路调试(选做)

1. 三相正弦波脉宽调制 SPWM 波测试

(1) 接通 DJK13 挂件电源,关闭电动机开关,调制方式设定在 SPWM 方式(将控制部分 S、V、P 的三个端子都悬空),然后开启电源开关。

(2) 点动"增速"按键,将频率设定在 0.5Hz,用示波器在 SPWM 部分观测三相正弦波信号(在测试点 2、3、4),观测三角载波信号(在测试点 5)、三相 SPWM 调制信号(在测试点 6、7、8),再点动"转向"按键,改变转动方向,观测上述各信号的相位关系变化,并记录。

(3) 逐渐升高频率,直至到达 50Hz 处,重复以上的步骤。

(4) 将频率设置为在 0.5～60Hz 的范围内改变,在测试点 2、3、4 中观测正弦波信号的频率和幅值的关系,并记录。

2. 三相正弦波脉宽调制 SPWM 变频调速系统调试

(1) 三相正弦波脉宽调制 SPWM 变频调速系统接线。将 DJ24 电动机与 DJK13 逆变输出部分连接,电动机接成三角形,关闭电动机开关。将调制方式设定在 SPWM 方式(将 S、V、P 的三端子都悬空)。

(2) 三相正弦波脉宽调制 SPWM 变频调速系统调试。打开挂件电源开关,将运行频率减小到零,关闭挂件电源开关。然后打开电动机开关,接通挂件电源,增加频率、降低频率以及改变转向观测电机的转速变化，并记录。

三、任务实施标准

SPWM 逆变电路调试任务实施标准见表 6-7。

表 6-7   **SPWM 逆变电路调试任务实施标准**

项目名称：＿＿＿＿＿   姓名：＿＿＿＿＿   考核时限：90 分钟

序号	内容	配分	等级	评分细则	得分
1	单相 SPWM 控制电路调试	20	5	示波器使用	
			10	波形及频率记录	
			5	结论判断	
2	单相 SPWM 逆变电路调试	25	5	接线	
			5	示波器使用	
			15	波形记录、幅值及频率读数	
3	三相 SPWM 波测试	20	5	示波器使用	
			15	波形记录、幅值及频率读数	
4	三相 SPWM 变频调速系统调试	20	5	接线	
			15	数据读取与记录	
5	安全生产	10	10	安全文明生产，符合操作规程	
			5	经提示后能规范操作	
			0	不能文明生产，不符合操作规程	
6	拆线整理现场	5	5	现场整理干净，设施及桌椅摆放整齐	
			2	经提示后能将现场整理干净	
			0	不合格	
7	加分			调试过程中每解决 1 个具有同学借鉴价值的实际问题加 5～10 分	
合计					

⚙ **【应用拓展】**

一、变频器的选型

变频器的选型要考虑其应用的负载类型、工艺流程和功率大小，下面通过变频器在机床上的选型来说明。

在电气传动领域，交流电动机传动约占整个电气传动容量的 80% 以上，而直流电机传动只有 20% 左右。但在电动机调速领域，直流电动机调速又占 80%，而交流电动机调速还不到20%。特别是高性能调速系统，必须选用直流电动机调速，而交流电动机的调速性能较差。

随着计算机控制技术与交流变频技术的发展，各种工业控制设备都在朝着功能完善、计算机化、智能化、高度集成化、高可靠性方向发展，变频技术的飞跃发展改变了交流变频调速系统的面貌。从近年来变频调速的应用与各种新建生产线的设备配置来看，交流传动大有取代直流传动的趋势，这其中离不开变频调速。西门子的交流变频器在中国的交流电机调速应用中被广泛地使用。

下面介绍一下用西门子 MICROMASTER 440 在铣床上的应用实例。

1. 工艺过程

某公司压延厂具有两条铝铸锭铣面生产线，即 1、2 号铣床。这两条生产线位于铝热轧生产线的龙头，从熔铸厂来的铸锭在铣床经过铣面后方可进入下一道工序。

铣锭的生产工艺过程如下：铸锭由天车平放到受料辊道→辊道送至垂直起落架→铸锭旋转 90°送床面夹具上→夹具夹紧床面开始前进→由主轴电动机带动刀盘铣面→床机后退至起架位置→放平铸锭→辊道将铸锭送入翻锭机内→铸锭旋转 180°→辊道将铸锭送到起落架→再次铣另一面→放回辊道→天车吊起。

2. 方案选取

两条生产线设备配置基本一致，整个生产线的传动电机使用的是交流电动机。根据实际情况，铣床的两台电动机：一台是床面移动电动机，根据铣削厚度与负载电流决定进给速度；一台是翻锭机电动机，其翻转速度，必须具备高、低两挡才能保证生产的进度与停车的准确性。根据生产工艺要求，必须对床面移动电动机与翻锭机电动机进行速度调节，考虑到改进方案的可行性与系统运行的可靠性，本系统中采用了两台西门子的 MICROMASTER 440 变频器（翻锭机电动机选用 18kW 变频器，床面移动电动机选用 22kW 电动机）对两台电动机进行变频调速。两台铣床共用了 4 台变频器，这样的方案有如下的优点：

（1）易于安装和对参数进行设置和调试。

（2）具有多个数字和模拟的输入、输出接口。

（3）模块化设计，配置非常灵活。

（4）脉宽调制的频率高，因而电动机运行的噪声低。

（5）具有多种运行控制方式，可实现无传感器的矢量控制和各种 U/f 控制。

（6）内置直流注入制动，制动快速。

（7）具有 PID 控制功能闭环控制，控制器的参数可自动整定。

（8）控制线路简单，变频器各种保护功能完善，便于使用和维护。

（9）内置几组设定参数可以互相切换，一台变频器可以控制几个交替工作的电动机。

3. 系统硬件的组成

铣床的床面移动电动机原为直流电动机，采用模拟系统作调速器。由于直流电动机的维护工作量大，工作环境较差，无备件，因此改为交流电动机传动。床面前进时，操作人员根据主轴电动机的电流用电位器调节床面前进速度；床面后退时，设为高、低两挡速度，先以高速退回，在到减速点时，以低速退回到停车位置。系统的硬件以西门子 MICROMASTER 为传动控制设备，其硬件的组成如图 6-27 所示。

4. 系统控制

该型号变频器通过设置参数 P1300 可实现通过多种不同的运行方式来控制变频器输出电压和电动机转速间的关系，如线性 U/f（电压/频率）关系，抛物线 U/f 控制，多点 U/f 控制，与电压设定值无关的 U/f 控制，无传感器矢量控制等。本系统中采用了无传感器量矢量控制方式，在这种方式下，用固有的滑差补偿对电动机的速度进行控制。采用这种方式，可以得到大的转矩，改善瞬态响应特性，具有优良的速度稳定性，而且在低频时可以提高电动机的转矩。在变频器的输入端输入交流 380V 工作电源，变频器的控制接线端接收 PLC 的输出信号。根据实际操作需要，在不同工作方式下，变频器的速度按不同方式进行：

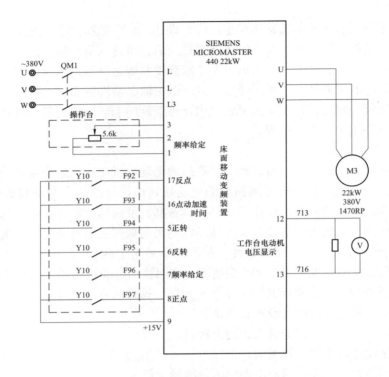

图 6 - 27　系统硬件的组成

（1）调整方式时：PLC 输出正点和反点信号到变频器的 8 号和 17 号端，变频器以固定频率进行点动。

（2）正常工作时：正常工作分为床面前进和退回。床面前进时，由生产工作人员根据主轴电流大小用电位器控制床面前进速度；床面退回时，固定高、低两挡频率，先以高速退回，到达减速点后减速到低速直到停车位置。

铣床的床面移动电动机为交流电动机，由西门子 MICROMASTER440 变频器进行调速，完全满足生产的需要，可以发挥很好的作用，并且维护量少，可靠性高，提高了设备的装机水平。

二、有源电力滤波器（APF）

在理想的电力系统中，电能是以三相对称、波形正弦、频率及电压恒定的形态供给负载。系统中的负载（电动机、电气照明、电热设备等）都被认为是线性的，因而负载电流也三相对称、波形正弦，无任何谐波产生。但在实际系统中，存在许多铁磁元件，如电动机、变压器、铁芯电感等，它们一旦达到铁磁饱和就会呈现非线性特征，致使电流波形畸变，产生电流谐波。特别是随着高度非线性电力电子设备的广泛应用，其高速开关器件的通断不仅使电力系统无功功率急剧变化，引起电压波动和闪变外，还造成电压和电流波形严重畸变，产生出大量电力谐波，严重影响供电质量、输电效率和用电设备的使用寿命。因此，对电力系统实现谐波治理已成为当前电力领域内亟待解决的重大问题。

电力系统中以往主要采用由 LC 调谐原理构成的各种无源滤波器来消除谐波。它们在特定谐波频率下呈现低阻抗，与谐波源负载并联后除减少谐波电流注入系统外，还可提高供电线路的功率因数。这种并联无源滤波器结构简单、初投资少、运行可靠、维护方便，但其滤波特性受系统阻抗的影响，不能适应系统频率变化或运行方式改变的工况，若元件参数随环境温度变化，则会出现失谐现象。此外，它还可能发生并联谐振，使某些谐波反被放大；再加之本身存在有阻尼作用，使它对波动或快速变化的谐波无能为力。20世纪70年代，有人提出了有源谐波补偿原理，近10年来随着电力电子功率开关器件的长足进步、瞬时无功功率理论和PWM技术的飞速发展，有源电力滤波器APF（Active Power Filter）得到了大力的发展，现已进入工业实用阶段，成为电力电子技术应用和发展的热点。

1. 有源电力谐波补偿原理

有源电力滤波器按其与被补偿负载之间的连接方式，可以区分为串联型和并联型，其补偿原理不尽相同。

（1）串联型有源电力滤波器。串联型有源滤波器（APF）是为了改善无源滤波器（PF）滤波特性而提出的，故必须与并联的无源滤波器共同使用。即在并联的负载和 LC 滤波器与电源之间，通过注入变压器串入有源滤波器，如图6-28所示。电力谐波基本由 LC 无源滤波器补偿，有源滤波器用于改善无源滤波器的滤波特性。此时可将有源滤波器看作一个可变阻抗，它对基波呈现零阻抗，但对谐波却呈现高阻抗，阻止谐波电流流入电源，迫使谐波电流流入 LC 无源滤波网络。可见串联有源滤波器起了谐波隔离器的作用，还可抑制电源与 LC 网络间的谐波。

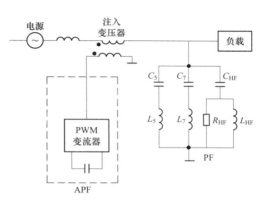

图6-28　串联型有源电力滤波器原理

串联型有源电力滤波器主要适用于电压源性质的谐波源，如电容滤波型整流电路。图6-29所示为串联型有源电力滤波器对电容滤波的三相桥式不控整流电路谐波补偿的效果。由图6-29可以看到，图6-29（b）为非弦波，富含低次谐波；图6-29（c）所示波形电压为图6-29（b）所示阶梯波电压与电源电压之间的差值；图6-29（d）所示补偿后交流的输入电波波形非常接近正弦波，说明串联型有源滤波器良好的补偿性能。

（2）并联型有源电力滤波器。并联型有源电力滤波器是目前应用较多的一种形式，其谐波补偿原理和效果可用图6-30和图6-31来说明。图6-30中负载为带电感负载的三相桥式全控整流电路，负载电流 i_L 除从电源中吸取基波电流 i_{L1} 外，还向电源排放高次谐波电流 i_{Ln}，即 $i_L=i_{L1}+i_{Ln}$。如果电源为三相正弦平衡系统，为确保电源电流 i_s 为正弦波，与负载并联的有源电力滤波器APF应利用其中的开关型PWM变流器产生出与负载高次谐波电流波形相同、相位相反的补偿电流 $i_c=-i_{Ln}$。这样，非线性负载产生的谐波电流就会被有源电力滤波器的补偿电流所抵消，不再注入系统造成电网谐波污染。如果能做到使补偿电流等于基波无功分量与谐波分量之和，则电源只需提供基波有功分量，其理想补偿效果如图6-31所示。

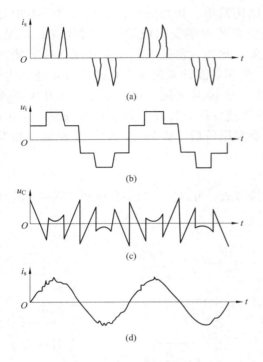

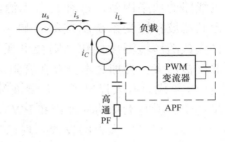

图 6-30　并联型有源电力滤波器原理

图 6-29　串联型有源电力滤波器三相桥式不控整
　　　　　流电路谐波补偿效果波形图

(a) 未使用电力滤波器时整流电路的交流输入电流波形；

(b) 投入有源电力滤波器后的交流输入电压波形；

(c) 串联型有源电力滤波器产生的补偿电压；

(d) 补偿后交流的输入电流波形

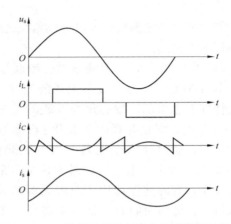

图 6-31　并联型有源电力滤波器补偿效果

2. 有源电力滤波器主电路结构

有源电力滤波器中，常用 PWM 变流器产生功率补偿电流或信号。根据 PWM 逆变器直流侧储能元件的不同，有源滤波器可分为采用电感的电流源型和采用电容的电压源型两种主电路形式，分别如图 6-32、图 6-33 所示。电压源型的直流侧电容上电压可以通过控制信号从交流电源取少量有功功率来补偿，以便于保持电压恒定。

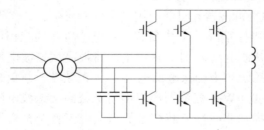

图 6-32　电流源型 APF 主电路

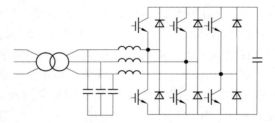

图 6-33　电压源型 APF 主电路

3. 谐波电流检测方法

有源电力滤波器要求产生出与谐波电流反相位的功率补偿信号，其谐波补偿效果的好坏很大程度上取决于对负载电流中谐波成分的检测。

常用谐波检测方法有：

（1）用带阻滤波器阻断基波以获得欲补偿（抑制）的总谐波信号。

（2）用多组带通滤波器或快速傅里叶变换（FFT）作谐波分解，再合成待补偿的总谐波信号。

（3）采用瞬时无功功率理论获得谐波电流补偿信号，以此作调制信号与三角载波信号比较，通过自然采样法形成 PWM 逆变器的功率开关驱动信号，以此实现电力谐波补偿。

有源电力滤波器不仅可用来补偿谐波电流，还可用于补偿无功功率和负序分量等，此时可称为有源电力调节器（Active Power Line Conditioners，APLC）。

项　目　总　结

1. 认识变频器的基本组成。
2. 熟悉变频器的主电路结构。
3. 了解变频电路的工作原理。
4. 单相桥式 PWM 变频电路工作原理。
5. 三相桥式 PWM 变频电路工作原理。
6. PWM 变频电路的调制控制方式。

复　习　思　考

1. 请查资料，列举 5 种不同厂家的变频器。
2. 观察日常生活中使用变频器的场合，列举一个例子，简述其原理。
3. 什么是脉宽调制型逆变电路？它有什么优点？
4. 单极性和双极性 PWM 脉宽调制有什么区别？
5. 举例说明单相 SPWM 逆变器怎样实现单极性调制和双极性调制？在三相桥式 SPWM 逆变器中，采用的是哪种调制方法？
6. 什么叫异步调制？什么叫同步调制？

附录　复习思考答案

项　目　一

1. 晶闸管导通的必要条件是：阳极、阴极间承受正向电压（阳极接高电位，阴极接低电位），同时控制极与阴极间承受正向电压（控制极接高电位，阴极接低电位）。导通后电路中的电流由电路中的电源和电路参数决定。

晶闸管由导通变为截止（关断）的条件是：将阳极电流减小到小于维持电流。实际方法是断开晶闸管阳极电源或在晶闸管的阳极和阴极间加反向电压。

2. 用万用表 $R \times 1k\Omega$ 挡测量阳极 A 和阴极 K 之间正反向电阻都很大，在几百千欧以上，且正反向电阻相差很小。用 $R \times 10$ 挡或 $R \times 100$ 挡测量控制极 G 和阴极 K 之间阻值，其正向电阻应小于或接近于反向电阻。这样的晶闸管是好的。如果阳极与阴极或阳极与控制极间有短路，阴极与控制极间为短路或断路，则晶闸管是坏的。

3. 晶闸管承受的最大反向电压 $220\sqrt{2}V$；电路中最大电流有效值 55A。

4. 电压的平均值 148.5V，整流电流的平均值 14.85A，电流的有效值 19.73V。

5. （1）广泛采用脉冲触发信号。

（2）触发脉冲应有足够的功率，触发脉冲的电压和电流应大于晶闸管要求的数值，并留有一定的裕量。

（3）触发脉冲应有一定的宽度，脉冲的前沿尽可能陡，故触发脉冲的宽度至少应有 $6\mu s$ 以上。对于电感性负载，触发脉冲的宽度应更大一些，通常要 $0.5 \sim 1ms$。

（4）触发脉冲必须与晶闸管的阳极电压同步，脉冲移相范围必须满足电路要求。

8. （1）整流变压器只通过一个方向的电流，有直流磁化的问题。

（2）输出电压 u_d、电流 i_d 的波形与单相全控桥式整流电路相同（此处略）。

（3）晶闸管承受的最大反向电压 $2\sqrt{2}U_2$。

项　目　二

1. 由同步、锯齿波形成、移相控制、脉冲形成及放大输出等环节组成。

2. 锯齿波的宽度决定于 V2 截止持续的时间，而 V2 截止的时间长短则与 C_1 反充电的时间常数 R_1C_1 的大小有关。输出脉冲宽度由 C_3 反向充电的时间常数 C_3R_{14} 来决定，改变 R_{14} 或 C_3 的大小即可调整输出脉冲宽度。

3. 某相晶闸管导通后，其他相晶闸管将无法导通，导致导通的晶闸管不能关断，电路不能正常运行。

5. 线电压峰值。

6. 电流连续接续流二极管：平均电压 $U_d = 182V$，$I_d = 18.2A$，流过晶闸管电流的平均值 $I_{dV} = 6.07A$，有效值 $I_V = 10.5A$；电流断续时：平均电压 $U_d = 187V$，$I_d = 18.7A$，流过

晶闸管电流的平均值 $I_{dV}=6.2A$，有效值 $I_V=10.8A$。

7. 六个自然换相点分别是共阴极三个晶闸管电压的最高点，是共阳极三个晶闸管上电压的最低点。三相全控桥式整流电路晶闸管的导通换流顺序是：V6→V1→V2→V3→V4→V5→V6，对应的相电压为：U_a、$-U_c$、U_b、$-U_a$、U_c、$-U_b$、U_a。

8. (1) 各换流点换流元件分别为 V6→V1→V2→V3→V4→V5→V$_6$；

(2) 各元件的触发脉冲相位互差 60°；

(3) 各元件的导通角为 90°；

(4) 同一相的两个元件的触发信号在相位上互差 180°；

(5) $U_d=1.35U_{2L}\cos\alpha$。

10. (1) $U_{2L}=163$ （V）

(2) KP50 - 5。

12. (1) 控制角 α 在整流工作区，即 $\alpha<90°$，晶闸管桥路起可控整流作用，将交流电能转化为直流电能供给负载，这种状态称为整流。如果直流输出端存在反电动势，且此时 $E_D>U_d$，使整流电流 $I_d=0$，电路无法实现能量转换，而一旦满足 $U_d>E_D$，桥路立即进入整流状态，这种状态称为待整流。

(2) 控制角 α 在逆变工作区，即 $\alpha>90°$ 或 $\beta<90°$，负载端有供给直流能量的电源，且其值大于 $|U_d|$，则晶闸管桥路工作在逆变状态，将直流电能转化为交流电能返送交流电网，这种状态称为逆变。上述状态下，若 $E_D<U_d$，使 $I_d=0$，电路无法实现能量转换，此时电路称为待逆变状态。

(3) 将直流电能变换成交流电能并反送回交流电网称为有源逆变。将直流电能变换成交流电能直接供给负载使用称为无源逆变。

13. 变流器工作在有源逆变状态时，由于直流电源 E_D 的存在并与电感 L_d 的共同作用，使得 $\alpha>\pi/2$ 后晶闸管仍可以导通工作，因在此期间，电压 u_d 大部分时间均为负值，所以其平均电压 U_d 自然为负。而如果变流器带电阻负载或电阻串接大电感负载时，在 $\alpha>\pi/2$ 后晶闸管不可能被触发导通，所以不可能输出负的直流电压。

14. (2) 整流状态，$U_d>E_D$；逆变状态，$E_D>U_d$。

(3) 控制角 α 的移相范围为 30°～150°。

16. $U_d=-99$ （V），能实现有源逆变。$I_d=21$ （A），送回电网的平均功率为 2079W。

项 目 三

1. 答：把交流电变为直流电的过程叫整流；把直流电变为交流电的过程叫逆变；将直流电变为和电网同频率的交流电并反送到交流电网去的过程称为有源逆变；将直流电变为交流电直接供给负载使用的过程叫无源逆变。

3. 答：

(1) 相同点：Buck 电路和 Boost 电路多以主控型电力电子器件（如 GTO，GTR，VDMOS 和 IGBT 等）作为开关器件，其开关频率高，变换效率也高。

(2) 不同点：Buck 电路在 T 关断时，只有电感 L 储存的能量提供给负载，实现降压变换，且输入电流是脉动的。而 Boost 电路在 T 处于通态时，电源 U_d 向电感 L 充电，同时电

容 C 集结的能量提供给负载，而在 T 处于关断状态时，由 L 与电源 E 同时向负载提供能量，从而实现了升压，在连续工作状态下输入电流是连续的。

4. 答：

（1）第一种调制方式。保持开关周期不变，改变开关导通时间 t_{on} 称为脉宽调制。简称"PWM"调制。

（2）第二种调制方式。保持开关导通时间 t_{on} 不变，改变开关周期，称为频率调制。简称为"PFM"调制。

（3）第三种调制方式。同时改变周期 T 与导通时间 t_{on}。使占空比改变，称为混合调制。

6. 答：$U_0 = 133.3V$；$I_0 = 6.67A$。

项 目 四

1. 答：双向晶闸管有 $\text{I}+$、$\text{I}-$，$\text{II}+$、$\text{II}-$ 四种触发方式。由于 $\text{II}-$ 触发方式的灵敏度最低，在使用时应尽量避开。

2. 答：双向晶闸管常用的触发电路有：①本相强触发电路；②双向触发二极管组成的触发电路；③单结晶体管组成的触发电路；④程控单结晶体管组成的触发电路以及用集成触发器组成的触发电路等。

3.（1）电感性负载的功率因数角 $\varphi = 60°$，最小控制角 $\alpha_{min} = 60°$。

故晶闸管电流有效值 $I_r = 310A$。

输出电流有效值 $I_0 = 438.4A$。

电源侧功率因数 $\cos\varphi = 0.438$。

项 目 五

1. 答：两种电路的不同主要是：有源逆变电路的交流侧接电网，即交流侧接有电源；而无源逆变电路的交流侧直接和负载连接。

2. 答：换流方式有 4 种：

（1）器件换流：利用全控器件的自关断能力进行换流。全控型器件采用此换流方式。

（2）电网换流：由电网提供换流电压，只要把负的电网电压加在欲换流的器件上即可。

（3）负载换流：由负载提供换流电压，当负载为电容性负载即负载电流超前于负载电压时，可实现负载换流。

（4）强迫换流：设置附加换流电路，给欲关断的晶闸管强迫施加反向电压换流称为强迫换流。通常是利用附加电容上的能量实现，也称电容换流。

晶闸管电路不能采用器件换流，可根据电路形式的不同采用电网换流、负载换流和强迫换流 3 种方式。

3. 答：按照逆变电路直流测电源性质分类，直流侧是电压源的逆变电路称为电压型逆变电路，直流侧是电流源的逆变电路称为电流型逆变电路。

（1）电压型逆变电路的主要特点如下：

1）直流侧为电压源，或并联有大电容相当于电压源。直流侧电压基本无脉动，直流回路呈现低阻抗。

2）由于直流电压源的钳位作用，交流侧输出电压波形为矩形波，并且与负载阻抗角无关。而交流侧输出电流波形和相位因负载阻抗情况的不同而不同。

3）当交流侧为阻感负载时需要提供无功功率，直流侧电容起缓冲无功能量的作用。为了给交流侧向直流侧反馈的无功能量提供通道，逆变桥各臂都并联有反馈二极管。

（2）电流型逆变电路的主要特点是：

1）直流侧串联有大电感，相当于电流源。直流侧电流基本无脉动，直流回路呈现高阻抗。

2）电路中开关器件的作用仅是改变直流电流的流通路径，因此交流侧输出电流为矩形波，并且与负载阻抗角无关。而交流侧输出电压波形和相位则因负载阻抗情况的不同而不同。

3）当交流侧为阻感负载时，需要提供无功功率，直流侧电感起缓冲无功能量的作用。因为反馈无功能量时直流电流并不反向，因此不必像电压型逆变电路那样要给开关器件反并联二极管。

4. 答：在电压型逆变电路中，当交流侧为阻感负载时需要提供无功功率，直流侧电容起缓冲无功能量的作用。为了给交流侧向直流侧反馈的无功能量提供通道，逆变桥各臂都并联反馈二极管。当输出交流电压和电流的极性相同时，电流经电路中的可控开关器件流通；而当输出电压电流极性相反时，由反馈二极管提供电流通道。

在电流型逆变电路中，直流电流极性是一定的，无功能量由直流侧电感来缓冲。当需要从交流侧向直流侧反馈无功能量时，电流并不反向，依然经电路中的可控开关器件流通，因此不需要并联反馈二极管。

5. 答：假设在 t 时刻触发 VT2、VT3 使其导通，负载电压 u_o 就通过 VT2、VT3 施加在 VT1、VT4 上，使其承受反向电压关断，电流从 VT1、VT4 向 VT2、VT3 转移，触发 VT2、VT3 时刻 t 必须在 u_o 过零前并留有足够的裕量，才能使换流顺利完成。

项　目　六

3. 答：

（1）一个正弦半波完全可以用等幅不等宽的脉冲列来等效，在 PWM 波形中，各脉冲的幅值是相等的，若要改变输出电压等效正弦波的幅值，只要按同一比例改变脉冲列中各脉冲的宽度即可。能实现这种功能的 DC—AC 变换电路电路称为 PWM 逆变电路。

（2）优点：不但使电路输入功率因数接近于 1，而且整个装置控制简单，可靠性高。

4. 答：

（1）单极性 PWM。把所希望输出的正弦波作为调制信号 u_r，把接受调制的等腰三角形波作为载波信号 u_c。逆变电路输出的 u_o 为 PWM 波形，只能在一个方向变化，故称为单极性 PWM。单极性 PWM 的已调制信号有三个数值，即 $+U$、0、$-U$。

（2）双极性 PWM。调制信号 u_r 仍然是正弦波，而载波信号 u_c 改为正负两个方向变化的等腰三角形波，双极性 PWM 控制的输出 u_o 波形为两个方向变化等幅不等宽的脉列。

双极性 PWM 的已调制信号只有两个数值，即 $+U$、$-U$。

6. 答：在 PWM 变频电路中，载波频率 f_c 与调制信号频率 f_r 之比称为载波比，即 $N = f_c / f_r$。根据载波和调制信号波是否同步，PWM 逆变电路有异步调制和同步调制两种控制方式。

（1）异步调制。当载波比 N 不是 3 的整数倍时，载波与调制信号波就存在不同步的调制，就是异步调制三相 PWM。

（2）同步调制。在三相逆变电路中当载波比 N 为 3 的整数倍时，载波与调制信号波能同步调制。

参 考 文 献

[1] 刘志刚，叶斌，梁晖. 电力电子学. 北京：清华大学出版社，2004.

[2] 张立，赵永健. 现代电力电子技术. 北京：科学出版社，1990.

[3] 赵惠昌. 电力电子学. 北京：兵器工业出版社，1994.

[4] 林渭勋. 电力电子技术基础. 北京：机械工业出版社，1990.

[5] 陈坚. 电力电子学. 北京：高等教育出版社，2002.

[6] 邵丙衡. 电力电子技术. 北京：中国铁道出版社，1997.

[7] 周昭室. 电力电子技术. 北京：机械工业出版社，1997.

[8] 张一工. 现代电力电子技术原理与应用. 北京：科学出版社，1999.

[9] 黄俊，王兆安. 电力电子变流技术. 3 版. 北京：机械工业出版社，1994.

[10] 赵良炳. 现代电力电子技术基础. 北京：清华大学出版社，1995.

[11] 陈伯时. 电力拖动自动控制系统. 北京：机械工业出版社，1992.

[12] 天津电气传动设计研究所. 电气传动自动化技术手册. 北京：机械工业出版社，1992.

[13] IEEE Working Group on Power System Harmonics. Power System Harmonics：an overview. IEEE Trans Power App&.Syst，1983，102（8）：2455 - 2460.

[14] GuiChao Hua，Fred C. Lee. Soft - Switching Techniques in PWM Converters. IEEE Trans. on Industrial Electronics，1995，42（6）.

[15] GuiChao Hua，Fred C. Lee. An Overview of Soft - Switching Techniques in PWM Converters. Proceedings of IPEMC' 94，Beijing，1994.